普通高等学校"十四五"生态环境类专业研究生教材

环境微生物生态学理论与应用

张海涵　著

科学出版社

北　京

内 容 简 介

本书系统全面地阐述微生物生态学的基本原理、研究现状、微生物在地球化学循环中的作用；归纳环境微生物生态学的研究方法；解析活性污泥、饮用水管道、好氧反硝化脱氮微生物和景观水体微生物生态特征，并结合案例分析环境微生物生态学理论在高效菌群/菌株分离中的应用；介绍环境微生物生态学中针对高通量测序数据的多种高级统计分析方法和可视化技术。

本书可作为环境工程、环境科学、给排水科学与工程、环境生态工程、微生物生态学和修复生态学等相关专业的本科生和研究生教学用书，也可供相关专业的研究人员参考。

图书在版编目(CIP)数据

环境微生物生态学理论与应用/张海涵著. —北京：科学出版社，2023.10
ISBN 978-7-03-074499-9

Ⅰ.①环… Ⅱ.①张… Ⅲ.①环境微生物学－生态学－研究 Ⅳ.①X172

中国版本图书馆 CIP 数据核字（2022）第 257859 号

责任编辑：祝　洁　汤宇晨 / 责任校对：周思梦
责任印制：赵　博 / 封面设计：陈　敬

科 学 出 版 社 出版
北京东黄城根北街 16 号
邮政编码：100717
http://www.sciencep.com
固安县铭成印刷有限公司印刷
科学出版社发行　各地新华书店经销

*

2023 年 10 月第 一 版　开本：720×1000　1/16
2024 年 6 月第二次印刷　印张：13
字数：260 000

定价：138.00 元
（如有印装质量问题，我社负责调换）

序

　　微生物是生态系统的重要组成部分，直接或间接地参与生态学过程，在生态系统物质循环、能量流动及信息反馈等过程中发挥重要作用。微生物广泛分布于淡水、海水、空气、土壤、沉积物等环境中，具有种类繁多、代谢速度快、适应性强等特点，可通过吸收、降解水环境中污染物，实现对环境污染的修复与自身繁衍，对维持生态系统平衡及结构功能稳定具有重要意义。利用微生物新陈代谢作用降解转化污染物的生物处理法，被广泛应用于不同类型的水体污染治理过程中，为推动环境保护产业绿色发展提供了一种重要的渠道与模式。因此，深入学习微生物对污染物的降解途径、机理及深入掌握环境微生物生态学相关理论是十分必要的。

　　环境微生物生态学是一门重点探究微生物与其周围生物和非生物环境之间相互关系的新兴学科。环境微生物生态学交叉融合了生物遗传学、环境工程、数理统计及概率论等多学科领域知识，专注于从分子、细胞及群体等水平研究微生物群落结构及其与宏观和微观环境系统之间的相互作用规律，可为环境污染微生物修复技术提供理论支撑。因此，对于环境类相关专业本科生、研究生而言，全面系统地学习环境微生物生态学，有助于加深其对相关专业知识的理解，有助于建构成熟的环境学科知识理论体系，并为将来从事环境领域相关研究与工作奠定扎实的理论基础。对于环境科学与工程领域研究人员而言，学习环境微生物生态学有助于其开展污染治理、生态修复、资源保护与可持续发展等领域的相关研究。

　　该书在全面系统阐述环境微生物生态学基本原理、研究现状与研究方法的基础上，提供大量的应用和研究案例（活性污泥中反硝化菌群生态分析、饮用水管道中微生物群落互作模型、好氧反硝化脱氮微生物代谢路径分析、景观水体及其沉积物中微生物群落互作模型），重点分析不同类型水体生态系统中功能微生物代谢功能、增殖特性、群落构成及协同作用机制等，可加深读者对不同水处理过程中微生物生态学规律的理解，为读者从事相关领域研究工作提供参考，为水处理技术及水生态环境保护工程发展提供翔实的理论依据和典型案例。该书还针对性地为读者介绍微生物分子生物学测序数据的前沿数理统计分析技术及方法，为广大读者探究复杂的环境微生物生态学提供指引。

王爱杰

哈尔滨工业大学

2022 年 12 月

前　　言

微生物生态学研究涉及的内容多、涵盖面广。近年来，国内外微生物生态学的研究技术和分析方法飞速发展，取得了系列成果。环境微生物生态学以微生物学理论与技术为基础，重点研究微生物与污染环境的相互关系，特别是如何利用微生物有效降解多种多样的环境污染物。为了巩固、推广和应用现有研究成果，促进微生物生态学研究可持续发展，作者以环境微生物生态学理论及应用案例为主要内容撰写实用性著作，以期让读者对该学科理论有更加深刻的认识与理解。

本书在介绍微生物生态学基本原理及研究技术的基础上，以作者已有研究成果为案例基础，汇集近年来国内外微生物生态学研究的部分成果，融入作者多年来从事微生物生态学应用研究的经验，力图涵盖环境微生物生态学涉及的主要内容。全书遵循科研成果与应用实践相结合，系统性、实用性与先进性相统一的原则，深入浅出。

本书作者长期从事环境微生物生态学研究，对环境微生物生态学理论有着深刻理解，在国内外期刊上发表了多篇学术论文。本书内容汇集作者多年的专业积累和教学经验，同时引用和借鉴国内外著作和教材。全书共 7 章，具体如下。①绪论：描述微生物生态学的研究范围、发展和意义；②环境微生物生态学研究方法：包括微生物群落研究方法和多样性分析方法；③活性污泥环境微生物生态：包括污水处理厂 nirS 型反硝化菌群结构与脱氮特性，基于同位素标记法诊断好氧反硝化细菌代谢通路；④饮用水管道环境微生物生态：包括饮用水管道微生物概述及研究路径、研究方法等；⑤好氧反硝化脱氮微生物生态：描述好氧反硝化脱氮微生物生态的研究意义、主要研究方法和实验分析；⑥景观水体环境微生物生态：阐述典型景观水体的水质与 nirS 型反硝化菌群的偶联关系；⑦测序数据的统计分析：包括分子生物学在环境微生物生态学中的应用、微生物组数据的扩增子和宏基因组分析及微生物组数据的统计分析和可视化。

本书作者课题组的博士研究生马奔、刘祥，硕士研究生杨凡、刘欢和潘思璇，西安建筑科技大学环境与市政工程学院讲师郭红宏为本书的撰写工作做出了贡献，特此鸣谢。张海涵教授团队毕业硕士研究生钊珍芳、徐磊、王跃和史印杰的相关研究工作也为本书做出了贡献，在此一并表示感谢。

由于作者水平和时间有限，书中疏漏之处在所难免，恳请广大读者批评指正。

张海涵

西安建筑科技大学环境与市政工程学院

2023 年 2 月

目　　录

第1章 绪 论

微生物驱动全球营养物质循环，降解废物和污染物，并且产生和消耗温室气体。微生物对生态系统功能调节极其重要，因此生态学家必须重视对微生物的研究。人类可以通过研究微生物生态学，更加全面和深刻理解自然系统。如果要发展真正有预测力的生态系统生态学，必须对生态系统过程的主要环节具备机理性认识，也只有具备了这些知识，才能真正运用生态学理论为环境保护领域的诸多实践问题提供解决思路与方案。

1.1 微生物生态学的研究范围

1. 生态学的定义

生态学（ecology）一词由希腊语"oikos"和"logos"两个词的词根组成。生态学的概念最早由德国生物学家恩斯特·海克尔（Ernest Haeckel）于 1866 年提出，他认为生态学研究动物与有机和无机环境的全部关系。

随着生态学理论及实践方面的不断深化拓展，生态学的定义也发生着相应的变化。从现代科学观点来看，较为全面的生态学定义是研究生物及其周围生物和非生物环境之间相互作用规律的一门科学，也称为环境生物学（environmental biology）。其中，非生物环境包括空气、土壤、水、岩石、温度、湿度、pH 和光等非生命物质；生物环境涵盖动物、植物和微生物，这些生物之间存在生物的种内和种间关系，如竞争、捕食、寄生和共生等。

2. 微生物生态学的定义

微生物生态学（microbial ecology）是研究微生物及其周围生物和非生物环境之间相互关系的一门科学，是生态学的一个分支。其中，微生物主要包括细菌、病毒、放线菌、真菌、单细胞藻类及原生动物。微生物生态学强调把微生物作为一个群体，这些群体有机地组成了微生物基本单元，这些单元之间会进行物质交换、能量流动和信息交流，它们在连续的环境之中共处并相互影响。研究单元的重点是明确这些集合体的建构方式与路径，探寻群落构建随时空的变化规律，研究不同物种之间的相互作用。

环境微生物生态学也称为环境微生物学（environmental microbiology），但在研究重点和范围方面二者稍有差别。环境微生物学侧重于污染环境中的微生物学，包括污染物对微生物活动的影响及微生物活动对污染物降解、转化和环境质量变化的影响；环境微生物生态学主要研究非污染环境和污染环境中的微生物学。

20 世纪 70 年代又兴起一门名为微生态学（microbiology）的学科，其与微生物生态学的区别是：微生态学不仅研究微生物与昆虫的关系、微生物间的关系，还研究微生物与自然环境的关系，如微生物同植物、动物之间的关系等。同时，微生态学本质是研究细胞水平的生态学，属于宏观生态学；微生物生态学属于微观生态学。微生物生态学的研究对象是微生物与外环境的相互关系，微生态学则主要研究生命的宿主。从研究中心来说，微生物生态学侧重于微生物，而微生态学在于研究动植物和人类宿主。

3. 环境微生物生态学的研究范围

为拯救资源、保护环境，研究生态学的使命就是利用其基本原理揭示生物和环境之间的关系。根据研究的具体任务，可将环境微生物生态学分为研究具体种群在不同环境下微生物生长、发育、繁殖和反应机制的微生物行为生态学，探寻种群之间交互关系的微生物种群生态学，研究微生物各种群特征和功能的微生物群落生态学、特殊微生物生态学等。环境微生物生态学的具体研究内容如下。

（1）微生物生态学的传统方法和现代分子生物学方法。

（2）正常自然环境发生变化时微生物的种类、分布变化规律。

（3）极端自然环境中微生物的种类、机理及作用。

（4）自然界中微生物之间、微生物与动植物之间的相互作用，这些相互作用对生态系统产生的影响，环境因素如何影响它们之间的关系。

（5）正常自然环境中微生物代谢活动对生态系统产生的影响。若环境改变，代谢活动会发生什么变化。

（6）微生物降解污染物的巨大潜力在控制污染及修复污染环境中十分关键，主要原因包括：①污染物对特定微生物有毒性；②微生物对污染物的抗性机制及降解作用；③环境对污染物降解的影响；④某些微生物本身及其代谢产物会污染环境。

（7）塑料、农药、合成表面活性剂、石油和煤炭等的广泛应用，不仅对环境造成了严重的污染，而且带来了严重的能源危机，如何利用微生物产生的环境友好物质取代这些物质成为近些年国内外研究的热点之一。

（8）采用计算机等辅助工具，加上实验模型、数学模型来学习和描述自然环境中微生物学各种生物因素和非生物因素复杂的相互作用，也是微生物生态学中的重点部分。

环境微生物生态学研究的重中之重是微生物多样性研究，体现了生态系统对环境变化的反应能力，以及微生物与生态系统过程、功能、恢复力和可持续性间的联系。

分子微生物生态学是研究自然界微生物与生物环境及非生物环境之间关系及相互作用规律的科学，采用分子生物学技术手段研究一些微生物生态学基础理论问题，如微生物区系组成、结构、功能、适应性进化及其分子机制等。分子微生物生态学拓展和深化了传统微生物生态学，如利用分子生物学技术明确自然界各种环境中微生物遗传多样性的真实水平及物种组成，遗传改良和分子修饰过的微生物工程菌及其标记生物分子的环境转移和生态安全问题，不同种群间基因水平转移规律，宏基因组学研究，微生物与植物共生现象等。分子生物学技术和研究策略使微生物生态学开辟了研究难培养微生物的新道路，是微生物生态学各项研究的基础与核心。例如，了解微生物的分布及极端环境下微生物生命活动的规律，可开发新的微生物资源并为生物的进化提供理论基础，了解微生物间及微生物与其他生物间的相互作用，可以开发新的微生物农药、肥料等。同时，可以借助微生物之间的互惠关系，混合培养不同的菌种来生产各类微生物发酵产品，为降低成本、缩短发酵周期和提高产量等提供新思路。

随着微生物生态学的发展，在解决各种危机（环境污染、能源危机、资源枯竭等）中，其已成为融合多学科所长的交叉学科，也是现代微生物学的前沿研究领域。

1.2　微生物生态学的发展

微生物生态学的起源和生态学基本上是同步的，作为一门系统的学科伴随着生态学发展的整个历程。对微生物与环境之间关系的早期研究可以追溯到 19 世纪中叶。

1. 初级阶段

生态学概念正式被提出是在 19 世纪中叶。在微生物生态学萌芽时期，很多科学家做出了重要贡献。1921 年，荷兰学者拜耶林克（Beijerinck）从土壤中分离出好氧的自生固氮菌，首次提出用个体生态学的方法研究微生物。后来，维诺格拉斯基（Winogradsky）对土壤微生物的物质转化作用进行了一系列研究，从土壤中分离出能够将氨转化成硝酸的硝化细菌，详细研究了厌氧固氮细菌和共生固氮细菌，并首次提出了土著微生物的生态习性。

20 世纪 30 年代以前，微生物很少被看待为生物，而仅仅被看作是无机环境因素的一部分。在应用生物学领域中，由高等植物构成的第一线生产力很早得到了生物学家的高度重视，但环境中由微生物引起的物质分解现象一直很少被研究者关注。20世纪中叶前期，人们仍普遍缺乏对微生物引起的物质循环作用的认识，对微生物学知识和技能的掌握也有所欠缺。此外，生态学基本且传统的研究手段与微生物学大致无共通之处。两者之间的这种差异，使得20世纪中叶以前微生物学和生态学之间几乎没有学术上的联系。在这一时期，包括微生物学在内的基础生物学，如动物学、植物学、生理学、生物化学等进展极为迅速，这些学科的研究内容是非常直接地同生产实践相联系的，其应用意义是显而易见的，而生态学研究在当时很少有人清楚地阐明其应用价值。

20世纪30年代后，克鲁维（Kluyver）、尼尔（Niel）、乔罗尼（Cholodny）等的研究促进了微生物生态学的形成。首先，在酵母菌和大肠杆菌一系列生理生化方面的研究证明了微生物与动植物代谢机制的同一性，从而证明了微生物在自然界中的地位；其次，土壤微生物研究手段中出现了埋片观察法。埋片观察法作为生态学的研究手段，能更近似地反映自然界中微生物真实的生理状况。这一时期其他生物学科的发展和研究，也为微生物生态学的形成准备了充分的条件。

2. 确立阶段

微生物生态学在20世纪中期才得到发展，是生命科学的一个分支。60年代后，因人们对环境科学的关注，微生物生态学有了飞跃式发展。

1934年，高斯（Gause）证明了纤毛虫等原生动物中存在捕食关系。Kluyver发现微生物世界中各类代谢过程都存在相互关系。罗杰（Roger）在研究好氧微生物的代谢时，发现假单胞菌对复杂的有机化合物有降解能力。以上研究为微生物生态学早期的发展做出了重要贡献。

20世纪50年代末，随着工农业的飞速发展和人口的高速膨胀，环境污染日趋严重，人类面临的危机日益引起了人们普遍关注。在这种背景下，人们发现许多微生物能使人工合成和天然的污染物降解，尤其是对难分解的合成洗涤剂、农药和合成化合物造成的富营养化及生物放大作用，有着显著效果。这些问题引起了科学家对微生物生态学的浓厚兴趣，并推动其迅速发展。20世纪60年代，人们就已经开始研究微生物降解海洋石油污染物。

1962年召开了第八届国际微生物学会议。在此次会议上，设立了经济和应用微生物学委员会，旨在加强对微生物资源开发利用方面的研究，以此促进粮食产量的增长。首先要解决化学肥料短缺问题，氮肥的短缺问题刺激了对微生物共生及自生固氮作用的研究。全球性资源、能源危机的出现，促进了对微生物资源转化作用的研究。对开发稀有生物遗传资源的需要，促进了对微生物生态的研究。美国微生物学家托马斯（Thomas）把当时积累的有关微生物生态的资料进行了系统整理，撰写了此领域第一本较系统的专著《微生物生态学原理》，它的问世是微生物生态学作为一门独立学科诞生的标志。

1970 年，在墨西哥召开的第十届国际微生物学会议上，正式成立了微生物生态学委员会。此次会议的中心议题是环境问题和如何利用微生物来净化环境。这次国际学术会议的召开对微生物生态学具有重大意义，表明人们对微生物的认识程度已经有了飞跃性的发展。微生物作为自然界生物的重要成员，以其丰富多彩的生命活动，在多个方面对环境产生了积极的影响。

3. 现代阶段

1972 年在瑞典乌普萨拉举行的有关微生物生态学现代方法的国际会议，是微生物生态学发展史极具意义的一个里程碑。会上主要讨论的问题是如何改进微生物生态学研究方法，强调了在纯培养的基础上进一步结合自然环境条件进行研究的必要性。自 1977 年，微生物生态学国际会议每三年举办一次。20 世纪 80 年代初，马丁·亚历山大（Martin Alexander）发现微生物不能降解许多人工合成的化合物，因此众多研究人员加大了对污染物生物可降解性的关注。与此同时，微生物生态学在物种遗传多样性、分子适应、变异分子机制及进化意义等方面有了重大进展。

在微生物生态学理论体系的发展方面，继 1966 年 Thomas 撰写第一部微生物生态学专著以来，不断有新的有关微生物生态学理论的著作问世。1970 年，谢尔登·阿伦森撰写了有关微生物生态学实验方法的专著，次年 Martin Alexander 撰写了《微生物生态学》，众多学者为此领域的发展贡献了力量。1974 到如今，很多国际上的专业杂志刊登了微生物生态学的研究报告和进展，如 *Applied and Environmental Microbiology*, *The ISME Journal*, *Environmental Microbiology*, *Microbial Ecology*, *Applied Microbiology and Biotechnology*, *Advances in Microbial Ecology*, *FEMS Microbiology Ecology*, *Marine Biology* 和 *Marine Ecology Progress Series* 等。

分子生物学技术在研究微生物生态系统组成结构、功能的分子机理及微生物与生物和非生物环境之间相互关系等方面，展现出了巨大的潜力。分子微生物生态学十多年来取得的研究成果表明，分子生物学研究技术向微生物生态学领域的不断渗透，为微生物生态学领域注入新的活力，尤其在微生物多样性、微生物区系分子组成及变化规律、微生物系统进化研究方面取得了重大突破。

我国在微生物生态学研究方面取得了许多进展。我国存在各种各样的自然环境，有高山和平原，有寒冷的冰川、气温较高的热带及温泉环境，还有神农架林区、大兴安岭、西双版纳热带雨林自然保护区等原始森林。由于工业飞速发展，人口增长过快，自然环境被石油、废气、废水、固体废弃物和重金属等污染。目前，我国对环境微生物生态学的研究主要集中在以下几个方面。

（1）微生物资源的调查。对土壤微生物生态学的研究证明，土壤拥有种类丰富、数量庞大的微生物，其种类和数量随土壤环境及土层深度的不同而变化。大多微生物在作物的生长发育过程中起着积极作用，土壤的形成发育、物质循环和肥力演变等均有微生物参与，并且从土壤和其他环境中分离得到了大量能产生各种抗生素的放线菌和细菌，其中一些微生物经过人工诱变后能合成大量的抗生素。改革开放以来，我国开展了大规模水利建设，已建成的大中型水库均受到沉积物污染加剧及水质恶化问题的威胁。研究发现，水库生态系统中存在大量功能微生物类群，利用自然菌群或高效微生物制剂强化水库土著功能微生物种群代谢途径与通路，削减内源污染，从而促进水体生源物质健康循环，可实现原位控污净水。我国很多学者开展了对重要生物资源——海洋微生物的研究，包括海洋中微生物资源、微生物活性代谢产物及功能基因、海洋动物病原菌资源和致病基因种类，并且研发了海洋微生物物种资源库和信息共享平台。同时，国家海洋局考察了环球大气的微生物，得到了很有价值的结果。大气中微生物的分布与人类健康密切相关，目前已开展我国各大城市空气中微生物数量、种类和分布的调查，并阐明了大气中微生物的分布特征及其影响因素，为我国大气质量评估体系的构建及相关政策法规的制定提供了理论依据。此外，我国学者采用分子生物学研究手段，大量研究了其他环境中微生物的多样性，证明了自然界还有大量微生物新物种及新功能待被挖掘。

（2）随着我国科技的进步，工业不断发展，城市化进程日益加快，在人民生活水平提高的同时，环境污染已成为现今社会普遍关注的焦点问题。许多河流、土壤和农田污染情况十分严重，并且不断出现新的污染物来源和种类。政府和相关企业为了解决严峻的环境污染问题，开展了很多治理工作，投入了大量的人力和物力。利用微生物来处理废水和废气有很多优点，此方法在我国非常流行。政府及相关企业调查发现了很多微生物可强降解污染物，并明确了微生物对各种苯环污染物、石油、洗涤剂、农药及染料的降解途径和程度。此外，对微生物去除废水中的氮、磷及各种废水处理系统中的微生物生态开展了较全面的研究，建立了活性污泥法、各种生物膜反应器、固定化细胞等处理效果显著的废水处理工艺。

（3）固体废弃物是环境污染的重要污染源之一，可通过填埋处理、焚烧处理、粉碎处理、生物处理及化学方法等处理固体废弃物。其中，生物处理是利用微生物对固体废弃物的分解能力来减轻污染，具有成本低、绿色环保、无二次污染等优点，因此一直以来颇受重视。微生物处理技术随着研究技术的不断成熟，已广泛应用于固体废弃物处理中。微生物处理技术与其他传统处理工艺相结合，将成为减少固体废弃物对环境危害和固体废弃物资源化利用的新途径。

（4）除了陆地和淡水受到严重污染外，海洋环境的污染也较为严重，仅海洋的富营养化和海水养殖环境的污染就给我国海水养殖业造成了重大损失，各种海洋动物的病害不断发生。近几年，我国海洋研究机构和部分大学开展了海洋微生物生态学和海水养殖环境净化的研究。国家"863"计划也投入巨资研究各种病原微生物与海洋动物之间的相互关系，为有效控制海洋动物的病害发生发挥了很好的作用。

近年来，我国的微生物生态学教学工作取得了很大进展，许多高校设立环境工程、环境科学和给排水科学与工程专业，并开设环境微生物学、水处理微生物学和微生物生态学等专业课程。

1.3　微生物生态学的意义

生态学在解决当代重大社会问题中所起的重要作用，为促进工农业生产、改进城市结构、改善生态环境和防治环境污染做出的贡献，受到人们的高度重视。生态学已成为目前发展最快的前沿学科之一。微生物生态学是生态学的重要组成部分，在生态系统中占有重要地位，与工业、农业、环保和医学等学科都有紧密的联系。微生物生态学的研究有着重要的理论和现实意义，对解释生物基因的进化、基因及酶的代谢调控和生物适应环境的机理等都大有帮助，研究自然样品中的微生物可了解生物的多样性，保护微生物资源和基因库。

（1）我国地域广阔，存在各种各样的自然环境，微生物及其基因资源十分丰富。许多环境的微生物资源，特别是极端环境的微生物资源和基因资源，还需进一步调查和开发，如高热环境、高盐环境、强酸环境、强碱环境和低温环境等，这些极端环境中存在具有特殊生理功能的微生物和特殊用途的基因，这些也是我国重要的生物资源。

（2）自然界中碳、氮、磷、氧、硫、铁和氢等物质的转化和循环过程都有微生物的参与，并且某些微生物在降解纤维素、固定氮气和分解某些特殊化合物中扮演着重要角色。生态平衡的保持离不开这些循环、转化和分解作用。在水环境中，微生物对营养物的浓缩、再利用和循环起着非常重要的作用。

（3）在自然环境中，微生物在提高土壤肥力、帮助农作物摄取营养、促进作物生长、抗病原菌侵入、提高农作物产量、减轻农药和化肥对水源的污染、减少农药及化肥用量和保护环境等方面起着相当大的作用。在农田中，微生物还可以用于污水和农作物秸秆、有机垃圾等废弃物的转化和净化。同时，微生物还可以降解农药，保护农田环境。

（4）微生物具有个体小、比表面积大、生化功能多样、代谢能力与适应能力强、易改造遗传功能、繁殖速度快、无二次污染、不需特殊设备且常温常压下即可处理、可产生有用副产物等优点,利用微生物治污有很大的实际意义。近年来,采用不断完备的生物工程技术和基因工程技术有望培养出可降解多种污染物的微生物菌株,这为微生物治污开辟了新道路。

(5)许多微生物治污过程中产生的中间产物对人体和生态平衡有很大危害,甚至会导致人体细胞病变。因此,明确微生物降解污染物的途径、程度和速率,有利于环境医学和环境保护方案的确定。

(6)当前社会排放到自然界中的人工合成化合物非常多,每一种人工合成化合物都须经过微生物可降解试验才能排放到自然界中,以便判断该化合物是否会对环境产生不良影响。

(7)天然能源的大量开采和使用,不仅造成了严重的环境污染,还造成了严重的能源危机。因此,寻找可再生的和清洁的能源是人类面临的重大问题,生物能源就可以实现这些目标。

微生物在生态系统中扮演着不可或缺的角色,它们直接或间接地参与多种生态过程。微生物生态学目前的研究重点:明确微生物群落组成、变化;进一步研究环境和空间变量的关系;探寻微生物如何调控陆地生态系统。本书概述不同环境生态系统中的微生物生态学研究进展,介绍当前此领域的研究技术及统计分析方法,重点讨论水环境(污水、饮用水、景观水体)中的微生物生态、高效菌群的分离应用及相关研究技术,以期促进和推动环境微生物群落构建,为利用微生物净化和保护环境提供理论依据和参考。

1.4 环境微生物生态学概述

1. 环境微生物生态学的定义

环境微生物生态学是基于微生物群体(如种群、群落和一定单元内微生物的集合体)的科学,主要研究微生物群体之间的关系及与环境的关系。由于微生物个体难纯培养和分离,此领域侧重于研究微生物群落构建、多样性、组成演变及其与环境的关系,而非对个体或个体与环境关系的研究,其生态功能与生态系统过程也是研究的重点。环境微生物生态学基于群体,研究对象特征为高通量和大样本,标志物为群体 DNA/RNA 等,研究范围从基因尺度到全球尺度,以生态学理论和模型为指导,利用统计分析反复拟合,得出具有普遍意义的结论。

环境微生物生态学是一门研究微生物群落与环境相互关系的科学,是生态学的重要分支。拜耶林克(Beijerinck)于 1889 年发现发光细菌属,维诺格拉斯基(Winogradsky)在三年后发现了亚硝酸单胞菌属及亚硝酸杆菌属,这些科学家的开创性实验较早涉及微生物生态学领域。1976年，沃斯（Woese）和福克斯（Fox）提出了三域学说，将其定名为古菌域（Archaea）（Woese and Fox，1977）。传统的技术在非可培养微生物研究方面暴露了不足，因此微生物生态学研究借鉴了分子生物学研究技术，在分子适应性、物种遗传多样性、变异分子机制等基础理论方面都有了很大的进展（Shade et al.，2012；Prosser，2002；Woese and Fox，1977）。

2. 环境微生物生态学研究内容

环境微生物生态学通过观察微生物群落组成和多样性的变化情况，明确群落结构，调节群落功能，发现新的微生物类群，从微观角度体现生态变化。因为微生物群落在生态系统中可以催化生物地球化学反应，所以明确微生物群落与生态系统功能关系，可以大大提高群落应对干扰能力，维持生态系统功能稳定。

通过不断的探索，发现生物的世界并非无章可循。生物学和生态学面临两个问题：微生物群落的分布特征如何随环境改变而表现？这些分布特征通过什么机制驱动维护？同时，需要理论支持来解释微生物群落分布特征和格局是否等同于大型生物及是否存在相似的特征性。如今，动植物领域的生态学理论体系较为完备，相比之下微生物领域有些不足，应通过成熟的理论和手段研究新微生物领域并摸索新规律。学者可以利用不断发展的分子生物学技术，打破以往研究中需要对微生物进行分离培养的限制，直接从基因水平考察其多样性，从而深入研究微生物空间分布格局及其成因。

1.5　土壤环境微生物生态学研究现状

地球土壤中有细菌、古菌、真菌、病毒、原生生物及一些微型动物等丰富的微生物群落，这些生物可统称为土壤微生物组（Zhu et al.，2017）。据估计，每克土壤有10^9个微生物，隶属10^4个不同的物种（Gans et al.，2005）。它们在土壤有机质、氮和磷等元素循环中不可或缺，调控着许多生态过程，并与土壤健康和作物生产密切相关（Lu，2015）。研究表明，土壤中微生物多样性越丰富，其生态功能、抗环境负荷能力和作物生产能力就越强（Chen et al.，2019a）。

1. 土壤微生物和元素循环

地球物质循环和流动离不开土壤中元素的生物化学循环，此循环是维持土壤健康的必要条件。土壤微生物组可以驱动元素循环，如碳、磷、硫和氮等，并通过各种代谢路径调控全球生态系统服务功能。Xiao等（2020）在碳循环方面明确了自养微生物组在稻田生态系统中是不可或缺的，它们能固定CO_2并累积有机碳库。Zhao 等（2019）通过观察微生物组在各类土壤中对氮肥和秸秆还田的响应特征，证实了土壤微生物组中的重要生物类群是原生生物。研究表明，若微生物携带与磷循环相关的基因，则有利于矿化有机磷、溶解无机磷并合成释放有机阴离子；同时，富磷时增加低亲和力无机磷酸盐转运蛋白基因的相对丰度，可以有效固定磷（Dai et al.，2020）。若长期施用有机肥，一些多营养级微生物的相互作用会被大大影响，从而提高植物磷吸收及作物产量（Jiang et al.，2020）。Fan 等（2021）研究发现，在土壤元素循环和作物产量方面，关键土壤微生物组是不可或缺的。此外，微生物组参与具有重要意义的铁、硫元素循环（Sun et al.，2020）。例如，微生物主导了稻田土壤中的铁氨氧化过程（Ding et al.，2014）。关于微生物分离和基因组方面的研究还有所欠缺，一些关键微生物组的功能仍未明确。Tan 等（2019）利用多组学的手段重新构造了四个潜在新变形菌目的代谢途径，并大概描述了其基因组，揭示了这些新物种对生态系统的潜在影响。

2. 土壤微生物和污染修复

重金属、抗生素、石油烃和微塑料等污染物对土壤环境的危害称为土壤污染。利用生物修复污染土壤具有经济高效且绿色环保的特点，现如今颇受重视。已有多种微生物成功降低了土壤中的毒性，包括细菌、真菌、藻类等。参与污染物降解酶的活性主要影响着微生物的生物修复过程，这些酶可将有毒污染物转化成无毒或毒性极小的物质。例如，通过协同作用降低重金属的生物毒性，阻止其污染植物（Chen et al.，2020a，2020b）。Xiao 等（2016）首次明确了五种水稻土中砷代谢基因的分布，并揭示了它们在砷生物转化中的能力。Chen 等（2019b）研究发现，水稻土中的二甲基砷可以通过硫还原菌和产甲烷古菌积累与降解。此外，微生物组还驱动着砷氧化耦合硝酸的过程，此过程能显著降低砷的生物毒性。由于土壤的 pH、温度、氧气、土壤结构、水分和营养水平等都影响着微生物，污染场地中土著微生物种类及功能的信息尚不完备，须借助微生物组学及模型等方法进一步探索。例如，结合系统进化基因组学和分子钟理论等方法，Chen 等（2020b）描述了微生物在地球演化中如何适应砷的毒性，明确了此过程生物基因组的应用模式，为理解重金属污染下的微生物生态学奠定了基础。

1.6　淡水环境微生物生态学研究现状

全球淡水量约占总水量的 3%，水资源短缺、水污染严重、水生态环境恶化等问题已严重制约当今社会的可持续发展。陆地主要的淡水资源来自河流、湖泊和水库。淡水环境是许多微生物生长和繁殖的良好场所，微生物是淡水生态系统物质循环和能量流动的重要参与者，在维持生态系统平衡和驱动元素循环中起着关键性作用。人类对淡水的需求日益增加，而淡水资源越来越多地受到气候变化、富营养化和化学污染等多重且往往相互作用的因素威胁。

1. 淡水微生物和元素循环

碳、氮、磷、硫等元素具有控制初级生产力、调节水体微生物群落的重要作用。同时，淡水生态系统中，这些物质的转化受微生物群落的代谢过程调控（Reisinger et al.，2016）。大量学者通过计算机建模的方法对水环境中生物地球化学循环进行了定量预测，明确水环境生态系统中微生物介导的物质转化潜在机制（Li et al.，2017；Reed et al.，2014）。Preheim 等（2016）利用微生物数据和物质垂向迁移转化模型，研究了一个湖泊中生物地球化学循环的速率和各物质的终态浓度；Reed 等（2014）将生物地球化学模型中的微生物群落结合基因组学数据进行描述，预测了微生物群落在循环中的功能特征。目前，大多建模方法对物质的迁移过程有所忽略，在水动力条件复杂的水环境中，不同相（水和沉积物）之间的物质传递、流体动力学扩散等是物质动态变化的关键过程，从而对生物地球化学循环过程有所影响。

2. 淡水微生物和污染修复

纵向、垂向和横向的三维分布规律是淡水微生物群落空间分布格局的主要研究内容。现有研究大多仍以沿水体纵向的微生物群落分布特征为主。例如，Liu 等（2018）普查了近 4300km 长江流域浮游及沉积微生物群落的时空分布情况，Wang 等（2017a）调查研究了鸭绿江的浮游菌。近年来，河流垂向的微生物群落逐渐受到了重视，学者开始对比河流中微生物群落的纵向和垂向分布特征。Gao 等（2017）对富营养化河流纵向和垂向的微生物群落分布特征展开了研究。大部分的水源水库通常深 10~100m，水体会随季节变化形成垂向热分层。水体分层结构的季节演变特征由水深和气候特征决定，水文气象条件和水库调度等也会对水体分层结构稳定性产生影响。Zhou 等（2020）研究饮用水后发现不同空间组合的微生物群落存在明显差异。Zhang 等（2016）对河流微生物的空间分布机理进行了补充。此外，季节的动态变化影响着淡水微生物的时间变化。由于对微生物群落有重要影响的环境因子（如温度、光照和溶解氧浓度等）会随季节变化而协同变化，因此淡水生态系统养分及物质循环发生改变（Esteves et al.，2015；Read et al.，2015）。毛铁墙（2020）在对湛江湾与氮循环相关微生物的观测中，发现了部分氮循环菌群丰度与昼夜交替有极大联系。年际变化研究多见于微生物群落结构更为稳定的生态系统研究中，在河流微生物中鲜有报道（Tripathi et al.，2018；Hideyuki et al.，2017）。

　　直接投放微生物菌剂、加入微生物促生剂和微生物-物化耦合法等是目前较好的微生物生态修复手段。学者通过筛选、配比与培养菌种，针对各类河流研制出了去污效果不同的微生物菌剂。Sun 等（2019）筛选并表征了硫氧化菌，开发出对黑臭水体有高强度除硫效果的菌种。吴霞和谢悦波（2014）通过梅花式接种法，有效去除了河流中化学需氧量（chemical oxygen demand，COD）、氨氮（NH_4^+-N）和总磷（total phosphorus，TP）。研究表明，联合投加微生物菌剂和促生剂的去污效果更高（孙井梅等，2019；Vezzulli et al.，2004）。微生物菌剂和促生剂的投放常受强流动性和复杂的水力条件干扰，因此出现了微生物固定化原位修复技术来解决此类问题（侯俊等，2021；潘翔等，2021）。

1.7　大气环境微生物生态学研究现状

　　近年来，我国的灰霾天气引起了社会的重视。大气中组分复杂的污染物质称为大气颗粒物（particulate matter，PM），它危害着全球气候和大气过程。PM 含有有毒有害的化学组分，临床研究证实 PM 中含有的病原微生物和抗生素抗性基因（antibiotics resistance gene，ARG）会严重威胁易感人群的健康。因此，采集 PM 并鉴定和分析其中的微生物十分重要。

1. 大气微生物群落组成

　　PM 中微生物的分布特征受区域、时间、粒径、天气条件和气象等很多因素影响。微生物在夏季和秋季浓度较高，冬季和春季浓度较低（宋森，2017；Zhong et al.，2016）。Bowers 等（2013）发现 PM 中真菌在春夏季较为丰富，而细菌在春秋季较为丰富。不同地区 PM 中微生物的丰度和群落结构有显著差异（Woo et al.，2013；Bowers et al.，2011）。美国辛辛那提市和我国花莲市真菌孢子丰度远远高于澳大利亚（Adhikari et al.，2006；Ho et al.，2005；Bauer et al.，2002）。PM 中微生物的优势菌属在同一地区不同功能区的分布也有所差异。例如，王琳（2014）研究发现，青岛市不动杆菌属（*Acinetobacter*）和弓形杆菌属（*Arcobacter*）为冬季市区街道细菌的优势菌，而人工湿地 PM 中微生物则以马赛菌属（*Massilia*）和鞘氨醇单胞菌属（*Sphingomonas*）为主。此外，PM 中微生物的分布也会因粒径、天气不同而出现区域差异，如我国敦煌、奥地利和地中海地区的真菌大多存在于粒径大于 2.1μm 的粗颗粒物中（Raisl et al.，2013；Zuraimi et al.，2009）。在粒径较大的颗粒物中微生物浓度较高，微生物的优势菌群的群落结构在不同粒径下十分相似，但其丰度差异很大（Yan et al.，2016）。研究发现，灰霾天气 PM 中可培养微生物浓度、组成均与非霾天气有所差异，可能是因为沙尘或细颗粒物可作为微生物的载体并为其提供营养（Li et al., 2015; Jeon et al., 2011）。微生物在温度升高、湿度增加时易于生长（Smets et al., 2016），适宜的太阳辐射可能使微生物孢子释放，从而提高微生物活性，但太阳辐射太强会使微生物灭活（Hwang et al., 2010）。

2. 大气微生物污染控制

空气中某些微生物危害人体健康，如霉菌引起过敏性鼻炎、过敏性哮喘等（Khan and Karuppayil, 2012）。目前，对空气微生物污染的控制措施有生物、物理、化学方法。植物可以改善空气质量，分泌杀菌物质。微生物浓度随着植物作用下颗粒物的浓度降低而降低。任启文等（2012）发现树木分泌的挥发物多少与区域内三维绿量成正比，三维绿量越大，吸滞、过滤粉尘的作用就越大，微生物浓度的降低效果越好。常规的物理消毒方法有通风、紫外线照射、高效过滤、纳米催化、静电沉积、激光照射和等离子体技术等。王妍彦等（2012）选用普通日光灯作为空气消毒器，运行发现模拟现场和现场试验平均消亡率分别为 92.36% 和 86.97%，选用波长为 365nm 紫外灯的消亡率分别为 97.37% 和 93.35%。化学消毒法通常选择臭氧及各种消毒液对空气进行消杀。胡平等（2012）对动物医院诊室进行消毒时发现臭氧消毒 30min 时杀菌率为 92.6%，明显高于紫外线消毒的杀菌率 75.8%。

1.8　固体废弃物环境微生物生态学研究现状

1. 好氧堆肥过程中的微生物群落组成及演替

微生物可以降解和转化有机物质，研究堆肥中微生物的群落演替有助于提高堆肥品质。各类微生物在堆肥有机质降解过程中各司其职，堆肥中处于优势地位的是细菌，数量多、丰度大，其次是放线菌，再次是真菌。芽孢杆菌属（*Bacillus*）（刘有胜等，2007）、纤维单胞菌属（*Cellulomonas*）（Wang et al., 2017b）和子囊菌纲（Ascomycetes）（Blumer-Schuette et al., 2014）是堆肥中的常见菌。最典型的白腐真菌主要降解木质纤维素，在堆肥后期对物料腐熟、稳定具有重要意义。放线菌对温度和 pH 耐受能力强，在高温期木质纤维素降解时具有优势（顾文杰，2017）。对纤维素分解最重要的是 β-葡萄糖苷酶，这是纤维素水解为葡萄糖的限速步骤。Zang 等（2017）的研究证明，堆肥过程中细菌和真菌是产生 β-葡萄糖苷酶的主要微生物，细菌 GH1 基因在堆肥后期纤维素的降解中起主导作用。

Awasthi 等（2018）的研究表明，堆肥过程中约有 75% 的氮素损失是 N_2O 和 NH_3 排放造成的。硝化和反硝化是氮转化的主要驱动过程，也是控制氮素释放和损失的关键步骤（Chen et al., 2017）。研究表明，在鸡粪与稻草堆肥中接种氨氧化细菌可以减少 NH$_3$ 的排放（Zhang et al.，2016）。氨氧化古菌的最适温度高于氨氧化细菌，随着堆肥的温度升高，氨氧化古菌对硝化作用的相对贡献将逐渐增大（Ouyang et al.，2017）。反硝化微生物在堆肥嗜热阶段相对较少，而在冷却和腐熟阶段逐渐增加（Fukumoto et al.，2011）。Guo 等（2020）发现甲烷杆菌属（*Methanobacterium*）和 *Ruminiclostridium* 是堆肥产品中的关键固氮菌。

2. 厌氧发酵过程中的微生物群落组成及演替

厌氧发酵是处理固体废弃物的另一种有效方法，发酵产物中碳素含量降低，含有氮、磷、钾及多种微量元素，有氨基酸、维生素和生长素类等物质产生，使得沼液成为植物生长发育的有机肥料（凡慧等，2017）。此外，厌氧发酵过程可以产生一些清洁能源，如甲烷。

目前，已有研究对厌氧发酵过程中 pH、温度、水力停留时间、有机负荷率等操作参数进行了优化（Alkaya and Demirer, 2011）。Liu 等（2012）通过添加铁粉末来优化厌氧发酵，证明在去除化学需氧量和形成挥发性脂肪酸方面该添加剂可以改善厌氧产酸。产甲烷古菌通常以 H$_2$/CO$_2$ 和乙酸盐作为底物来生产甲烷，由于生长缓慢，易被认为是厌氧发酵系统稳定运行的重要微生物群落。王腾旭等（2016）分析发现，产甲烷古菌在中温时丰度高，产酸及嗜热菌在高温系统中丰度较高。Rademacher 等（2012）证实高温水解反应器中丰度最高的微生物为梭菌属（*Clostridium*），厌氧系统中丰度最高的古菌是产甲烷八叠球菌属（*Methanosarcina*）和甲烷嗜热杆菌属（*Methanothermobacter*）。赵一全等（2018）研究了添加氮素对玉米秸秆厌氧发酵的影响，结果表明 *Clostridium* 在发酵初始阶段丰度高，在产气高峰期 *Methanosarcina* 的丰度明显提高，细菌和古菌的多样性随着厌氧发酵的进行而增加。

1.9　微生物在地球化学循环中的作用

1. 微生物与碳循环

微生物介导了碳循环的多个重要代谢过程，碳循环各个过程的完成都是群落共同调节和驱动的结果，微生物在响应全球气候变化、维持生态系统的功能和稳定方面都是不可或缺的。

微生物是食物网中的分解者，能够分泌多种酶来降解动植物残体及其他有机物，这些天然多聚物除淀粉之外都十分难降解。微生物可以转化这些物质中储存的碳并且加速碳循环。微生物对于碳循环有着重要意义，对于难降解的有机质有重要的生态学意义和广泛的实际价值。

至今已确定了卡尔文循环途径、还原型柠檬酸循环途径、还原乙酰辅酶 A 途径、3-羟基丙酸双循环途径、3-羟基丙酸/4-羟基丁酸循环途径、二羧酸/4-羟基丁酸循环途径这 6 条微生物的碳固定途径（袁红朝等，2011）。其中，卡尔文循环途径是光能自养生物和好氧化能自养生物固定 CO_2 的主要途径，其余 5 条固定 CO_2 的途径在微生物中分布不同。

在严格厌氧的条件下，产甲烷过程由属于广古菌门（Euryarchaeota）的产甲烷古菌完成。产甲烷古菌可使 CO_2、H_2、乙酸及一些甲基型物质，如甲酸、甲醇和甲胺等经历水解、酸化、产乙酸等过程之后产生甲烷。产甲烷过程的关键酶是甲基辅酶 M 还原酶（methyl CoM reductase，MCR）。MCR 包含 MCR-Ⅰ和 MCR-Ⅱ两种形式，其中 MCR-Ⅰ存在于所有的产甲烷古菌中，MCR-Ⅱ仅存在于甲烷球菌目（Methanococcales）和甲烷杆菌目（Methanobacteriales）中（Friedrich，2005；Lueders et al.，2001）。至今没有发现 MCR 的水平基因转移，因此 mcrA 可根据 MCR 的保守性作为功能基因，来检测特定环境中产甲烷古菌的多样性（Kröber et al.，2009）。

2. 微生物与氮循环

氮是合成蛋白质和核酸等关键细胞化合物的必需物质。氮的生物化学循环主要包括同化作用、氨化作用、硝化作用、反硝化作用、厌氧氨氧化作用和生物固氮作用，其中生物固氮作用、硝化作用和反硝化作用是目前研究的热点。

从生物学上讲，只有微生物携带的金属固氮酶可以将氮气固定为氨气。固氮酶普遍分布在细菌和古菌中，总共有三种类型的固氮酶：钼-铁（Mo-Fe）固氮酶、铁-铁（Fe-Fe）固氮酶和钒-铁（V-Fe）固氮酶，它们有相似的序列、结构和功能特性，但其金属不同。anfDGK、vnfDGK 或 nifDK 分别在活动中心编码含铁、钒或者钼固氮酶的催化成分，anfH、vnfH 或 nifH 编码含铁的电子转运蛋白。nifH 是用来检测环境中有固氮作用微生物的标记基因。土壤固氮细菌棕色固氮菌（Azotobacter vinelandii）是可以编码这三种类型固氮酶的固氮菌，其他微生物，如海洋固氮菌束毛藻（Trichodesmium spp.），只含有钼-铁固氮酶（Zehr et al.，2003）。据估计，每年地球上固定的 N_2 大约为 $1.7×10^{11}kg$，$3.5×10^{10}kg/a$ 是由草地里的微生物固定的，$4.0×10^{10}kg/a$ 是在森林中固定的，$3.6×10^{10}kg/a$ 是在海洋环境中固定的。

硝化作用是由多个微生物介导的生物氧化过程，包括氨氧化细菌和氨氧化古菌，能在有氧气存在的条件下将 NH_4^+ 连续氧化。在这一途径中，amoCAB 基因编码的氨单加氧酶首先将 NH_4^+ 氧化为 NH_2OH，随后 hao 基因编码的羟胺氧化还原酶将 NH_2OH 氧化为 NO_2^-。微生物氨氧化作用是氮转化的第一步和限速步骤，决定了氧化和还原形式氮之间的转化平衡关系（Zeng et al.，2011）。在 NO_2^- 氧化过程中，亚硝酸盐氧化细菌通过亚硝酸盐氧化还原酶将 NO_2^- 氧化成 NO_3^-。大多数氨氧化细菌属于 β-变形菌纲（Betaproteobacteria）和 γ-变形菌纲（Gammaproteobacteria），并且属于氨氧化成亚硝酸盐的化能自养生物。它们几乎可以在所有环境中找到，包括施肥土壤和污水处理厂（wastewater treatment plant，WWTP）（Prosser and Nicol，2008）。目前，还发现了能执行完全氨氧化过程的细菌，如 *Candidatus Nitrospira inopinata*（Kits et al.，2017）。

反硝化微生物可以携带一种或多种反硝化功能酶。硝酸盐还原酶、亚硝酸盐还原酶、一氧化氮还原酶和氧化亚氮还原酶是催化反硝化过程的四种关键功能酶（Lycus et al.，2017）。硝酸盐还原酶由 *narG/H/I* 和 *napA/B* 基因编码，在厌氧或缺氧环境中 *nar* 和 *nap* 基因可以同时表达，而在有氧环境中只有 *nap* 可以表达（Kuypers et al.，2018）。NO_2^- 还原为 NO 由 *nirS* 和 *nirK* 基因编码的亚硝酸盐还原酶催化，是进行反硝化的关键步骤（Gao et al.，2009）。N_2O 是一种温室气体，能在氧化亚氮还原酶的催化下进一步还原为 N_2，但氧化亚氮还原酶对环境的氧气浓度、硫化物含量和 pH 极其敏感。有研究表明，许多反硝化微生物具有进行有氧呼吸的能力（Ge et al.，2018），氧气的干预并不会使反硝化酶降解和失活（Marchant et al.，2017）。副球菌属（*Paracoccus*）和假单胞菌属（*Pseudomonas*）可在好氧条件下将 NO_3^-、NO_2^- 还原为 N_2 或 N_2O（Ge et al.，2018）。

3. 微生物与硫循环

硫是一种重要的非金属元素，它可以维持细胞生长和生态循环。由于硫化合物性质十分活跃，可自发发生多种反应，因此硫化合物在环境中有多种存在形态。硫元素的主要存在形式依赖于环境。硫代硫酸盐、多聚硫化物和单质硫等含硫物质是深海热液口喷发出的流体中高浓度的硫化物与周围海水混合后产生的（Masahiro and Ken，2011）；海洋上层沉积物中含有高浓度的硫酸盐，大量的硫酸盐还原微生物在此处还原硫酸盐生成 H_2S，这是硫循环及硫生物地球化学循环的主要驱动力之一（Wasmund et al.，2017）。

几乎所有硫氧化菌可执行硫化物氧化，将 H_2S 氧化为单质硫。一般认为硫醌氧化还原酶系统是主要的硫氧化系统，这在 H_2S 含量高的区域尤为明显（Frigaard and Dahl，2008）。在缺少 H_2S 的情况下，单质硫可进一步被缓慢地氧化成 SO_4^{2-}。这些微生物多存在于厌氧环境，如沉积泥的界面和与沉积泥相邻的含有少量 O_2 的水中。

异化硫酸盐还原在碳循环中起到了重要的调节作用。在还原过程中，SO_4^{2-} 首先转化为氧化性强的腺嘌呤磷酰硫酸盐（adenine phosphoyl sulfate, APS），然后

APS 被还原为 SO_3^{2-}，SO_3^{2-} 继续还原为硫化物（Dorries et al.，2016）。这个过程中，硫酸盐可作为电子受体矿化部分有机碳，减少甲烷产生。研究统计表明，湿地土壤中异化硫酸盐还原可减少约 30%的甲烷产生（Gauci and Chapman，2006）。这种现象同样发生在海洋沉积物中（Bowles et al.，2014）。

4. 微生物与磷循环

磷是重要的生命元素，组成核酸的磷酸盐酯基骨架，且在三磷酸腺苷（adenosine triphosphatase，ATP）分子传递化学能中至关重要（Defforey and Paytan，2018）。当今磷肥的过度使用导致了水体富营养化，且未来磷矿资源的短缺威胁粮食安全及人类的生存发展。

陆地生态系统参与磷循环的储库主要有磷矿（8300Tg）、土壤（95000Tg）和陆生生物（470Tg）（Yuan et al.，2018）；海洋生态系统参与磷循环的储库主要有表层海水（3100Tg）、海洋生物（100Tg）和深层海水（周强等，2021）。陆地生态系统的磷循环是地表岩石中磷被地表径流搬运流失的过程，是全球磷循环的源。海洋生态系统的磷循环是海水中的磷传递到海底沉积物的过程，是全球磷循环的汇。两个系统之间相对独立又密不可分，磷在源和汇之间主要因气候环境、风化作用和构造作用而转化。人类工业和农业活动使磷循环过程发生了极大的改变，陆地输入海洋的磷通量提升了 0.5～3 倍（Ruttenberg，2014）。这种情况加速消耗了磷矿资源，且额外输入海洋的磷会使海洋初级生产力激增，产生大规模的水体富营养化现象，进而产生气候效应。在许多环境中，磷酸盐与 Ca^{2+} 结合，形成不溶性的化合物，植物和许多微生物无法吸收利用，而一些异养微生物，如硝化单胞菌和硫杆菌，分别产生的硝酸和硫酸能使不溶性的磷酸释放出可溶性的磷酸根（Reinhard et al.，2017）。同时，在厌氧条件下，微生物能把 Fe^{2+} 氧化成 Fe^{3+}，这时便可以使不溶性 $Fe_3(PO_4)_2$ 中的 PO_4^{3-} 释放出来（Gomez et al.，1999）。

1.10 微生物与污染物的相互关系

自然界中环境污染物可以分为生物性污染物、物理性污染物和化学性污染物。其中，化学性污染物毒性大、分布广、排放量大，是环境污染的主要来源。在污染物处理过程中，生物法由于效率高、成本低和环境可接受性而广受欢迎（Li et al.，2011）。一般情况下，污染物含量较低时，不会对微生物产生太大影响，甚至会对微生物的生长起到促进作用。张兴安（2020）在水体污染物对水生生物的影响分析中提到，水体环境中石油类有机污染物的含量比较少时，微生物表面的黏液可以对其进行部分分解。王昊等（2019）在研究中发现，一些重金属离子对于微生物细胞中的酶是必需的成分，在低浓度条件下，这些重金属会对微生物的生长起到促进作用。当重金属超过一定浓度时，会对微生物的生长繁殖起到抑制作用，甚至造成微生物死亡（Ivanina and Sokolova，2015）。抗生素的过度使用会诱导产生大量抗生素抗性基因（antibiotics resistance gene，ARG），降低抗生素对人类和动物病原体的治疗能力。目前，已发现对不同抗生素具有多重抗性的耐药细菌，称为"超级细菌"。重金属（如 Cu、Zn 和 Hg）暴露可以促进微生物对抗生素的耐药性。此前，研究者已经提出了一些重金属驱动的抗生素抗性共选择机制（Baker-Austin et al.，2006）。部分剧毒污染物（如氰化物）在水中可以直接杀死微生物，其杀伤浓度一般为 0.04～0.10mg/L（杨成良和徐博刚，2019）。微生物利用其自身特性可以去除污染物，在净化水质过程中主要表现为吸附作用和降解作用。以微生物处理重金属为例，部分微生物表面会分泌糖蛋白、多聚糖、脂多糖等胞外聚合物，这些胞外聚合物可以吸附、络合或沉淀金属离子（Carpio et al.，2014），这个过程叫胞外吸附。在细胞表面细胞壁上，存在羟基、氨基、磷酸基团等活性官能团（Ding et al.，2015），可以与重金属离子发生表面络合与螯合反应（刘金香等，2020）。还有一些金属离子能透过细胞膜到达细胞内，微生物可将其分布于代谢不活跃的区域，或将金属离子转化为低毒的形式（Wang and Chen，2006）。生物降解是有机污染物分解的最重要过程之一（陆光华等，2002）。Alexander（1980）提出，生物降解是指在微生物分泌的各种酶催化作用下，有机污染物通过一系列化学反应，使复杂有机化合物转变为简单有机化合物或无机化合物（如 CO_2 和 H_2O）的过程。在降解过程中，一些有机污染物可以给微生物提供能量和细胞生长所需的碳，微生物利用这类污染物作为能源和碳源，便可对有机物进行较彻底的降解或矿化（孙丹红等，2005），此过程也叫生长代谢。微生物共代谢作用是微生物矿化难降解有机污染物的重要途径。微生物的共代谢是指微生物能够分解有机物基质，但是不能利用这种基质作为能源和组成元素（滕菲等，2016）。综上，微生物与污染物之间存在着密切关系。

思 考 题

1. 什么是环境微生物生态学？
2. 环境微生物生态学的研究范围有哪些？
3. 环境微生物生态学应用于哪些领域？阐述其应用现状。
4. 微生物在地球化学循环中有什么作用？请举例说明。
5. 请举例阐述微生物与污染物降解之间的地球化学循环路径。

参 考 文 献

凡慧, 马诗淳, 王春芳, 等, 2017. 产氢细菌 FSC-15 对稻草秸秆厌氧发酵产甲烷的影响[J]. 应用与环境生物学报, 23(2): 251-255.

顾文杰, 2017. 畜禽废弃物堆肥微生物群落结构高通量分析及抗病性研究[D]. 广州: 华南农业大学.

侯俊, 王岩博, 张明, 2021. 微生物-物化耦合法降解毒死蜱研究进展[J]. 水资源保护, 37(2): 15-20.

胡平, 雷莉辉, 郭泽领, 2012. 不同消毒法对动物医院诊室消毒效果观察[J]. 现代仪器, 18(6): 42-43.

刘金香, 葛玉杰, 谢水波, 等, 2020. 改性微生物吸附剂在重金属废水处理中的应用进展[J]. 微生物学通报, 47(3): 941-951.

刘有胜, 杨朝晖, 曾光明, 等, 2007. PCR-DGGE 技术对城市餐厨垃圾堆肥中细菌种群结构分析[J]. 环境科学学报, 27(7): 1151-1156.

陆光华, 赵元慧, 汤洁, 2002. 有机化学品的生物降解性及构效关系[J]. 化学通报, 18(2): 113-118.

毛铁墙, 2020. 湛江湾氮循环关键微生物对主要环境因子的响应机制研究[D]. 湛江: 广东海洋大学.

潘翔, 饶磊, 王沛芳, 2021. 生物负载微孔渗水型混凝土对土壤中残留毒死蜱的去除试验[J]. 水资源保护, 37(3): 115-120.

任启方, 李洁, 王成, 2012. 城市森林三维绿量对空气微生物、颗粒物浓度的影响[J]. 林业实用技术, (11): 3-6.

宋淼, 2017. 兰州不同功能区及重点污染区大气微生物气溶胶分布特征研究[D]. 兰州: 兰州交通大学.

孙丹红, 王震毅, 杨卓慧, 等, 2005. 有机化合物好氧生物降解性的研究方法[J]. 皮革科学与工程, 12(2): 16-20.

孙井梅, 刘晓朵, 汤茵琪, 2019. 微生物-生物促生剂协同修复河道底泥促生剂投量对修复效果的影响[J]. 中国环境科学, 39(1): 351-357.

滕菲, 杨雪莲, 李凤梅, 等, 2016. 微生物对环境中难降解有机污染物共代谢作用[J]. 微生物学杂志, 36(3): 80-85.

王昊, 赵信国, 陈碧鹃, 等, 2019. 海洋酸化与重金属、有机污染物和人工纳米颗粒的联合毒性效应研究进展[J]. 生态毒理学报, 14(1): 2-17.

王琳, 2014. 青岛市市区街道和人工湿地空气微生物群落结构研究[D]. 青岛: 青岛理工大学.

王腾旭, 马星宇, 王萌萌, 等, 2016. 中高温污泥厌氧消化系统中微生物群落比较[J]. 微生物学通报, 43(1): 26-35.

王妍彦, 赵斌秀, 班海群, 2012. 三种不同光源激发空气消毒器中纳米二氧化钛丝网的空气消毒效果观察[J]. 中国卫生检验杂志, 22(1): 64-65.

吴霞, 谢悦波, 2014. 直接投菌法在城市重污染河流治理中的应用研究[J]. 环境工程学报, 8(8): 3331-3336.

杨成良, 徐博刚, 2019. 含氰化物污染土壤成分分析研究[J]. 天津化工, 33(6): 36-38.

袁红朝, 秦红灵, 刘守龙, 2011. 固碳微生物分子生态学研究[J]. 中国农业科学, 44(14): 2951-2958.

张兴安, 2020. 水体污染物对水生生物的影响分析[J]. 环境与发展, 32(3): 57-58.

赵一全, 马茹霞, 李家威, 等, 2018. 玉米秸秆厌氧发酵过程中添加氮素对微生物群落和沼气产量的影响[J]. 中国沼气, 36(5): 66-72.

周强, 姜允斌, 郝记华, 等, 2021. 磷的生物地球化学循环研究进展[J]. 高校地质学报, 27(2): 183-199.

ADHIKARI A, REPONEN T, GRINSHPUN S A, 2006. Correlation of ambient inhalable bioaerosols with particulate matter and ozone: A two-year study[J]. Environmental Pollution, 140(1): 16-28.

ALEXANDER M, 1980. Biodegradation of chemicals of environmental concern[J]. Science, 211: 132-138.

ALKAYA E, DEMIRER G N, 2011. Anaerobic acidification of sugar-beet processing wastes: Effect of operational parameters[J]. Biomass & Bioenergy, 35(1): 32-39.

AWASTHI M K, WANG Q, AWASTHI S K, et al., 2018. Influence of medical stone amendment on gaseous emissions, microbial biomass and abundance of ammonia oxidizing bacteria genes during biosolids composting[J]. Bioresource Technology, 247: 970-985.

BAKER-AUSTIN C, WRIGHT M S, STEPANAUSKAS R, et al., 2006. Co-selection of antibiotic and metal resistance[J]. Trends Microbiology, 14: 176-182.

BAUER H, KASPER-GIEBL A, LOFLUND M, et al., 2002. The contribution of bacteria and fungal spores to the organic carbon content of cloud water, precipitation and aerosols[J]. Atmospheric Research, 64(1-4): 109-119.

BLUMER-SCHUETTE S E, BROWN S D, SANDER K B, et al., 2014. Thermophilic lignocellulose deconstruction[J]. FEMS Microbiology Reviews, 38(3): 393-448.

BOWERS R M, CLEMENTS N, EMERSON J B, 2013. Seasonal variability in bacterial and fungal diversity of the nearsurface atmosphere[J]. Environmental Science & Technology, 47(21): 12097-12106.

BOWERS R M, SULLIVAN A P, COSTELLO E K, 2011. Sources of bacteria in outdoor air across cities in the midwestern United States[J]. Applied and Environmental Microbiology, 77(18): 6350-6356.

BOWLES M W, MOGOLLON J M, KASTEN S, et al., 2014. Global rates of marine sulfate reduction and implications for sub-sea-floor metabolic activities[J]. Science, 344(6186): 889-891.

CARPIO I E M, MACHADO-SANTELLI G, SAKATA S K, 2014. Copper removal using a heavy-metal resistant microbial consortium in a fixed-bed reactor[J]. Water Research, 62: 156-166.

CHEN C, LI L, HUANG K, et al., 2019a. Sulfate-reducing bacteria and methanogens are involved in arsenic methylation and demethylation in paddy soils[J]. The ISME Journal, 13: 2523-2535.

CHEN Q L, CUI H L, SU J Q, et al., 2019b. Antibiotic resistomes in plant microbiomes[J]. Trends Plant Science, 24: 530-541.

CHEN Q L, DING J, ZHU D, et al., 2020a. Rare microbial taxa as the major drivers of ecosystem multifunctionality in long-term fertilized soils[J]. Soil Biology and Biochemistry, 141: 107686.

CHEN Q L, DING J, ZHU Y G, et al., 2020b. Soil bacterial taxonomic diversity is critical to maintaining the plant productivity[J]. Environment International, 140: 105766.

CHEN W, LIAO X, WU Y, et al., 2017. Effects of different types of biochar on methane and ammonia mitigation during layer manure composting[J]. Waste Management, 61: 506-516.

DAI Z, LIU G, CHEN H, et al., 2020. Long-term nutrient inputs shift soil microbial functional profiles of phosphorus cycling in diverse agroecosystems[J].The ISME Journal, 14: 757-770.

DEFFOREY D, PAYTAN A, 2018. Phosphorus cycling in marine sediments: Advances and challenges[J]. Chemical Geology, 477: 1-11.

DING L J, AN X L, LI S, et al., 2014. Nitrogen loss through anaerobic ammonium oxidation coupled to iron reduction from paddy soils in a chronosequence[J]. Environmental Science & Technology, 48: 10641-10647.

DING Z, BOURVEN I, GUIBAUD G, et al., 2015. Role of extracellular polymeric substances(EPS)production in bioaggregation: Application to wastewater treatment[J]. Applied Microbiology and Biotechnology, 99(23): 9883.

DORRIES M, WOHLBRAND L, KUBE M, et al., 2016. Genome and catabolic subproteomes of the marine, nutritionally versatile, sulfate-reducing bacterium *Desulfococcus multivorans* DSM 2059[J]. BMC Genomics, 17(1): 918.

ESTEVES K E, LBO A V P, HILSDORF A W S, 2015. Abiotic features of a river from the Upper Tietê River Basin(SP, Brazil)along an environmental gradient[J]. Acta Limnologica Brasiliensia, 27(2): 228-237.

FAN K, DELGADO-BAQUERIZO M, GUO X, et al., 2021. Biodiversity of key-stone phylotypes determines crop production in a 4-decade fertilization experiment[J]. The ISME Journal, 15(2): 550-561.

FRIEDRICH M W, 2005. Methyl-coenzyme M reductase genes: Unique functional markers for methanogenic and anaerobic methane-oxidizing Archaea[J]. Methods in Enzymology, 397: 428-442.

FRIGAARD N, DAHL C, 2008. Sulfur metabolism in phototrophic sulfur bacteria[J]. Advances in Microbial Physiology, 54: 103-200.

FUKUMOTO Y, SUZUKI K, KURODA K, et al., 2011. Effects of struvite formation and nitratation promotion on nitrogenous emissions such as NH_3, N_2O and NO during swine manure composting[J]. Bioresource Technology, 102(2): 1468-1475.

GANS J, WOLINSKY M, DUNBAR J, 2005. Computational improvements reveal great bacterial diversity and high metal toxicity in soil[J]. Science, 309(5739): 1387-1390.

GAO H, YANG Z, BARUA S, et al., 2009. Reduction of nitrate in *Shewanella oneidensis* depends on atypical NAP and NRF systems with NapB as a preferred electron transport protein from CymA to NapA[J]. The ISME Journal, 3(8): 967.

GAO Y, WANG C, ZHANG W, et al., 2017. Vertical and horizontal assemblage patterns of bacterial communities in a eutrophic river receiving domestic wastewater in southeast China[J]. Environmental Pollution, 230: 469-478.

GAUCI V, CHAPMAN S J, 2006. Simultaneous inhibition of CH_4 efflux and stimulation of sulphate reduction in peat subject to simulated acid rain[J]. Soil Biology and Biochemistry, 38(12): 3506-3510.

GE J, HUANG G, LI J, et al., 2018. Multivariate and multiscale approaches for interpreting the mechanisms of nitrous oxide emission during pig manure-wheat straw aerobic composting[J]. Environmental Science & Technology, 52(15): 8408-8418.

GOMEZ E, DUNLLON C, ROFES G, 1999. Phosphate adsorption and release from sediments of brackish lagoons: pH, O_2 and loading influence[J]. Water Research, 33(10): 2437-2447.

GUO H H, GU J, WANG X J, et al., 2020. Beneficial effects of bacterial agent/bentonite on nitrogen transformation and microbial community dynamics during aerobic composting of pig manure[J]. Bioresource Technology, 298: 122396.

HIDEYUKI I, TOMOYUKI H, TOMO A, et al., 2017. Sulfur-oxidizing bacteria mediate microbial community succession and element cycling in launched marine sediment[J]. Frontiers in Microbiology, 8: 152.

HO H M, RAO C Y, HSU H H, 2005. Characteristics and determinants of ambient fungal spores in Hualien, Taiwan[J]. Atmospheric Environment, 39(32): 5839-5850.

HWANG G B, JUNG J H, JEONG T G, 2010. Effect of hybrid UV-thermal energy stimuli on inactivation of *S. epidermidis* and *B. subtilis* bacterial bioaerosols[J]. Science of the Total Environment, 408(23): 5903-5909.

IVANINA A V, SOKOLOVA I M, 2015. Interactive effects of metal pollution and ocean acidification on physiology of marine organisms[J]. Current Zoology, 61(4): 653-668.

JEON E M, KIM H J, JUNG K, 2011. Impact of Asian dust events on airborne bacterial community assessed by molecular analyses[J]. Atmospheric Environment, 45(25): 4313-4321.

JIANG Y, LUAN L, HU K, et al., 2020. Trophic interactions as determinants of the *Arbuscular mycorrhizal* fungal community with cascading plantpromoting consequences[J]. Microbiome, 8: 142.

KHAN A A H, KARUPPAYIL S M, 2012. Fungal pollution of indoor environments and its management[J]. Saudi Journal of Biological Sciences, 19(4): 405-426.

KITS K D, SEDLACEK C J, LEBEDEVA E V, et al., 2017. Kinetic analysis of a complete nitrifierreveals an oligotrophic lifestyle[J]. Nature, 549, 269-272.

KRÖBER M, BEKEL T, DIAZ N N, 2009. Phylogenetic characterization of a biogas plant microbial community integrating clone library 16S-rDNA sequences and metagenome sequence data obtained by 454-pyrosequencing[J]. Journal of Biotechnology, 142(1): 38-49.

KUYPERS M, MARCHANT H, KARTAL B, 2018. The microbial nitrogen-cycling network[J]. Nature Reviews Microbiology, 16(5): 263-276.

LI L, ZHANG J Y, LIN J, et al., 2015. Biological technologies for the removal of sulfur containing compounds from waste streams: Bioreactors and microbial characteristics[J]. World Journal of Microbiology and Biotechnology, 31(10): 1501-1515.

LI M, QIAN W J, GAO Y, et al., 2017. Functional enzyme-based approach for linking microbial community functions with biogeochemical process kinetics[J]. Environmental Science & Technology, 51(20): 11848-11857.

LI M F, QI J H, ZHANG H D, 2011. Concentration and size distribution of bioaerosols in an outdoor environment in the Qingdao coastal region[J]. Science of the Total Environment, 409(19): 3812-3819.

LIU F, WU J, YING G, et al., 2012. Changes in functional diversity of soil microbial community with addition of antibiotics sulfamethoxazole and chlortetracycline[J]. Applied Microbiology and Biotechnology, 95(6): 1615-1623.

LIU T, ZHANG A N, WANG J, et al., 2018. Integrated biogeography of planktonic and sedimentary bacterial communities in the Yangtze River[J]. Microbiome, 6(1): 16.

LU Y H, 2015. Recent development of soil microbiology and future prespectives (in Chinese)[J]. Bulletin of Chinese Academy of Sciences, 30: 106-111.

LUEDERS T, CHIN K J, CONRAD R, 2001. Molecular analyses of methyl-coenzyme M reductase α-subunit (*mcrA*) genes in rice field soil and enrichment cultures reveal the methanogenic phenotype of a novel archaeal lineage[J]. Environmental Microbiology, 3(3): 194-204.

LYCUS P, BOTHUN K, BERGAUST L, et al., 2017. Phenotypic and genotypic richness of denitrifiers revealed by a novel isolation strategy[J]. The ISME Journal, 11(10): 2219-2232.

MARCHANT H, AHMERKAMP S, LAVIK G, et al., 2017. Denitrifying community in coastal sediments performs aerobic and anaerobic respiration simultaneously[J].The ISME Journal, 11(8): 1799-1812.

MASAHIRO Y, KEN T, 2011. Sulfur metabolisms in epsilon-and gamma-proteobacteria in deep-sea hydrothermal fields[J]. Frontiers in Microbiology, 2: 192.

OUYANG Y, NORTON J M, STARK J M, 2017. Ammonium availability and temperature control contributions of ammonia oxidizing bacteria and archaea to nitrification in an agricultural soil[J]. Soil Biology and Biochemistry, 113: 161-172.

PREHEIM S P, OLESEM S W, SPENCER S J, et al., 2016. Surveys, simulation and single-cell assays relate function and phylogeny in a lake ecosystem[J]. Nature Microbiology, 1(9): 16130.

PROSSER J I, 2002. Molecular and functional diversity in soil micro-organisms[J]. Plant and Soil, 244: 9-17.

PROSSER J I, NICOL G W, 2008. Relative contributions of archaea and bacteria to aerobic ammonia oxidation in the environment[J]. Environmental Microbiology, 10, 2931-2941.

RADEMACHER A, ZAKRZEWSKI M, SCHLUTER A, et al., 2012. Characterization of microbial biofilms in a thermophilic biogas system by high-throughput metagenome sequencing[J]. FEMS Microbiology Ecology, 79(3): 785-799.

RAISI L, ALEKSANDROPOULOU V, LAZARIDIS M, 2013. Size distribution of viable, cultivable, airborne microbe sand their relationship to particulate matter concentrations and meteorological conditions in a Mediterranean site[J]. Aerobiologia, 29(2): 233-248.

READ D S, GWEON H S, BOWES M J, et al., 2015. Catchment-scale biogeography of riverine bacterioplankton[J]. The ISME Journal, 9(2): 516-526.

REED D C, ALGAR C K, HUBER J A, et al., 2014. Gene-centric approach to integrating environmental genomics and biogeochemical models[J]. Proceedings of the National Academy of Sciences of the United States of America, 111(5): 1879-1884.

REINHARD C T, PLANAVSKY N J, GILL B C, 2017. Evolution of the global phosphorus cycle[J]. Nature, 541: 386-389.

REISINGER A J, GROFFMAN P M, ROSI-MARSHALL E J, 2016. Nitrogen-cycling process rates across urban ecosystems[J]. FEMS Microbiology Ecology, 92(12): 1-11.

RUTTENBERG K C, 2014. The global phosphorus cycle[J]. Treatise on Geochemistry, 10(13): 499-558.

SHADE A, PETER H, ALLISON S D, et al., 2012. Fundamentals of microbial community resistance and resilience[J]. Frontiers in Microbiology, 3: 417.

SMETS W, MORETTI S, DENYS S, 2016. Airborne bacteria in the atmosphere: Presence, purpose, and potential[J]. Atmospheric Environment, 139: 214-221.

SUN W, SUN X, LI B, et al., 2020. Bacterial response to sharp geochemical gradients caused by acid mine drainage intrusion in a terrace: Relevance of C, N, and S cycling and metal resistance[J]. Environment International, 138: 105601.

SUN Z, PANG B, XI J, et al., 2019. Screening and characterization of mixotrophic sulfide oxidizing bacteria for odorous surface water bioremediation[J]. Bioresource Technology, 290: 121721.

TAN S, LIU J, FANG Y, et al., 2019. Insights into ecological role of a new deltaproteobacterial order Candidatus Acidulodesulfobacterales by metagenomics and metatranscriptomics[J]. The ISME Journal, 13: 2044-2057.

TRIPATHI B M, STEGEN J C, KIM M, et al., 2018. Soil pH mediates the balance between stochastic and deterministic assembly of bacteria[J]. The ISME Journal, 12(4): 1072-1083.

VEZZULLI L, PRUZZO C, FABIANO M, 2004. Response of the bacterial community to in situ bioremediation oforganic-rich sediments[J]. Marine Pollution Bulletin, 49(9-10): 740-751.

WANG J, CHEN C, 2006. Biosorption of heavy metals by Saccharomyces Cerevisiae: A review[J]. Biotechnology Advances, 24(5): 427-451.

WANG P, WANG X, WANG C, et al., 2017a. Shift in bacterioplankton diversity and structure: Influence of anthropogenic disturbances along the Yarlung Tsangpo River on the Tibetan Plateau, China[J]. Scientific Reports, 7(1): 12529.

WANG Y, XU W, BAI Y, et al., 2017b. Identification of an alpha-(1,4)-glucan-synthesizing amylosucrase from *Cellulomonas carboniz* T26[J]. Journal of Agricultural and Food Chemistry, 65(10): 2110-2119.

WASMUND K, MUBMANN M, LOY A, 2017. The life sulfuric: Microbial ecology of sulfur cycling in marine sediments[J]. Environmental Microbiology Reports, 9(4): 323-344.

WOESE C R, FOX G E, 1977. Phylogenetic structure of the prokaryotic domain: The primary kingdoms[J]. Proceedings of the National Academy of Sciences, 74(11): 5088-5090.

WOO A C, BRAR M S, CHAN Y, 2013. Temporal variation in airborne microbial populations and microbially-derived allergens in a tropical urban landscape[J]. Atmospheric Environment, 74(2): 291-300.

XIAO K Q, GE T D, WU X H, et al., 2020. Metagenomic and ^{14}C tracing evidence for autotrophic microbial CO_2 fixation in paddy soils[J]. Environmental Microbiology, 23(2): 924-933.

XIAO K Q, LI B, MA L, et al., 2016. Metagenomic profiles of antibiotic resistance genes in paddy soils from South China[J]. FEMS Microbiology Ecology, 92: 23.

YAN D, ZHANG T, SU J, 2016. Diversity and composition of airborne fungal community associated with particulate matters in Beijing during haze and non-haze days[J]. Frontiers in Microbiology, 7: 487.

YUAN Z W, JIANG S Y, SHENG H, 2018. Human perturbation of the global phosphorus cycle: Changes and consequences[J]. Environmental Science & Technology, 52: 2438-2450.

ZANG X, LIU M, WANG H, et al., 2017. The distribution of active beta-glucosidase producing microbial communities in composting[J]. Canadian Journal of Microbiology, 63(12): 998-1008.

ZEHR J P, JENKINS B D, SHORT S M, et al., 2003. Nitrogenase gene diversity and microbial community structure: A cross-system comparison[J]. Environmental Microbiology, 5, 539-554.

ZENG G, ZHANG J, CHEN Y, et al., 2011. Relative contributions of archaea and bacteria to microbial ammonia oxidation differ under different conditions during agricultural waste composting[J]. Bioresource Technology, 102(19): 9026-9032.

ZHANG Y, ZHAO Y, CHEN Y, et al., 2016. A regulating method for reducing nitrogen loss based on enriched ammonia-oxidizing bacteria during composting[J]. Bioresource Technology, 221: 276-283.

ZHAO Z B, HE J Z, GEISEN S, et al., 2019. Protist communities are more sensitive to nitrogen fertilization than other microorganisms in diverse agricultural soils[J]. Microbiome, 7: 33.

ZHONG X, QI J H, LI H T, 2016. Seasonal distribution of microbial activity in bioaerosols in the outdoor environment of the Qingdao coastal region[J]. Atmospheric Environment, 140: 506-513.

ZHOU S, SUN Y, HUANG T, et al., 2020. Reservoir water stratification and mixing affects microbial community structure and functional community composition in a stratified drinking reservoir[J]. Journal of Environmental Management, 267: 110456.

ZHU Y G, SHEN R F, HE J Z, et al., 2017. China soil microbiome intiative: progress and perspective(in Chinese)[J]. Bulletin of Chinese Academy of Sciences, 32: 554-565.

ZURAIMI M S, FANG L, TAN T K, 2009. Airborne fungi in low and high allergic prevalence child care centers[J]. Atmospheric Environment, 43(15): 2391-2400.

第2章　环境微生物生态学研究方法

2.1　微生物群落研究方法

目前，微生物群落研究方法主要包括稀释涂布平板法、流式细胞术（flow cytometry，FCM）、醌类图谱技术、微生物群落生理代谢指纹（community-level-physiological profile，CLPP）技术、磷脂脂肪酸（phospholipid fatty acid，PLFA）分析、稳定性同位素探针（stable isotope probing，SIP）、荧光原位杂交（fluorescence *in situ* hybridization，FISH）、反向样本基因组探测（reverse sample genome probing，RSGP）、实时定量聚合酶链式反应（quantitative real-time polymerase chain reaction，qRT-PCR）技术和一系列高通量分子生物学技术，如变性梯度凝胶电泳（denaturing gradient gel electrophoresis，DGGE）、温度梯度凝胶电泳（temperature gradient gel electrophoresis，TGGE）、单链构象多态性（single strand conformation polymorphism，SSCP）技术、末端限制性片段长度多态性（terminal restriction fragment length polymorphism，T-RFLP）技术、克隆测序（cloning and sequencing）、扩增核糖体DNA限制性酶切片段分析（amplified ribosomal DNA restriction analysis，ARDRA）、肠细菌基因间重复一致序列-PCR（enterobacterial repetitive intergenic consensus-PCR，ERIC-PCR）和焦磷酸测序（pyrosequencing）技术等。尤其是高通量分子指纹技术的发展为微生物群落多样性的研究注入了新鲜血液，受到国内外微生物生态学家的关注（Acosta-Martinez et al.，2008；Kornelia et al.，2007；Widmer et al.，2006；Sliwinski and Goodman，2004）。

1. 稀释涂布平板法

生态系统中，传统的微生物群落多样性研究大多是将微生物菌株进行分离培养，然后通过一般的形态性状或特定的生理生化特征来分析，局限于从固体培养基上分离微生物，只能研究可培养的微生物群落。99%以上的微生物不能在培养基上生长，因此大大限制了微生物群落多样性的研究。随着学科交叉的深入，微生物学家也在对稀释涂布平板法进行改进。张瑜斌等（2008）研究了加入外界物质改进稀释平板法，在研究红树林树木土壤微生物群落多样性过程中，在培养基中加入不同浓度的盐。结果表明，培养基和稀释水盐度对微生物数量有明显的影响。根据盐度效应，提出了稀释平板计数应用于潮间带红树林根际微生物分离的优化方法。研究不同生态条件下的微生物多样性时，尽可能模拟微生物生长的原始生态环境。例如，在培养基中加入灭菌的土壤悬浮液可以提高微生物的分离效果。

2. 流式细胞术

流式细胞仪（flow cytometer，FCM）可将均匀的待测液体维持在液流状态，待测液体中颗粒（细菌或单个细胞）依次通过仪器中的单通道，单通道中设有激发光源（如488nm的激发光源）。待测颗粒由于自身的荧光特性或与荧光物质（如SYBR Green Ⅰ、碘化丙啶（popidium iodide，PI）等）特异性结合，在光源照射下会产生荧光（如红光或绿光）和散射光（前散射光和侧散射光）。散射光强度与空间分布能反映出细胞的物理状态（如细胞的大小、形态等），与之结合的荧光则能反映出细胞的特异性性质。

流式细胞术可用于水中细菌总数的测定，与特异性染色剂（如SYBR系列）相结合来表征水中细胞总数（Huang et al.，2016）。通过进样量与仪器显示数值可推算细胞浓度，可用于细胞死活的测定，常用PI进行染色，对细胞完整性进行表征（Kahlisch et al.，2012）。部分特殊细菌如 *Vibrio cholerae* O$_1$（一种肠道致病菌）和 *Legionella*（一种典型的饮用水机会致病菌）等，可运用流式细胞术进行快速检测，但该方法由于技术性限制还不能用于检测各种细菌，有待进一步开发与推广（Keserue et al.，2011；Füchslin et al.，2010）。流式细胞术还被用于水中病毒的快速测定。例如，Rinta-Kanto等（2004）与Brussaard等（2010）分别运用流式细胞术对水中噬菌体和病毒进行了定量检测，并且通过与显微镜计数法对比发现该方法是一种可靠性高、重现性好的计数方法。流式细胞术还被用于微生物群落结构特性检测，通过运用流式细胞仪检测的流式细胞图谱，结合计算机模型计算，评估微生物群落结构的变化特性。de Roy等（2012）首次利用该方法分析了微生物群落结构特性，该方法能精确反映群落结构的动态变化情况。流式细胞术还可用于藻类数量的快速测定。藻类数量测定往往不需要特定的染色剂进行特异性染色，其自身就含有荧光物质，也可结合特定染色剂对藻类尺寸、形态、细胞完整性和酯酶活性等进行分析（Franklin et al.，2004；Regel et al.，2004）。

3. 醌类图谱技术

微生物呼吸醌是微生物呼吸链的电子载体，在各类微生物中具备一定的种属特异性，目前已成为微生物化学分类的重要表征，并被广泛应用于微生物群落结构的研究。随着人们对不可培养微生物研究方法的重视，醌类图谱技术作为微生物群落研究方法在各种生态环境中得到了应用。醌类图谱技术的特点是能够同时对微生物群体结构、微生物多样性指标及生物量进行评价，但是需要在利用醌类进行微生物群落分析方面制定出一套完整的微生物醌类图谱和数据库（唐景春和Katayama，2004），从而限制了此方法的发展。

4. 微生物碳源代谢指纹技术

微生物碳源代谢指纹（BIOLOG）技术最初主要运用于对微生物菌株进行鉴定。1991 年，Garland 和 Mills 首次将 BIOLOG 技术引入微生物群落分析领域，随后该方法在研究不同类型和不同环境下微生群落结构及其多样性方面发挥了越来越重要的作用。该技术的主要原理是根据微生物对不同单一碳源物质的利用情况来反映群落多样性，即功能多样性。该方法操作简单，主要是数据处理复杂，采集样品后须在 48h 之内进行分析。详细操作如下：称取新鲜样品，在超净工作台上使用 8 道电子移液枪接种微生物悬浮液于 BIOLOG 微平板，如 GN 板（革兰氏阴性板）、GP 板（革兰氏阳性板）、FF 板（丝状真菌板）和 ECO 板（生态板），每孔 150μL；将接种的 BIOLOG 微平板装入聚乙烯袋中，置于暗箱培养；连续培养 240h，期间每隔 12h 用酶联免疫吸附试验（enzyme linked immunosorbent assay，ELISA）微平板读数器在 590nm 处读数 1 次。BIOLOG-ECO 板的 31 种单一碳源分为 6 大类：氨基酸类（6 种）、酸类（7 种）、糖类（10 种）、胺类（2 种）、多聚物类（4 种）和芳香化合物类（2 种）（张海涵等，2009，2007；Classen et al.，2003）。GN 板含有 95 种单一碳源，碳源的选择偏向于简单的碳水化合物，如氨基酸（20种）、糖类（28 种）和羧酸（24 种）（Nautiyal et al.，2010；郑华等，2004；Insam，1997）。ECO 板是微生物群落研究中应用最为广泛的一种微孔板，板中许多有机酸、糖类和氨基酸是根系分泌物的组成成分，或其结构与自然界的物质结构相似。FF 板含有 95 种单一碳源类物质，在 750nm 处读数，碳源包括能够被真菌转变的四唑染料和抑制细菌生长但不影响真菌生长的抗生素，专门用于真菌群落分析实验。

目前，BIOLOG-ECO 板在研究不同生态条件下可培养细菌群落代谢多样性方法发挥着重要作用（Zhang et al.，2010；Zhang et al.，2008；Gomez et al.，2006；郑华等，2004；Classen et al.，2003；Boivin et al.，2002；Grayston et al.，2001；Griffiths et al.，2001；Schipper et al.，2001；Kelly and Tate，1998）。通常将 BIOLOG 和微生物活性参数（如脱氢酶活性和微生物呼吸酶活性）结合起来，分析微生物群落的代谢多样性。Grayston 等（1998）研究表明，土壤微生物群落代谢多样性受到树种的影响。郑华等（2004）研究了我国南方红壤丘陵区退化生态系统土壤微生物群落，认为天然次生林土壤微生物群落多样性高于人工林和荒地，自然恢复更有利于改善土壤微生物的结构和功能。Selmants 等（2005）运用 BIOLOG-ECO 板的研究结果显示，固氮树种美国赤杨能够改变土壤微生物群落代谢多样性。Grayston 和 Prescott（2005）采用 BIOLOG 技术研究了哥伦比亚海岸四种林木土壤微生物群落结构多样性。张海涵等（2007）采用 BIOLOG-ECO 微平板研究了不同生态条件下油松（*Pinus tabuliformis*）菌根根际细菌群落多样性特征，结果表明商南油松菌根根际细菌活性高于安塞油松，安塞油松细菌群落稳定性强于商南油松。徐华勤等（2008）研究了稻草覆盖和间作绛车轴草（*Trifolium incarnatum*）对丘陵茶园土壤微生物群落功能的影响，分析多样性指数发现，虽然稻草覆盖与间作绛车轴草对土壤常见的微生物多样性影响不显著，但微生物群落均匀度显著降低。Zhang 等（2008）研究了陕北干旱半干旱地区施加尿素对农田生态系统土壤细菌群落（使用 ECO 板）和真菌群落（使用 FF 板）功能多样性的影响，认为 BIOLOG-FF 板可以评价农田生态系统真菌群落功能多样性特征。Zhang 等（2010）运用 BIOLOG 技术和微生物量碳等指标，研究了外生菌根真菌对油松根际细菌群落的影响，结果表明接种 3 种外生菌根真菌褐黄牛肝菌（*Boletus luridus*）、乳牛肝菌（*Suillus bovines*）和褐环乳牛肝菌（*Suillus luteus*）提高了油松根际细菌群落功能多样性。Nautiyal 等（2010）采用 BIOLOG-ECO 板和 GN2 板研究了印度半干旱地区施加动物粪便对农田微生物群落功能多样性的影响。Buyer 等（2011）研究内生真菌 *Neotyphodium coenophialum* 侵染苇状羊茅（*Lolium arundinaceum*）后根际细菌群落的 BIOLOG 代谢特征，结果发现真菌 *Neotyphodium coenophialum* 侵染根系后显著影响了细菌总的功能多样性，并且在接种第 36 周出现高峰。

5. 磷脂脂肪酸分析

磷脂脂肪酸是微生物细胞壁的组成成分，不同的细菌类群，如革兰氏阳性菌、革兰氏阴性菌、丛枝菌根真菌、放线菌和真菌等，其细胞壁的 PLFA 组成不同（Ramsey et al.，2006；Boschker and Middelburg，2002；Zelles，1999）。常用的脂肪酸谱图法分为磷脂脂肪酸谱图法和脂肪酸甲酯谱图法（Werker et al.，2003；Schutter and Dick，2000）。总的 PLFA 代表总的微生物生物量（microbial biomass）（Bardgett et al.，1996；Stahl and Parkin，1996）。美国 Bio-Rad 公司生产的 MIDI 系统（microbial identification system）可以进行 PLFA 的研究和分析，具有庞大的数据库，实验中使用气相色谱-质谱（gas chromatography-mass spectrometry，GC-MS）进行分析。c18:2 是真菌的代表性脂肪酸，菌根真菌代表性脂肪酸类型为 c16:1ω5（van Diepen et al.，2007）。该方法的缺点是 PLFA 提取受到温度的影响（Graham et al.，1995）。Dahlin 等（1997）采用 PLFA 分析方法研究了农田重金属污染物微生物群落多样性。Ibekwe 和 Kennedy（1998）采用 PLFA 分析方法研究了大田条件和温室条件下微生物群落的差异，结果表明大田微生物群落不稳定，可能是受到外界环境的影响而群落不稳定。Pennanen（2001）将 PLFA 分析和 BIOLOG 技术结合，研究了森林微生物群落结构。土壤微生物学家 Frostegård 等（2010）对 1990 年以来使用 PLFA 研究微生物群落结构存在的问题和解决方法进行了分析，认为 PLFA 分析是一种快速准确的微生物群落分析方法。de Deyn 等（2011）运用 PLFA 分析方法研究了植物物种多样性对从枝菌根真菌（arbuscular mycorrhizal fungi，AMF）、细菌、真菌和放线菌群落的影响，结果表明植物多样性与 AMF 多样性呈正相关，且 AMF 对植物群落的响应速度高于其他真菌，AMF 可以作为生态修复的指示微生物类群。PLFA 在研究微生物生态领域发挥重要作用，在 ISI 英文数据库中进行文献检索（使用 PLFA 检索）发现，2007~2009 年，每年有 30 篇左右与 PLFA 相关的文献发表，2011 年起，每年发表文献数目达到 100 篇以上，2016 年达到峰值（近 200 篇）后开始下降，主要原因是各类高通量快速准确分子指纹技术出现（图 2.1）。

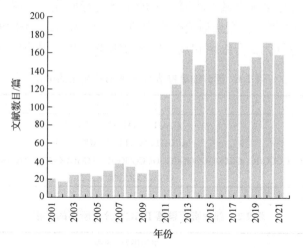

图 2.1　ISI 英文数据库中 PLFA 相关的文献数目（截至 2021 年 12 月）

6. 分子生物学技术

1）实时定量 PCR 技术

在微生物群落数量定量分析方面，将实时定量 PCR 技术引入微生物数量的分析，使用实时定量 PCR 仪器，采用绝对定量方法计算土壤中微生物数量。该方法主要进行微生物数量的定量分析（Ahn et al.，2009），比普通的稀释涂布平板法更加精确（Schulz et al.，2010；Castillo et al.，2006）。Castillo 等（2006）利用此方法对家畜肠道总细菌、乳酸菌和肠杆菌的数量进行了分析，认为此方法分析细菌数量快速、精确、可靠。Vivas 等（2009）采用 qRT-PCR 技术研究了堆肥过程细菌数量的变化，对 16S-rRNA 拷贝数进行定量，利用细菌引物 P1 和 P2（Muyzer et al.，1993），采用绝对定量法进行研究。另外，可以采用 qRT-PCR 研究深色有隔内生（dark septate endophytic，DSE）真菌在根系中的侵染程度（Tellenbach et al.，2010）。

2）变性梯度凝胶电泳

1993 年 Muyzer 将变性梯度凝胶电泳（DGGE）引入微生物生态学研究领域。此后，巢式 PCR-DGGE 被广泛应用在环境科学、生态科学、土壤科学和微生物学等研究领域（Pennanen，2001），成为目前研究土壤微生物分子生态多样性的主要研究方法之一。巢式 PCR-DGGE 是一种以 PCR 为基础的微生物群落分析方法，对特定微生物群落 DNA 库中的标记基因进行 PCR 扩增。PCR 混合产物进行 DGGE 电泳分析，不同顺序成分的 DNA 在不同变性温度下变性，凝胶上有不同条带，形成不同的条带模式，理论上认为一个条带就代表菌落中一种不同种属的微生物。实验获得的 DGGE 指纹图谱反映群落的结构，包括群落复杂性及每一个被检测种属的相对含量。将凝胶上的条带进行回收、克隆及测序，便可鉴定对应微生物的种属。依据所研究微生物种类的不同，设计不同的特异性引物，表 2.1 和表 2.2 分别为部分细菌和真菌群落 DGGE 分析所用的引物。

表 2.1　部分细菌群落 DGGE 分析所用的引物

引物名称	引物序列（5'-3'）
fD1	AGAGTTTGATCCTGGCTCAG
rP1	ACGGTTACCTTGTTACGACTT
341fGC	CGCCCGCCGCGCGCGGCGGGCGGGGCGGGGGCACGGGGGGCCTACGGGAGGCAGCAG
534r	ATTACCGCGGCTGCTGG

表 2.2　部分真菌群落 DGGE 分析所用的引物

引物名称	引物序列（5'-3'）
ITS1-F	CTTGGTCATTTAGAGGAAGTAA
ITS4	TCCTCCGCTTATTGATATGC
ITS2	GCTGCGTTCTTCATCGATGC
ITS1-FGC	CGCCCGCCGCGCGCGGCGGGCGGGGCGGGGGCACGGGGGGCTTGGTCATTTAGAGGAAGTAA

DGGE 操作简单，主要步骤包括土样 DNA 的提取并纯化、巢式 PCR 和 DGGE 分析等，具体流程如图 2.2 所示。在 2021 年 12 月 ISI 数据库检索（以 denaturing gradient gel electrophoresis 为主题）结果中，论文引用次数达到 452 次。2001~2013 年 DGGE 文献数目呈现上升趋势，2013 年达到 750 篇后开始下降（图 2.3）。由此可见，DGGE 技术在微生物群落研究中受到微生物学家的认可和重视。

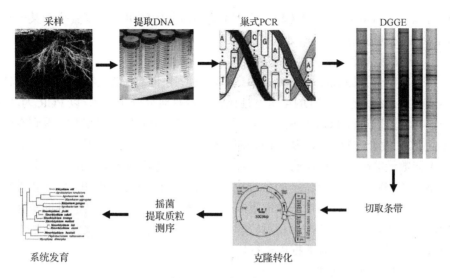

图 2.2　DGGE 流程图

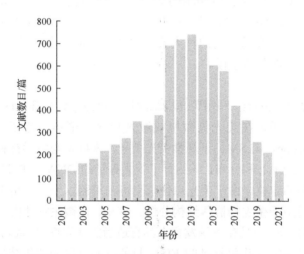

图 2.3　ISI 数据库中 DGGE 技术相关的文献数目（截至 2021 年 12 月）

3）温度梯度凝胶电泳

温度梯度凝胶电泳（TGGE）是一种微生物群落研究技术，原理和 DGGE 相似，用温度梯度代替了变性梯度，利用不同分子在温度改变下构象的差别进行分离。

4）单链构象多态性技术

单链构象多态性技术的基本原理是单链的 DNA 片段中碱基的改变会使其构象发生改变，而空间构象有差异的单链 DNA 分子会在非变性聚丙烯酰胺凝胶电泳中呈现不同的带型，从而可以区分大小相同但二级结构不同的 PCR 产物

（Sliwinski and Goodman，2004）。该技术为检测基因的单个碱基置换和某一片段 DNA 突变位点筛选提供了有效而快速的手段。

5）末端限制性片段长度多态性技术

末端限制性片段长度多态性技术是广泛被应用于环境微生物群落多样性评估及不同生态系统复杂性和 DNA 多态性比较的群落研究分子技术，以 PCR 为基础，对一定目标基因进行 PCR 扩增，在扩增过程中使用荧光标记的引物，得到有荧光标志的 PCR 混合产物。由于从不同种属微生物扩增来的目标基因可能在不同位置含有不同数量的限制性内切酶片段，用特定的内切酶对 PCR 产物进行水解，就会产生不同被测微生物群落特征的条带模式。在特定的设备上对 PCR 产物进行分析，采集荧光信号强度，由于末端限制性片段长度可由已知或其他目标基因序列预知，因此该方法建立数据库相对较容易，末端限制性片段长度多态性技术每次测得的结果峰可以与已有数据库进行比较。

6）稳定性同位素探针

稳定性同位素探针（SIP）可用于环境甲基营养菌（甲烷营养菌和甲醇营养菌）、有机污染物降解菌、根际微生物生态、厌氧环境中微生物等群落结构和特定代谢过程功能分析，在微生物的种类鉴定和功能鉴定间建立直接联系。SIP 是根际微生物生态研究的重要手段。

7）荧光原位杂交

荧光原位杂交（FISH）利用荧光标记的特异核酸探针与细胞内相应的 DNA 或 RNA 分子杂交，通过在荧光显微镜或激光扫描共聚焦显微镜（confocal laser scanning microscope，CLSM）下观察荧光信号，来确定与特异探针杂交后被染色的细胞或细胞器的形态和分布，或结合了荧光探针的 DNA 或 RNA 分子在染色体或其他细胞器中的定位。由于荧光原位杂交可在细胞水平上分析微生物的群落结构，因此被广泛用于微生物群落结构分析。rRNA 在微生物体内有较高拷贝数，功能稳定、分布广泛，而且在系统发育上具有适当的保守性。因此，通常使用 rRNA 作为探针，但以 rRNA 作为探针的 FISH 只能分析群落的遗传结构，不能明确揭示群落结构与功能的关系。该技术主要以荧光、显微技术为载体，在环境微生物群落研究方面得到应用，包括总微生物数量测定、活菌数测定、荧光标记蛋白和荧光定位杂交技术，具有在测定过程中细胞不被破坏、形状不改变、特异性强、能够真实反映自然环境下微生物情况及分布等特点。

8）反向样本基因组探测

反向样本基因组探测（RSGP）又称为 DNA 微探针阵列，是 21 世纪发展起来的基因组研究技术之一，现已表明 RSGP 是在基因组规模上研究基因表达和调控的一种快速、敏感和高通量的有力研究工具，同时也是研究微生物群落多样性的有效方法（Dawson et al.，2004）。反向样本基因组探测在环境微生物研究中的应用尚处于起步阶段，目前已有功能反向样本基因组探测、系统发育寡核苷酸反向样本基因组探测和群落基因组反向样本基因组探测三种方式，用于环境微生物基因表达分析、比较基因组分析和混合微生物群落的分析。

9）克隆测序

克隆测序是将 PCR 扩增的土壤微生物样品总 DNA 产物克隆到合适的载体，如 pGM-T 载体，连接、转化到感受态大肠杆菌细胞，构建克隆文库以分离不同的序列，然后对分离的序列采用测序技术或酶切技术，如 PCR-RFLP 进行定性分析。对测得的序列，可以通过登录 GenBank 数据库（http://www.ncbi.nlm.nih.gov），在已有数据库中进行序列对比，鉴定其分类地位。许多序列可以鉴定到种的水平，可以得到微生物群落结构和多样性的信息。

10）扩增核糖体 DNA 限制性酶切片段分析

扩增核糖体 DNA 限制性酶切片段分析（ARDRA）是在美国发展起来的一项现代生物鉴定技术，根据微生物 rDNA 序列的保守性，将扩增的 rDNA 片段进行酶切分析，然后通过酶切图谱来分析微生物群落的多样性。李璐滨等（2008）采用 ARDRA 方法研究了铁路沿线唐古拉山口土壤微生物群落多样性特征，结果发现铁路沿线唐古拉山口土壤微生物不但丰富度高，而且存在潜在的新种，以变形菌门（Proteobacteria）、厚壁菌门（Firmicutes）、放线菌门（Actinobacteria）、拟杆菌门（Bacteroidetes）、酸杆菌门（Acidobacteria）及浮霉菌门（Planctomycetes）等 8 类细菌为主要菌群。α-变形菌为该文库中的主要菌群，占克隆总数的 33.3%；其次为未培养细菌，占克隆总数的 22.2%；慢生根瘤菌属（*Bradyrhizobium*）为优势菌。

11）ERIC-PCR

Hulton 首次在肠道细菌基因组中发现了基因间重复序列，ERIC-PCR 方法是一种长引物随机扩增多态性 DNA 技术。ERIC-PCR 技术被成功用于人或动物的肠道菌群、活性污泥、土壤等多种微生物群落结构分析。

12）焦磷酸测序技术

焦磷酸测序技术是一种新型的研究微生物群落多样性的序列分析技术，通过核苷酸和 DNA 模板结合后释放的焦磷酸引发酶级联反应，促使荧光素发光并进行检测，即可进行序列分析，每个处理可以获得上万条序列。该技术的核心是由 4 种酶催化的同一反应体系中的酶级联化学发光反应，这 4 种酶分别为 DNA Taq 酶、ATP 硫酸化酶、萤光素酶和双磷酸酶，反应底物为 5'-磷酰硫酸、荧光素，反应体系还包括待测序 DNA 单链和测序引物。每一轮测序反应中，只加入一种脱氧核苷三磷酸（dNTP），若该 dNTP 与模板配对，聚合酶就可以将其掺入到引物链中并释放出等物质的量的焦磷酸基团。焦磷酸基团最终转化为光信号，并由特定的焦磷酸测序仪器转化为一个峰值，每个峰的高度与反应中掺入的核苷酸数目是成正比的。然后加入下一种 dNTP，继续 DNA 链的合成。每一个 dNTP 的聚合与一次荧光信号的释放偶联起来，以荧光信号的形式实时记录模板 DNA 的核苷酸序列。该技术成功地应用于研究微生物群落结构多样性方面（Acosta-Martinez et al.，2010；Jangid et al.，2008；Roesch et al.，2007）。Roesch 等（2007）认为焦磷酸测序技术是研究土壤微生物群落的有力工具。Acosta-Martinez 等（2008）运用焦磷酸测序技术研究了土地管理模式和利用方式对土壤细菌群落的影响。Jangid 等（2008）运用焦磷酸测序技术研究了土地管理模式、利用方式和施肥对农田生态系统微生物群落的影响，结果表明施肥对土壤细菌群落多样性产生显著影响。Miller 等（2009）研究了美国黄石国家公园温度对细菌群落多样性的影响，随着温度的升高，细菌群落多样性运算分类单元（operational taxonomic unit，OTU）丰富度降低。本书作者 2011 年在美国宾夕法尼亚大学（University of Pennsylvania）学习期间，生物系的 Brenda Casper 教授研究团队正在使用焦磷酸测序技术研究全球变暖、水分胁迫和过度放牧对蒙古干旱牧区草原生态系统土壤细菌群落结构的影响，结果表明全球变暖对旱区草原生态系统细菌多样性有显著影响。

目前，在研究土壤微生物群落多样性过程中，将几种方法结合起来研究成为趋势。这是因为每种方法都有优缺点，将几种方法结合起来可以取长补短。例如，将 BIOLOG 和 PCR-DGGE 结合起来研究，BIOLOG 反映功能多样性，DGGE 反映遗传多样性；PLFA 和 DGGE 结合研究微生物多样性也有文献报道。谢慧君等（2009）将 BIOLOG 和 ARDRA 结合研究了邻苯二甲酸酯（PAEs）对土壤微生物群落多样性的影响，ARDRA 带型分析表明，不同土壤样品的多样性指数随着 PAEs 浓度增加而增加，短时间内 PAEs 能增加土壤细菌群落的代谢功能多样性。

2.2　微生物群落多样性分析方法

在使用分子指纹技术研究土壤微生物群落结构多样性过程中，重点和难点在于使用合理的多样性统计学方法进行指纹图谱的分析和计算。目前，国内外关于微生物群落分析的主要方法结合多样性指数，如丰富度指数（R）、香农指数（H'）、均匀度指数（D）及多元统计分析方法，如主成分分析（principal component analysis，PCA）、典范对应分析（canonical correspondence analysis，CCA）、冗余分析（redundance analysis，RDA）、除趋势对应分析（dedentred correspondence analysis，DCA）、除趋势典范对应分析（detrended canonical correspondence analysis，DCCA）

和对应分析（correspondence analysis，CA）等。对测定的群落数据进行数学分析，以求揭示内在的微生物群落生态学规律。以上分析可以借助 SPSS（v16.0）、JMP（v9.0）和 R 软件进行分析。

1）主成分分析

数据转换后得到的数据有特征根、主成分 1、主成分 2、……、主成分 n（一般选取前两个主成分作图），从统计学角度分析，前两个主成分解释总的变异之和需要达到 85%以上。在微生物群落多样性已报道的文献中，并没有要求这么严格（Zhang et al.，2010；Pennanen，2001）。

2）典范对应分析

典范对应分析（CCA）是由对应分析（CA）修改产生的新多元统计方法，把 CA 和多元回归分析联合起来，每一步计算结果都与环境因子进行回归，详细地研究微生物结构和环境的关系。CCA 要求两个数据矩阵，一个是微生物群落数据矩阵，一个是环境因子数据矩阵。CCA 可以结合多个环境因子一起分析，从而更好地反映群落与环境的关系。在种类和环境因子不是特别多的情况下，CCA 可以将样方排序，将种类排序及环境因子排序表示在一个图上，可以直观地看出它们之间的关系（Acosta-Martinez et al.，2010；Beauregard et al.，2010；Wu et al.，2009；Dawson et al.，2004）。

3）冗余分析

冗余分析（RDA）与 PCA 相似，也是直接线性分析，可以分析微生物群落结构与环境因子的关系，被广泛应用于分析微生物群落特征与环境因子时间的关系（Bell et al.，2009）。

4）对应分析

Dumbrell 等（2011）采用对应分析（CA）分析处理 AMF 群落焦磷酸测序结果，构建 AMF 群落差异图谱。Yasuda 等（2011）采用 CA 分析细菌 DGGE 图谱数据，CA 分析可以将处理的微生物群落分离开来。

以上 4 种方法是研究土壤微生物群落多样性中最常用的多元统计方法，多元统计方法的特点见表 2.3。

表 2.3　微生物群落多样性分析常用多元统计方法的特点（邢德峰和任南琪，2006）

方法	间接梯度	特征分析基础	直接梯度	线性	非线性
PCA	▲	▲	—	▲	—
CCA	—	—	▲	—	—
RDA	—	—	▲	▲	—
DCA	▲	▲	—	—	▲
DCCA	—	—	▲	—	▲
CA	▲	▲	—	—	—

注："▲"表示分析方法具备该特点；"—"表示不具备该特点。

思 考 题

1. 简述平板计数的操作步骤。
2. 高通量测序的目的和意义是什么？请简述高通量测序的具体流程。
3. 进行高通量测序时，不同的微生物测序通常选择哪个区域进行扩增？
4. 表征微生物群落的多样性指数有哪些？
5. 常用的微生物群落组成统计分析方法有哪些？

参 考 文 献

李潞滨, 刘振静, 杨凯, 等, 2008. 青藏铁路沿线唐古拉山口土壤微生物的 ARDRA 分析[J]. 生态学报, 28(11): 5482-5487.

唐景春, KATAYAMA A, 2004. 醌类图谱分析在环境微生物生态测定中的应用[J]. 应用与环境生物学报, 10(4): 530-536.

谢慧君, 石义静, 滕少香, 等, 2009. 邻苯二甲酸酯对土壤微生物群落多样性的影响[J]. 环境科学, 30(5): 1286-1291.

邢德峰, 任南琪, 2006. 应用 DGGE 研究微生物群落时的常见问题分析[J]. 微生物学报, 46(2): 331-335.

徐华勤, 肖润林, 宋同清, 等, 2008. 稻草覆盖与间作三叶草对丘陵茶园土壤微生物群落功能的影响[J]. 生物多样性, 16(2): 166-174.

张海涵, 唐明, 陈辉, 2009. 黄土高原典型林木根际土壤微生物群落结构与功能特征及其环境指示意义[J]. 环境科学, 30(8): 2432-2437.

张海涵, 唐明, 陈辉, 等, 2007. 不同生态条件下油松(Pinus tabulaeformis)菌根根际土壤微生物群落[J]. 生态学报, 27(12): 5463-5470.

张瑜斌, 林鹏, 魏小勇, 等, 2008. 盐度对稀释平板法研究红树林区土壤微生物数量的影响[J]. 生态学报, 28(3): 1287-1295.

郑华, 欧阳志云, 方治国, 等, 2004. BIOLOG 在土壤微生物群落功能多样性研究中的应用[J]. 生态学报, 41(3): 456-461.

ACOSTA-MARTINEZ V, DOWD S, SUN Y, et al., 2008. Tag-encoded pyrosequencing analysis of bacterial diversity in a single soil type as affected by management and land use[J]. Soil Biology and Biochemistry, 40: 2762-2770.

ACOSTA-MARTINEZ V, DOWD S E, SUN Y, et al., 2010. Pyrosequencing analysis for characterization of soil bacterial populations as affected by an integrated livestock-cotton production system[J]. Applied Soil Ecology, 45: 13-25.

AHN J H, KIM Y J, KIM T, et al., 2009. Quantitative improvement of 16S rDNA DGGE analysis for soil bacterial community using real-time PCR[J]. Journal of Microbiological Methods, 78: 216-222.

BARDGETT R D, HOBBS P J, FROSTEGARD A, 1996. Changes in soil fungal: Bacterial biomass ratios following reductions in the intensity of management of an upland grassland[J]. Biology and Fertility of Soils, 22: 261-264.

BEAUREGARD M S, HAMEL C, ATUL-NAYYA R, et al., 2010. Long-term phosphorus fertilization impacts soil fungal and bacterial diversity but not AM fungal community in alfalfa[J]. Microbial Ecology, 59: 379-389.

BELL C W, ACOSTA-MARTINEZ V, MCINTYRE N E, et al., 2009. Linking microbial community structure and function to seasonal differences in soil moisture and temperature in a Chihuahuan Desert Grassland[J]. Microbial Ecology, 58: 827-842.

BOIVIN M, BREURE A M, POSTHUMA L, et al., 2002. Determination of field effects of contaminants: Significance of pollution-induced community tolerance[J]. Human & Ecological Risk Assessment, 8: 1035-1055.

BOSCHKER H T S, MIDDELBURG J J, 2002. Stable isotopes and biomarkers in microbial ecology[J]. FEMS Microbiology Ecology, 40: 85-95.

BRUSSAARD C P, PAYET J P, WINTER C, et al., 2010. Quantification of aquatic viruses by flow cytometry[J]. Manual of Aquatic Viral Ecology, 11: 102-107.

BUYER J S, ZUBERER D A, NICHOLS K A, et al., 2011. Soil microbial community function, structure, and glomalin in response to tall fescue endophyte infection[J]. Plant Soil, 339: 401-412.

CASTILLO M, MARTIN-ORUE S M, MANZANILLA E G, et al., 2006. Quantification of total bacteria, enterobacteria and lactobacilli populations in pig digesta by real-time PCR[J]. Veterinary Microbiology, 114: 165-170.

CLASSEN A T, BOYLE S I, HASKINS K E, et al., 2003, Community-level physiological profiles of bacteria and fungi: Plate type and incubation temperature influences on contrasting soils[J]. FEMS Microbiology Ecology, 44: 319-328.

DAHLIN S, WITTER E, MART A, 1997. Where's the limit? Changes in the microbiological properties of agricultural soils at low levels of metal contamination[J]. Soil Biology Biochemistry, 29: 1405-1415.

DAWSON L A, GRAYSTON S J, MURRAY P J, et al., 2004. Impact of *Tipula paludosa* larvae on plant growth and the soil microbial community[J]. Applied Soil Ecology, 25: 51-61.

DE DEYN G B, QUIRK H, BARDGETT R D, 2011. Plant species richness, identity and productivity deferentially influence key groups of microbes in grassland soils of contrasting fertility[J]. Biology Letter, 7: 75-78.

DE ROY K, CLEMENT L, THAS O, et al., 2012. Flow cytometry for fast microbial community fingerprinting[J]. Water Research, 46(3): 907-919.

DUMBRELL A J, ASHTON P D, AZIZ N, et al., 2011. Distinct seasonal assemblages of arbuscular mycorrhizal fungi revealed by massively parallel pyrosequencing[J]. New Phytologist, 190(3): 794-804.

FRANKLIN N M, STAUBER J L, LIM R P, 2004. Development of multispecies algal bioassays using flow cytometry[J]. Environmental Toxicology and Chemistry: An International Journal, 23(6): 1452-1462.

FROSTEGÅRD Å, TUNLID A, BÅÅTH E, 2010. Use and misuse of PLFA measurements in soils[J]. Soil Biology and Biochemistry, 43(8): 1621-1625.

FÜCHSLIN H P, KÖTZSCH S, KESERUE H A, et al., 2010. Rapid and quantitative detection of *Legionella pneumophila* applying immunomagnetic separation and flow cytometry[J]. Cytometry Part A: Journal of Quantitative Cell Science, 77(3): 264-274.

GOMEZ E, FERRERAS L, TOREASANO S, 2006. Soil bacterial functional diversity as influenced by organic amendment application[J]. Bioresource Technology, 97: 1484-1489.

GRAHAM J H, HODGE N C, MORTON J B, 1995. Fatty acid methyl ester profiles for characterization of glomalean fungi and their endomycorrhizae[J]. Applied Environmental Microbiology, 61: 58-64.

GRAYSTON S J, GRIFFITH G S, MAWDSLEY J L, et al., 2001. Accounting for variability in soil microbial communities of temperate upland grassland ecosystems[J]. Soil Biology and Biochemistry, 33: 533-551.

GRAYSTON S J, PRESCOTT C E, 2005. Microbial communities in forest floors under four tree species in coastal British Columbia[J]. Soil Biology and Biochemistry, 37(6): 1157-1167.

GRAYSTON S J, WANG S, CAMPBELL C D, et al., 1998. Selective influence of plant species on microbial diversity in the rhizosphere[J]. Soil Biology and Biochemistry, 30(3): 369-378.

GRIFFITHS B S, BONKOWSKI M, ROY J, et al., 2001. Functional stability, substrate utilisation and biological indicators of soils following environmental impacts[J]. Applied Soil Ecology, 16: 49-61.

HUANG H, SAWADE E, COOK D, et al., 2016. High-performance size exclusion chromatography with a multi-wavelength absorbance detector study on dissolved organic matter characterization along a water distribution system[J]. Journal of Environmental Sciences, 44: 235-243.

IBEKWE A M, KENNEDY A C, 1998. Phospholipid fatty acid profiles and carbon utilization patterns for analysis of microbial community structure under field and greenhouse conditions[J]. FEMS Microbiology Ecology, 26: 151-163.

INSAM, H, 1997. A New Set of Substrates Proposed for Community Characterization in Environmental Samples[M]. Berlin: Springer.

JANGID K, WILLIAMS M A, FRANZLUEBBERS A J, et al., 2008. Relative impacts of land-use, management intensity and fertilization upon soil microbial community structure in agricultural systems[J]. Soil Biology and Biochemistry, 40: 2843-2853.

KAHLISCH L, HENNE K, GRÖBE L, et al., 2012. Assessing the viability of bacterial species in drinking water by combined cellular and molecular analyses[J]. Microbial Ecology, 63(2): 383-397.

KELLY J J, TATE R L, 1998. Effects of heavy metal contamination and remediation on soil microbial communities in the vicinity of a zinc smelter[J]. Journal of Environmental Quality, 27: 609-617.

KESERUE H-A, FÜCHSLIN H P, EGLI T, 2011.Rapid detection and enumeration of *Giardia lamblia* cysts in water samples by immunomagnetic separation and flow cytometric analysis[J]. Applied and Environmental Microbiology, 77(15): 5420-5427.

KORNEILA S, MIRUNA O, ANNETT M, et al., 2007. Bacterial diversity of soil sassessed by DGGE, T-RFLP and SSCP fingerprints of PCR-amplified 16S rRNA gene fragments: Do the different methods provide similar results?[J]. Journal of Microbiological Methods, 69(3): 470-479.

MILLER S R, STRONG A L, JONES K L, et al., 2009. Bar-coded pyrosequencing reveals shared bacterial community properties along the temperature gradients of two alkaline hot springs in Yellowstone National Park[J]. Applied and Environmental Microbiology, 75(13): 4565-4572.

MUYZER G, DE WAAL E C, UITTERLINDEN A G, 1993. Profiling of complex microbial populations by denaturing gradient gel electrophoresis analysis of polymerase chain reaction-amplified gene coding for 16S rRNA[J]. Applied Environmental Microbiology, 59: 695-700.

NAUTIYAL C S, CHAUHAN P S, BHATIA C R, 2010. Changes in soil physico-chemical properties and microbial functional diversity due to 14 years of conversion of grassland to organic agriculture in semi-arid agroecosystem[J]. Soil and Tillage Research, 109(2): 55-60.

PENNANEN T, 2001. Microbial communities in boreal coniferous forest humus exposed to heavy metals and changes in soil pH: A summary of the use of phospholipid fatty acids, Biolog and ^{3}H-thymidine incorporation methods in field studies[J]. Geoderma, 100: 91-126.

RAMSEY P W, RILLIG M C, FERIS K P, et al., 2006. Choice of methods for soil microbial community analysis: PLFA maximizes powercomparedto CLPP and PCR-based approaches[J]. Pedobiologia, 50: 275-280.

REGEL R H, BROOKES J D, GANF G G, et al., 2004. The influence of experimentally generated turbulence on the Mash01 unicellular *Microcystis aeruginosa* strain[J]. Hydrobiologia, 517(1-3): 107-120.

RINTA-KANTO J M, LEHTOLA M J, VARTIAINEN T, et al., 2004. Rapid enumeration of virus-like particles in drinking water samples using SYBR Green I -staining[J]. Water Research, 38(10): 2614-2618.

ROESCH L F, FULTHROPE R R, RIVA A, et al., 2007. Pyrosequencing enumerates and contrasts soil microbial diversity[J]. The ISME Journal, 1: 283-290.

SCHIPPER L A, DEGENS B P, SPARLING G P, et al., 2001. Changesin microbial heterotrophic diversity along five plant successional sequences[J]. Soil Biology and Biochemistry, 33: 2093-2103.

SCHULZ S, PERÉZ-DE-MORA, ENGEL M, et al., 2010. A comparative study of most probable number(MPN)-PCR vs.real-time-PCR for the measurement of abundance and assessment of diversity of *alkB* homologous genes in soil[J]. Journal of Microbiological Methods, 80(3): 295-298.

SCHUTTER M E, DICK R P, 2000. Comparison of fatty acid methyl ester(FAME)methods for characterizing microbial communities[J]. Soil Science Society of America Journal, 64: 1659-1668.

SELMANTS P C, HART S C, BOYLE S I, et al., 2005. Red alder(*Alnus rubra*)alters community-level soil microbial function in conifer forests of the Pacific Northwest, USA[J]. Soil Biology and Biochemistry, 37(10): 1860-1868.

SLIWINSKI M K, GOODMAN R M, 2004. Spatial heterogeneity of crenarchaeal assemblages within mesophilic soil ecosystems as revealed by PCR-single-strand conformation polymorphism profiling[J]. Applied and Environmental Microbiology, (70): 1811-1820.

STAHL P D, PARKIN T B, 1996. Relationship of soil ergosterol concentration and fungal biomass[J]. Soil Biology and Biochemistry, 28: 847-855.

TELLENBACH C, GRÜNIG C R, SIEBER T N, 2010. Suitability of quantitative real-time PCR to estimate the biomass of fungal root endophytes[J]. Applied and Environmental Microbiology, 76(17): 5764-5772.

VAN DIEPEN L T A, LILLESKOV E A, PREGITZER K S, et al., 2007. Decline of arbuscular mycorrhizal fungi in northern hardwood forests exposed to chronic nitrogen additions[J]. New Phytologist, 176: 175-183.

VIVAS A, MORENO B, GARCIA-RODRIGUEZ S, et al., 2009. Assessing the impact of composting and vermicomposting on bacterial community size and structure, and microbial functional diversity of an olive-mill waste[J]. Bioresource Technology, 100: 1319-1326.

WERKER A G, BECKER J, HUITEMA C, 2003. Assessment of activated sludge microbial community analysis in full-scale biological waster water treatment plants using patterns of fatty acid isopropyl esters(FAPEs)[J]. Water Research, 37(9): 2162-2172.

WIDMER F, HARTMANN M, FREY B, et al., 2006. A novel strategy to extract specific phylogenetic sequence information from community T-RFLP[J]. Journal of Microbiological Methods, 66: 512-520.

WU L Q, MA K, LI Q, et al., 2009. Composition of archaeal community in a paddy field as affected by rice cultivar and N fertilizer[J]. Microbial Ecology, 58: 819-826.

YASUDA T, KURODA K, HANAJIMA D, et al., 2010. Characteristics of the microbial community associated with ammonia oxidation in a full-scale rockwool biofilter treating malodors from livestock manure composting[J]. Microbes Environments, 25(2): 111-119.

ZELLES L, 1999. Fatty acid patterns of phospholipids and lipopolysaccharides in the characterisation of microbial communities in soil: A review[J]. Biology and Fertility of Soils, 29: 111-129.

ZHANG H H, TANG M, CHEN H, et al., 2010. Effects of inoculation with ectomycorrhizal fungi on microbial biomass and bacterial functional diversity in the rhizosphere of Pinus tabulaeformis seedlings[J]. European Journal of Soil Biology, 46(1): 55-61.

ZHANG N L, WAN S Q, LI L H, et al., 2008. Impacts of urea N addition on soil microbial community in a semi-arid temperate steppe in northern China[J]. Plant and Soil, 311: 19-28.

第3章 活性污泥环境微生物生态

3.1 污水处理厂 *nirS* 型反硝化菌群结构与脱氮特性

3.1.1 研究对象及意义

人类生活和生产活动中产生的污水在排放到自然生态系统之前需通过WWTP，利用生物工艺去除污染物（Jin et al.，2014）。截至 2016 年，我国已在31 个省级行政区共建成 3900 多个污水处理厂（Zhang et al.，2016）。厌氧-缺氧-好氧（anaerobic-anoxic-aerobic，A/A/O）、氧化沟和序批式反应器（sequencing batch reactor，SBR）是污水处理系统的三大主要传统脱污工艺，这些工艺约在我国现有污水处理厂中占 80%。一般来说，污水处理系统的稳定性和效率主要取决于功能微生物群，如细菌（Sidhu et al.，2017；Isazadeh et al.，2016）、真菌（Niu et al.，2017）和原生动物（Kengo et al.，2014）的代谢活性和它们之间潜在的相互作用。因此，优化污水处理工艺不仅需要对设计类型的操作技术进行综合评价，还需要考虑这些系统固有微生物群落生态方面的影响（Gonzalez- Martinez et al.，2018）。

活性污泥（activated sludge，AS）是由微生物形成的絮凝物，在 WWTP 中普遍存在。由于 AS 生态系统含有大量的微生物，并且具有复杂的微生物群落组成，对污水处理过程产生了很大影响（Matar et al.，2017）。随着高通量 DNA 测序平台（如 Illumina Miseq 高通量测序、454 焦磷酸测序和 Ion Torrent 测序）与生物信息学分析工具结合的快速发展，大量研究致力于揭示污水处理过程 AS 中细菌、真菌和原生动物群落结构（Niu et al.，2017；Sidhu et al.，2017；Kengo et al.，2014）。这些 AS 微生物群具有去除生物氮、磷及有机碳的能力，丝状微生物也可能触发 AS 丝状膨胀并引发污水处理厂严重的运行问题（Nielsen et al.，2010）。Guo 等（2015）元基因组学和第二代测序结果表明，引起丝状膨胀的主要细菌有 *Clostridium*、*Arcobacter* 和黄杆菌属（*Flavobacterium*）。因此，利用 AS 微生物群落的高分辨率遗传图谱，可以发现 AS 中潜在的微生物资源，合理控制有害微生物的种类。

先前的研究表明，与 AS 相关的微生物群落受不同类型的污水处理技术（Matar et al.，2017；Cui et al.，2012）、系统功能区（Xu et al.，2017；Ma et al.，2015）、污水组成（Isazadeh et al.，2016；Ma et al.，2015）和 WWTP 的地理位置（Kengo et al.，2014）影响。AS 细菌群落在局部小尺度（Cui et al.，2012）、大空间尺度

（Srinandan et al., 2011）、具有地理驱动机制的大陆尺度（Zhang et al., 2012）上的分布特征已经被广泛研究。在氧化沟系统中，Xu 等（2017）测定了六座 WWTP 中 AS 细菌群落组成变化，表明不同地理位置的 AS 细菌群落结构存在差异。同时，通过 454 焦磷酸测序分析，发现北美洲和亚洲的 AS 细菌群落地理变化也较显著（Zhang et al., 2012）。此外，高通量测序数据表明，高海拔 WWTP 具有独特的细菌组成模式，且高原 WWTP 中除磷细菌更为丰富（Fang et al., 2018）。He 等（2018）研究发现，不同地理分布的水环境对氨氧化细菌群落结构没有显著影响。不同地理位置 WWTP 的 AS 中反硝化细菌群落结构尚不明确。

反硝化细菌在不同的水生生态系统中起着至关重要的脱氮作用，其群落结构和多样性变化与环境条件有关（Houlton and Edith, 2009）。许多研究者利用 qPCR 技术检测了 *nirS*、*nirK*、*norG* 和 *nosZ* 等反硝化功能基因，以评价反硝化功能基因的丰度（康鹏亮等，2018；Zhou et al., 2016；Wang et al., 2014b）。其中，*nirS* 基因（编码含细胞色素 cd1 的亚硝酸还原酶）是反硝化途径中的关键基因，已被广泛用于评价各种微污染淡水体中 *nirS* 型反硝化细菌群落的组成，包括水库（康鹏亮等，2018；Zhou et al., 2016）、湖泊（Wang et al., 2014a）和河流（Li et al., 2017）。

Srinandan 等（2011）利用 PCR-RFLP 技术，以 *nosZ* 基因为基础，揭示 AS 反硝化细菌群落组成，由于限制性内切酶片段长度多态性的低通量技术限制，其分类群信息较少。利用高通量测序技术对跨越大空间尺度不同地理分布的 WWTP 中 *nirS* 基因反硝化细菌群落的研究鲜见报道。本章提出的假设是，不同 WWTP 中具有不同的 *nirS* 基因丰度和 *nirS* 型反硝化细菌群落，优势菌属间的共存和相互作用可能是调节总氮和碳去除的关键。

为了全面了解污水处理厂活性污泥中 *nirS* 基因丰度和 *nirS* 型反硝化细菌群落与地理位置的关系，本章主要探索不同地理分布的 A/A/O 和氧化沟系统 WWTP 与 AS 中 *nirS* 型反硝化细菌种群的多样性。具体目标是：①测定反硝化性能特征；②确定 *nirS* 型反硝化细菌种群的丰度和多样性；③调查 *nirS* 型反硝化细菌群落组成的结构；④评估我国不同地理区域 18 座污水处理厂的反硝化细菌数量与 COD 和总氮（TN）去除率之间的相关性。本章将综合评价污水处理生态系统的反硝化生态特性，为实现最大处理效率提供新的思路。

3.1.2　实验材料

1. 采样点概况

选取我国西部、东部、北部和南部地区 8 个省份污水处理厂中的活性污泥与进出水水样。样品来自陕西省（YL、HS、WW、BSQ）、甘肃省（LZ1、LZ2）、广东省（GZ）、福建省（XM1、XM2、JJ、SS）、湖北省（WH）、天津市（TJ1、TJ2）、山东省（LC）和山西省（TY1、TY2、TY3）的 18 座 WWTP。在这些污水处理系统中，4 座 WWTP（LZ1、BSQ、JJ、SS）使用氧化沟工艺，其他 14 座WWTP 使用 A/A/O 工艺。

LZ1 和 LZ2 的污水组成为生活污水（90%）和工业废水（10%）；XM2 和 GZ的污水组成为生活污水（80%）和工业废水（20%）；TY1、TY2、TY3 的生活污水比例为 70%，工业废水比例为 30%；HS 工业废水比例 100%；其他污水处理厂均为 100% 的生活污水。

2. 样品采集

从全国各地 18 座污水处理厂采集样品。活性污泥（AS）从污水处理厂曝气池中收集，选择 3 个取样点（$n=3$），每个 AS 样品放入无菌试管（50mL）中，于室温下在 $12000 \times g$ 下离心 10min，菌体在-20℃下储存，用于随后 DNA 提取。同时，用无菌取水器从污水处理厂进水和出水处采集表层水样 2L，装入聚乙烯瓶，立即运回实验室，用于水质指标测定和反硝化细菌群落结构分析。

3.1.3　实验方法

1. 样品测定

为了探讨污水处理系统的效率，测定各污水处理厂进水和出水水样中 TN 和COD 的浓度。COD 浓度按《工业循环冷却水中化学需氧量（COD）的测定　高锰酸盐指数法》（GB/T 15456—2019）进行测定，用碱性过硫酸盐消解紫外分光光度法测定 TN 浓度，利用 TN 和 COD 进出水浓度计算 TN 和 COD 去除率。对所有样品进行三次分析。

2. DNA 提取

使用土壤 DNA 分离试剂盒提取微生物基因组核酸，根据说明书从活性污泥中提取 DNA。将从 1.0g 活性污泥（湿重为基础）中提取的 DNA（一式三份）汇集在一起，然后用 DNA 纯化试剂盒进行纯化。采用 2% 琼脂糖凝胶对总 DNA 进行电泳，检测 DNA 浓度，-20℃保存，备用。

3. PCR 检测

为了确定 *nirS* 功能基因的丰度，运用 PCR 技术对样品进行分析。PCR 扩增体系（25μL）：PCR Mix（预混液）12.5μL、*nirS*-cd3a-F 引物 0.5μL、*nirS*-R3 引物

0.5μL、DNA10ng，用 ddH₂O（双蒸水）补至 25μL。采用实时 PCR 系统进行 PCR 扩增。检查熔融曲线，放大效率为 95.72%。

4. Illumina Miseq 高通量测序

nirS 型反硝化细菌群落组成采用 Illumina Miseq 高通量测序平台（2×300 bp）评估。用于 *nirS* 基因扩增的特定引物为 cd3a-F（5′-GTSAACGTSAAGGARACSGG-3′）和 R3cd-R（5′-GASTTCGGRTGSGTCTTGA-3′）。PCR 扩增体系（20μL）：0.4μL FastPfu 聚合酶、2μL dNTP（2.5mmol）、0.8μL cd3a-F 引物（5μmol）、0.8μL R3cd-R 引物（5μmol）、4μL 5×FastPfu 缓冲液、10ng DNA 模板，用 ddH₂O 定容至 20μL。使用 PCR 热循环仪来扩增 *nirS* 基因。将相同样品的 PCR 产物混合后，用 PCR 产物纯化试剂盒进行纯化。*nirS* 基因所有 PCR 产物用 Illumina Miseq 进行测序。

5. DNA 测序数据分析

使用微生物生态学软件 QIIME（v1.7.0）处理 Illumina Miseq 高通量测序的原始数据。对序列进行质量控制（如序列去噪、嵌合体去除、修剪和长度过滤），利用核糖体数据库项目（ribosomal database project，RDP）分类器（v2.2）对高质量的有效序列进行分类，根据序列的相似度，将有效数据在 95% 水平下聚类为 OTU。利用 Mothur 软件（v1.31.2）计算反硝化菌群多样性指数：Chao 1 指数、香农指数（*H′*）、ACE（abundance-based coverage estimator）指数和辛普森指数（*D*）。将 *nirS* 基因序列数据提交到 NCBI 数据库，登录号为 SRP079084。

6. 数据分析

不同采样区域（我国西部、东部、北部和南部）的 TN、COD 去除率和群落多样性指数通过 IBM SPSS 软件（v20.0）进行单因素方差分析（one-way analysis of variance，one-way ANOVA）和 Tukey's HSD 检验。A/A/O 工艺和氧化沟工艺中优势反硝化细菌在属水平上的相对丰度使用 SPSS 进行 *t* 检验来统计。反硝化细菌群落特征（如 95% 相似序列多样性指数和优势反硝化细菌群相对丰度）与 TN、COD 去除率的相关性，通过皮尔逊相关分析进行。*nirS* 型反硝化细菌群落在门水平上的相对丰度与地理分布间的关系，使用 Circos 软件分析。采用 R 软件（v2.1.1）对 18 座污水处理厂在属水平的优势反硝化细菌进行聚类分析。使用 Cytoscape（v3.0.2）测定 *nirS* 型反硝化细菌类群的共生模式，探索复杂群落中 *nirS* 型反硝化细菌类群之间的共生模式及潜在的生物相互作用。使用 Canoco（v4.5）统计软件包和蒙特卡罗置换检验进行多变量统计分析。

3.1.4 结果与分析

1. TN 和 COD 去除性能

18 座污水处理厂的地理位置、污水处理工艺和主要化学特性如表 3.1 所示（Zhang et al.，2019）。进水 TN 浓度变化范围为（14.2±0.2）～（70.5±1.5）mg/L。我国东部地区的 TN 平均浓度最高，为 64.7mg/L，是南部地区的 2.25 倍（$P<0.05$）。TN 去除率在 TJ1 最高（84.0%），WH 最低（25.8%）。污水出水 TN 浓度变化范围为（6.0±0.2）～（20.0±1.5）mg/L。西部、东部、北部和南部地区的 TN 平均去除率分别为 72.3%、79.1%、77.7% 和 46.6%。本书污水处理厂 TN 去除率远高于位于北极气候区（34.57%）的污水处理厂（Gonzalez-Martinez et al.，2018）。此外，进水 COD 浓度为（91±9.4）～（1133±113.4）mg/L，COD 去除率没有显著性差异（84.0%～96.7%）。这一现象与 Fang 等（2018）的研究结果一致，在 9 座全规模污水处理厂中，TN 的去除率为 52.3%～89.0%，COD 去除率为 77.0%～93.0%。Wang 等（2013）对北京市局部小范围内 4 座 A/A/O 工艺的污水处理厂进行研究，结果发现，进水 TN 浓度为 46～64mg/L，COD 浓度为 257～452mg/L 时，COD 去除率高于 90%，TN 去除率为 68%～75%。综上所述，TN 和 COD 去除性能的差异可能取决于污水处理厂的地理位置（Shchegolkova et al.，2016；Wang et al.，2013），也可能是不同工艺设计、操作参数和污水组成造成的（Wang et al.，2014a；Sekiguchi et al.，2002）。

表 3.1　18 座污水处理厂的地理位置、污水处理工艺和主要化学特性

WWTP	地理位置	进水 TN 浓度/（mg/L）	出水 TN 浓度/（mg/L）	TN 去除率/%	进水 COD 浓度/（mg/L）	出水 COD 浓度/（mg/L）	COD 去除率/%	污水处理工艺
BSQ	西部-陕西省	41.0±2.1	10.3±2.8	74.9	280±14.0	18±1.5	93.6	氧化沟
GZ	南部-广东省	35.0±3.0	20.0±1.5	42.9	250±2.5	40±2.4	84.0	A/A/O
HS	西部-陕西省	31.0±3.1	16.0±2.0	48.3	560±16.5	32±10.7	94.3	A/A/O
JJ	南部-福建省	20.5±3.5	6.0±0.2	70.7	127±7.5	16±1.7	87.4	氧化沟
LC	东部-山东省	70.0±8.0	15.0±0.3	78.6	290±25.0	20±3.3	93.1	A/A/O
LZ1	西部-甘肃省	70.5±1.5	17.8±0.8	74.8	1133±113.4	37.5±3.6	96.7	氧化沟
LZ2	西部-甘肃省	59.6±2.4	15.8±2.8	73.5	367±30.5	31.0±5.3	91.6	A/A/O
SS	南部-福建省	14.2±0.2	10.9±0.7	23.2	91±9.4	14.0±0.5	84.6	氧化沟
TJ1	东部-天津市	57.8±2.6	9.2±1.0	84.0	275±9.6	10.5±0.6	96.2	A/A/O
TJ2	东部-天津市	64.4±1.4	16.3±0.4	74.7	312±43.5	29±1.9	90.7	A/A/O

续表

WWTP	地理位置	进水 TN 浓度/（mg/L）	出水 TN 浓度/（mg/L）	TN 去除率/%	进水 COD 浓度/（mg/L）	出水 COD 浓度/（mg/L）	COD 去除率/%	污水处理工艺
TY1	北部-山西省	53.4±7.4	11.0±0.0	79.4	415±3.0	26±5.2	93.7	A/A/O
TY2	北部-山西省	44.8±2.3	12.0±1.0	73.2	360±39.0	24±3.1	93.3	A/A/O
TY3	北部-山西省	53.6±8.7	10.5±1.5	80.4	403±15.5	24±6.6	94.0	A/A/O
WH	南部-湖北省	18.2±2.8	13.5±2.5	25.8	104±17.0	5.7±0.5	94.5	A/A/O
WW	西部-陕西省	53.6±4.6	10.7±1.3	80.0	253±40.3	16±3.6	93.7	A/A/O
XM1	南部-福建省	45.5±2.3	17.8±1.2	60.9	320±7.5	32±2.5	90.0	A/A/O
XM2	南部-福建省	37.3±2.2	16.3±0.7	56.3	240±19.0	22±0.9	90.8	A/A/O
YL	西部-陕西省	54.2±13.2	9.8±0.9	82.0	265±5.5	19±4.4	92.8	A/A/O

2. *nirS* 型反硝化细菌群落的基因丰度和多样性

在所有活性污泥样本中，*nirS* 基因丰度为 $4.6×10^2 \sim 2.4×10^3$ 拷贝数/ng DNA（图 3.1）。TY1 中 *nirS* 基因丰度最高，约是 LZ1 的 5.2 倍（$P<0.01$），但低于 Wang 等（2014b）先前报道的 $2.72×10^4 \sim 2.14×10^5$ 拷贝数/ng DNA。研究结果不同的最主要原因是选取的污水处理厂污水参数明显不同（Zhang et al.，2012）。研究表明，*nirS* 基因的丰度是反硝化作用的关键影响因素之一，丰度的高低将影响反硝化细菌对氮素的去除率（Liu et al.，2015）。本小节 TN 去除率与 *nirS* 丰度无显著相关性（$P>0.05$），这是因为污水处理厂中 TN 主要由氨氮和硝酸盐氮组成，它们的去除依赖于反硝化过程，所以增强反硝化基因表达非常重要。将反硝化活性和污水

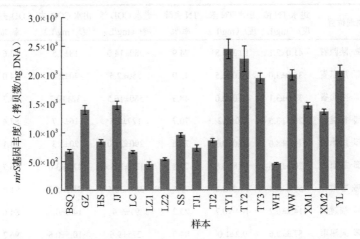

图 3.1　不同地理位置的 18 座污水处理厂活性污泥样本中 *nirS* 基因丰度

（Zhang et al.，2019）

处理过程的可持续状态与 *nirS* 基因丰度联系起来，对于污水处理至关重要。例如，可以通过调节碳氮比（C 与 N 质量比，用 C/N 表示）和溶解氧浓度来增加活性污泥中 *nirS* 基因丰度。

　　鉴定出的高质量序列共 259097 条，每个样本平均序列有 14394 条（10171～18817）。读取长度为 221～560bp，平均长度为 392bp。所有序列分为 4370 个 OTU，北部地区最大（*P*<0.05）。如表 3.2 所示，18 座 WWTP 的 *nirS* 反硝化细菌群落多样性指数各不相同。反硝化细菌群落的 ACE 指数为 144～460。TY3 的 Chao 1 指数最高，约为 HS 的 2.82 倍。YL 的香农指数最高，为 4.32，WH 的香农指数最低，为 2.76。从地理位置来看，各地区活性污泥中覆盖率变化不明显，均在 99% 以上。北部地区 ACE 指数为 362±49，约是东部地区的 1.48 倍（*P*<0.01），南部地区的香农指数最低（*P*<0.05）。对比分析发现，随着纬度的升高，反硝化细菌群落 ACE 指数降低，而多样性指数与纬度没有显著相关性。这与 Liu 等（2015）研究的不同地理位置土壤中真菌群落结构分布一致，系统中种群数量随着纬度的降低而增加。综上所述，*nirS* 型细菌群落的多样性是污水处理厂 TN 去除率的良好预测指标，而 COD 去除率与多样性指数无显著相关性（*P*>0.05），表明反硝化细菌群落多样性受氮源的影响大于碳源，群落多样性可能影响活性污泥的污水净化性能（Zhang et al.，2012）。

表 3.2　18 座不同地区污水处理厂活性污泥中 *nirS* 型反硝化细菌群落多样性指数
（Zhang et al.，2019）

WWTP	0.97 水平				
	ACE 指数	Chao 1 指数	香农指数	辛普森指数	覆盖率/%
BSQ	323	321	3.75	0.05	99.3
GZ	273	263	3.10	0.11	99.4
HS	144	163	3.32	0.07	99.8
JJ	297	313	3.34	0.07	99.3
LC	206	206	3.47	0.07	99.6
LZ1	289	297	3.56	0.06	99.3
LZ2	345	344	3.66	0.06	99.2
SS	368	371	4.31	0.03	99.3
TJ1	341	353	3.83	0.04	99.2
TJ2	186	186	3.19	0.08	99.6
TY1	321	324	4.06	0.03	99.4
TY2	307	322	4.06	0.04	99.4
TY3	460	459	4.20	0.03	99.0
WH	247	207	2.76	0.14	99.5

WWTP	0.97 水平				
	ACE 指数	Chao 1 指数	香农指数	辛普森指数	覆盖率/%
WW	364	356	4.11	0.04	99.3
XM1	190	192	3.09	0.09	99.6
XM2	313	307	3.83	0.04	99.4
YL	398	387	4.32	0.03	99.2
西部地区（$n=6$）	310 ± 37B	311 ± 32B	3.79 ± 0.15B	0.05 ± 0.01B	99.4 ± 0.1B
东部地区（$n=3$）	244 ± 49C	248 ± 53C	3.50 ± 0.19C	0.06 ± 0.01B	99.6 ± 0.1A
北部地区（$n=3$）	362 ± 49A	368 ± 45A	4.10 ± 0.05A	0.03 ± 0.00C	99.3 ± 0.1A
南部地区（$n=6$）	281 ± 25B	275 ± 28B	3.41 ± 0.23C	0.08 ± 0.02A	99.4 ± 0.1A
ANOVA	**	*	*	**	NS

注：这些数据是根据每个活性污泥样品的 9631 个序列计算的。*表示 $P<0.05$，**表示 $P<0.01$，说明具有显著性；NS 表示没有统计学意义（$P>0.05$）。BSQ、HS、LZ1、LZ2、WW 和 YL 属于西部地区；LC、TJ1 和 TJ2 属于东部地区；TY1、TY2 和 TY3 属于北部地区；GZ、JJ、SS、WH、XM1 和 XM2 属于南方地区。

3. *nirS* 型反硝化群落组成

变形杆菌门在所有活性污泥样品中均为优势菌门，数量占 46.23%（17.98%～87.07%）。这与 Zhang 等（2012）研究的来自亚洲和北美洲的其他 14 座污水处理厂 AS 样品的分析结果一致。在所有样本中，未分类序列有 38.23%，这与 Wang 等（2014b，2012）观察到的样本中未分类序列所占比例大致相当。利用 RDP 共生成 15 个目，在目水平上的 5 个优势菌群依次为伯克氏菌目（Burkholderiales，34%）、红环菌目（Rhodocyclales，26%）、假单胞菌目（Pseudomonadales，17%）、红杆菌目（Rhodobacterales，11%）和黄色单胞菌目（Xanthomonadales，10%）。Wang 等（2012）研究表明，在 14 座分布于不同地理位置的污水处理厂 AS 中，伯克氏菌目、红环菌目和黄色单胞菌目较为常见，与本节研究结果一致。与 Zhang 等（2012）之前研究结果不同，北美地区 AS 中的伯克氏菌目和鞘氨醇杆菌目（Sphingobacteriales）数量较多，我国根瘤菌目（Rhizobiales）和浮霉菌目（Planctomycetales）数量较多。不一致最主要的原因是样品测序过程中使用的 PCR 引物不同。Zhang 等（2012）选择正向引物 563F 和混合反向引物（R1、R2、R3、R4）进行 PCR 扩增，混合引物可以扩增更多的细菌种类。

图 3.2 是不同地理位置的 18 座 WWTP 活性污泥中 *nirS* 型反硝化细菌群落在目水平上的相对丰度，其中伯克氏菌目在 TJ2 中占 90%，在 YL 中占 10%，在 YL 中占主导地位的是红环菌目（83%）。红环菌目的相对丰度与纬度呈显著正相关

（r=0.419，P=0.042），而其他类群在目水平上的相对丰度均与纬度无关。因此，$nirS$ 型反硝化细菌群落在 4 个地理区域和 18 座 WWTP 中的优势菌群是不同的。$nirS$ 型反硝化细菌的相对丰度可能受高纬度地区低温的影响；同时，由于我国高原地区污水处理厂温度较低，反硝化细菌数量相对较少（Fang et al.，2018）。在工程中，WWTP 中微生物的生物地理格局可以通过温度和溶解氧等操作参数来调控（Liu et al.，2015）。

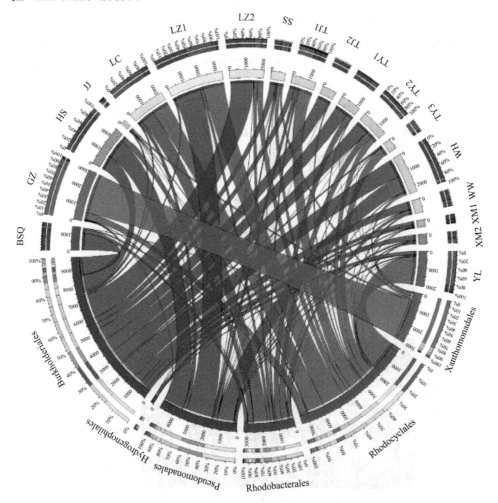

图 3.2　不同地理位置的 18 座 WWTP 活性污泥中 $nirS$ 型反硝化细菌群落在目水平上的相对丰度（Zhang et al.，2019）

　　为了进一步探索 $nirS$ 型反硝化细菌种群结构，用热图来表示活性污泥中 $nirS$ 型反硝化细菌群落在属水平上的相对丰度（图3.3）。结果表明，不同 WWTP 的反硝化细菌群落组成存在显著性差异。反硝化细菌的优势菌属主要有副球菌属

（*Paracoccus*）、假单胞菌属（*Pseudomonas*）、罗思河小杆菌属（*Rhodanobacter*）、嗜脂环物菌属（*Alicycliphilus*）和陶厄氏菌属（*Thauera*）。这与 Wang 等（2012）之前的研究一致，他们发现 WWTP 中的主要反硝化细菌为副球菌属和陶厄氏菌属。本节从好氧池中采集活性污泥，基于 *nirS* 基因反硝化细菌群落结构的研究无法确定这些反硝化细菌的代谢性能（如胞内酶活性和去除碳、氮途径）。在其他污水处理厂中观察发现，假单胞菌属占据主导地位，且一些具有较高脱氮能力的好氧假单胞菌已被分离出来，如门多萨假单胞菌（*Pseudomonas mendocina*）和施氏假单胞菌（*Pseudomonas stutzeri*）（Srinandan et al.，2011）。此外，副球菌属和假单胞菌属在高浓度氮负荷条件下具有异养硝化能力（Srinandan et al.，2011；Takaya et al.，2003）。

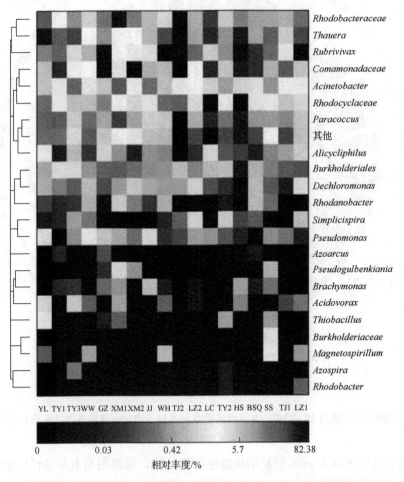

图 3.3　不同地理位置的 18 座污水处理厂活性污泥中 *nirS* 型反硝化细菌群落在属水平上的相对丰度（Zhang et al.，2019）

由图 3.4（a）可知，*nirS* 反硝化细菌群落在西、东、北、南四个地区的污水处理厂的分布具有显著差异性。嗜脂环物菌属在西部（36%）和北部（48%）占主导地位，明显高于东部和南部（$P<0.01$）；罗思河小杆菌属在南部占主导地位（47%）（$P<0.01$）；东部地区陶厄氏菌属（*Thauera*）所占比例最大（25%）（$P<0.01$）。从污水处理工艺（A/A/O 和氧化沟）方面对比分析，发现 *nirS* 反硝化细菌群落分布受工艺类型影响。虽然 A/A/O 和氧化沟系统中反硝化细菌 OTU 总数相等，但在氧化沟系统中，假单胞菌属、嗜脂环物菌属和陶厄氏菌属占总测序数量的比例分别为 34%、23% 和 22%；在 A/A/O 系统中，嗜脂环物菌属、陶厄氏菌属和假单胞菌属的比例分别为 26%、19%、16%［图 3.4（b）］。这一现象与之前的一些研究结果有差异。例如，Hu 等（2012）认为 A/A/O 系统中微生物的群落组成要大于氧化沟系统；Xu 等（2017）根据测序数据观察到，陶厄氏菌属在氧化沟系统中更占优势。本节的研究结果表明，污水处理厂的位置分布和工艺类型均对 *nirS* 型反硝化细菌群落结构有显著影响。

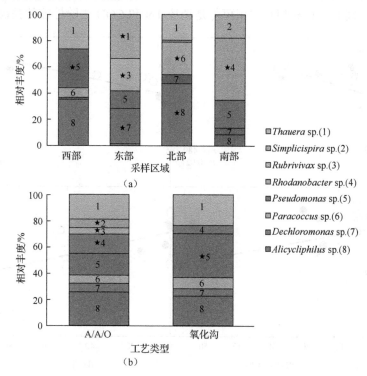

图 3.4 污水处理厂活性污泥中 *nirS* 反硝化细菌在属水平上的相对丰度
（Zhang et al.，2019）

（a）按不同地理位置划分；（b）按不同污水处理工艺划分；
★表示在 0.05 水平上具有显著性差异；部分属相对丰度较低，未在直方图上标注

　　如图 3.5 所示,对最丰富的菌属相对丰度进行回归分析。在不同地理位置的 18 座污水处理厂中,TN 去除率与副球菌属(r=0.480,P=0.021)和陶厄氏菌属(r=0.472,P=0.024)的相对丰度成正比,而与假单胞菌属(r=-0.416,P=0.043)和罗思河小杆菌属(r=-0.496,P=0.018)的相对丰度呈负相关。网络分析被广泛用于微生物群落变化和共存模式的评估。利用共生网络分析,发现 COD 去除率与副球菌属、简单螺旋形菌属(*Simplicispira*)、食酸菌属(*Acidovorax*)的相对丰度呈显著正相关(P<0.05)。为进一步探索类群间共存模式、识别生物的潜在相互作用,进行共生网络分析,将网络半径和连通分量分别定为 1 和 6,结果表明红长命菌属(*Rubrivivax*)的相对丰度与假单胞菌属呈正相关(P<0.05),与磁罗菌属(*Magnetospirillum*)呈负相关(P<0.05)(图 3.6)。在所有 AS 样品中,随着磁罗菌属相对丰度增加,红长命菌属相对丰度会降低,而假单胞菌属相对丰度随之增加。因此,反硝化细菌之间的共存和相互作用对于调控污水处理系统中氮素和有机碳的去除具有重要意义。综上所述,在不同地理位置分布的污水处理厂中,优势菌属之间的共存和相互作用可能是调控 TN 和 COD 去除性能的关键。

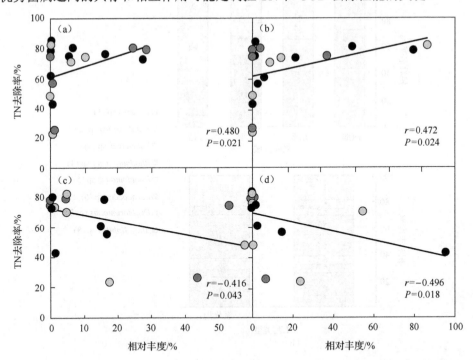

图 3.5　不同地理位置的 18 座污水处理厂 TN 去除率与 *nirS* 型反硝化细菌群落相对丰度关系
(Zhang et al.,2019)

(a)副球菌属;(b)陶厄氏菌属;(c)假单胞菌属;(d)罗思河小杆菌属;不同圆点分别表示不同的污水处理厂

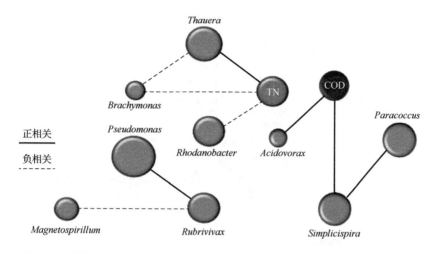

图 3.6　不同地理位置的 18 座污水处理厂中 *nirS* 型反硝化细菌在属水平上的
共生网络分析（*P*<0.01）（Zhang et al.，2019）

4. 反硝化细菌群落与污水水质和地理位置间的联系

如图 3.7 所示，利用多元统计分析进一步揭示污水处理厂不同地理位置和污水特性对 *nirS* 型反硝化细菌群落多样性的影响。前两个主成分（PC1 和 PC2）可以解释总变异的 45.7%，PC1 解释总变异的 25.1%，PC2 解释总变异的 20.6%[图 3.7（a）]。主成分分析表明，18 座污水处理厂 *nirS* 型反硝化细菌菌群落结构具有特异性。

活性污泥样品主要有 20 个优势菌属，如陶厄氏菌属、嗜脂环物菌属和罗思河小杆菌属等。根据蒙特卡罗试验，对前 8 种优势 *nirS* 型反硝化细菌的 TN 和 COD 的进/出水浓度和去除率进行冗余分析 [图 3.7（b）]。RDA1 和 RDA2 分别占反硝化细菌群落组成总变异的 54.0% 和 28.9%。*nirS* 型反硝化细菌群落组成的变化与出水 TN 浓度有显著相关性。地理位置和污水性质共同作用形成了群落多样性格局。He 等（2018）发现，污水处理厂中氨氧化细菌群落组成不受地理分布的显著调控，而受 TN 浓度等污水性质的调控。本节还发现副球菌属和嗜脂环物菌属的相对丰度与出水 COD 浓度呈正相关。Wang 等（2013）之前也发现了类似的关系，他们认为 COD 的负荷率是活性污泥菌群功能结构的一个重要驱动因素。与细菌和真菌群落相比，*nirS* 型反硝化细菌的 OTU 相对较低。因此，污水处理厂系统中其他基因型（如 *narG*、*nosZ*、*nirK* 等）的反硝化细菌群落结构和丰度有待进一步研究。

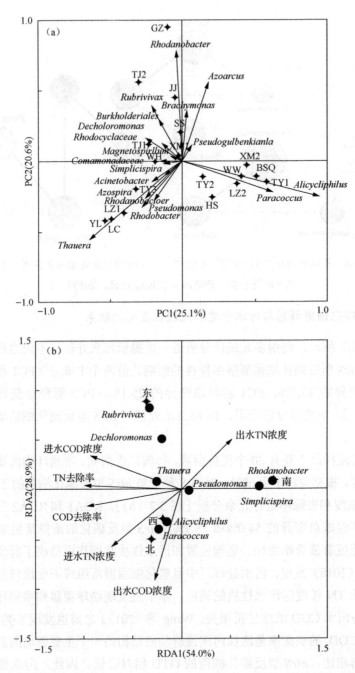

图 3.7　不同地理位置的 18 座 WWTP 活性污泥中 *nirS* 型反硝化细菌群落在
属水平多元统计分析（Zhang et al.，2019）

（a）主成分分析（PCA）；（b）优势菌属、TN 和 COD 进/出水浓度和去除率冗余分析（RDA）

综上所述，qRT-PCR 和 DNA 测序的联合应用为了解 18 座 WWTP 中 *nirS* 型反硝化细菌群落的地理分布和 *nirS* 基因丰度提供了全面的见解。

（1）检测基因的丰度为 $4.6 \times 10^2 \sim 2.4 \times 10^3$ 拷贝数/ng DNA；所有样品的测序数据共 259097 条序列，划分为 4370 个 OTU，其中变形菌门占主导地位。

（2）优势菌群依次为伯克氏菌目、红环菌目、假单胞菌目、红杆菌目和黄色单胞菌目。红环菌目的 ACE 指数和相对丰度随纬度的增加而降低，多样性指数则受脱氮特性的影响。

（3）相对丰度图分析表明，不同 WWTP 间的反硝化细菌群落差异显著。网络分析进一步了解了反硝化细菌在属水平上的共存和相互作用。

（4）地理位置和两种污水处理系统的污水性质共同影响了 18 座 WWTP 中 *nirS* 型反硝化细菌群落结构，这对污水处理厂的污水处理有重要意义。

3.2　基于 ^{13}C 稳定同位素标记诊断好氧反硝化细菌代谢通路

3.2.1　研究对象及意义

随着工农业的迅速发展与人类生活水平的提高，水生生态系统中的氮素污染问题日益严重，对水生生物与人体健康造成巨大危害（Galloway et al.，2008；Camargo and Alonso，2006； Rouse et al.，1999）。生物脱氮是减少氮素污染的最有效方法之一，但传统生物脱氮一般是在溶解氧较少的情况下通过厌氧反硝化细菌在水环境中完成的，处理工艺流程较长，占地面积较大。近年来的一些研究表明，大量反硝化细菌可在好氧条件下完成生物脱氮过程，使污水净化处理工艺占地面积减少，节约了成本。

近年来，国内外越来越多的好氧反硝化菌株被成功筛分。迄今为止，许多新的好氧反硝化细菌菌株广泛存在于多种环境生态系统中，特别是在湖库海洋沉积物、废水、活性污泥和河流生物膜中（徐晨岚等，2018；Zhang et al.，2018；孙庆花等，2016；刘燕等，2010）。以前的研究主要是对好氧反硝化细菌进行筛选、鉴定及分析脱氮性能。Zhang 等（2018）筛选出的一株高效好氧反硝化细菌善变副球菌（*Paracoccus versutus*）KS293，氮平衡分析发现，总氮去除率为 83.33%。

碳源、氮源种类对好氧反硝化速率有明显的影响。有研究人员对反硝化功能基因（如 *napA*、*nirS*、*narG* 和 *nirK*）进行研究，以探索氮素释放途径。刘兴等（2018）通过 PCR 扩增和琼脂糖凝胶电泳对铜绿假单胞菌 YY24 的关键酶基因（*amoA*、*napA*、*narG*、*nirK*、*nirS*、*cnorB*、*qnorB*、*nosZ*、*nifH*）进行研究，发现该菌株的亚硝酸还原酶基因类型为细胞色素 cd1 的亚硝酸盐还原酶 *nirS*，能够将 NO 催化转化为 N_2O 的一氧化氮还原酶基因类型是 *qnorB*。另外，利用 ^{15}N 标记底物的方法可以对反硝化作用产生的 N_2 进行鉴定与确认。关于好氧反硝化细菌碳中心代谢途径的研究鲜见报道。

本节筛选出一株高效好氧反硝化细菌并鉴定其种属，评估其脱氮特性并对其反硝化条件进行优化，利用 ^{13}C 稳定同位素标记诊断该好氧反硝化细菌的代谢通路，探究其对实际污水的处理效率。

3.2.2　实验材料

研究区位于陕西省西安市和延安市。2018 年 4 月，采集延安市红庄水库、西安市兴庆宫公园、西安市第四污水处理厂的沉积物或活性污泥，装入无菌聚乙烯瓶，在 24h 内（8℃）运回实验室。在超净工作台上，将 150mL 新鲜样品悬浮于 500mL 液体反硝化培养基（denitrification medium，DM）中。将 15 颗灭菌玻璃珠放入培养瓶中，以 120r/min 振荡，使溶解氧（dissolved oxygen，DO）浓度维持在 4～6mg/L、在 30℃、黑暗条件下富集。连续培养 21d 后，采用超声波辅助分离技术分离混合培养的反硝化细菌。根据文献（Zhang et al.，2018；康鹏亮等，2018），选择额定功率为 500W 的超声波发生器，并将额定功率百分比调整到 40%，分别对悬浮液进行超声处理 0s、10s、20s、30s 和 40s。用 10 倍连续稀释法将底泥悬浮液稀释到 10^{-3}，然后将 0.1mL 的 10^{-5} 和 10^{-6} 悬浮液涂在固体 DM 上。将接种后的固体 DM 放入温度为 30℃的生化培养箱中，直至菌落形成。连续划线接种 4 次后，确保为纯菌。将纯菌接种到液体培养基中，检测其脱氮效果，得到一株脱氮效果较好的好氧反硝化细菌（从西安市第四污水处理厂筛分得到）。

普通葡萄糖：$C_6H_{12}O_6$，分析纯。

同位素标记葡萄糖：*D*-glucose-1, 2-^{13}C。

3.2.3　实验方法

1. 好氧反硝化细菌生长和脱氮特性测定

为确定筛选分离得到的好氧反硝化细菌生长特性，将该菌株的 10mL 种子培养物接种于新鲜液体 DM 中活化 24h。将活化好的菌液在对数期（$OD_{600}=0.4$）接种于新鲜液体 DM（100mL）中，在 30℃、120r/min 的黑暗培养箱中培养。定期（每隔 3h）取培养物进行测定，用紫外分光光度计测定菌株的细胞光密度（OD_{600}）；使用 TOC 分析仪测量总有机碳（total organic carbon，TOC）浓度。为探讨该菌好氧反硝化能力，采用 KNO_3 作为唯一氮源，在液体 DM 中进行摇瓶实验。在培养过程中，通过移液枪使用灭菌枪头定期取样，然后在 8000r/min 下离心 10min，选取上清液,过 0.22μm 滤膜后分析硝氮(NO_3^--N)、氨氮(NH_4^+-N)、亚硝氮(NO_2^--N)和 TN 浓度。每次测定三组平行样 ($n=3$),对该菌株进行氮平衡分析。

2. 好氧反硝化细菌的鉴定

细菌基因组 DNA 提取、洗脱后进行 PCR 扩增。扩增所用引物为 27F (5′-AGAGTTTGATCCTGGCTCAG-3′)和 1492R (5′-CTACGGCTACCTTGTTACGA-3′)。使用 0.2mL 离心管作为 PCR 扩增反应体系(50.0μL):20ng/μL 的基因组 DNA 1.0μL,含 2.5mmol Mg^{2+}的 10×缓冲液 5.0μL,5u/μL 的 Taq 聚合酶 1.0μL,10mmol 的 dNTP 1.0μL,10μmol 的 27F 和 1492R 引物各 1.5μL,ddH₂O 39.0μL。在 PCR 扩增仪上进行 PCR 扩增:预变性 95℃,5min;变性 95℃,30s;退火 58℃,30s;延伸 72℃,90s,35 个循环;终延伸 72℃,7min 35s。用 1%琼脂糖凝胶电泳检测 PCR 产物,确认 PCR 扩增片段。用 DNA 凝胶回收试剂盒回收 PCR 产物。取各个菌种纯化后的 PCR 产物,使用测序仪进行 DNA 测序。

3. 基于 ^{13}C 代谢通路的诊断

实验之前,在培养皿上得到纯的细菌,确定细菌是纯菌。具体操作如下:

(1)在超净工作台上,将单菌落接种到装有液体 DM 的三角瓶中,在 30℃、120r/min 培养 24h,得到菌液;

(2)用无菌水配制含有 ^{13}C-葡萄糖的 DM(所用葡萄糖含量保证与丁二酸钠作碳源时 TOC 一致),过滤除菌(过滤注射器);

(3)将菌液(10%)接种到含有 ^{13}C-葡萄糖的 DM(10~15mL)中,用封口膜对培养试管封口,30℃、120r/min 培养,测定 OD_{600};

(4)当 OD_{600} 达到 1 左右时,用无菌移液管取样 8~10mL,放入离心管中,离心收集菌细胞 2~3mg,用 0.9%的 NaCl 溶液洗 2 次;

(5)向离心得到的菌体加入 1~1.5mL 的 HCl 溶液(6mol/L),在 100℃水解 18h,离心,于通风橱中吹干;

(6)加入 150μL 的四氢呋喃(THF)和 150μL 的衍生化级 N-(叔丁基二甲基硅基)-N-甲基三氟乙酰胺(TBDMS),放置在 70℃下 1h,离心,上清液是淡茶色(若为深茶色,需要稀释),装入色谱样品瓶;

(7)进行 GC-MS 检测分析。

4. 反硝化优化参数的设计

为了优化该菌株的反硝化性能参数,采用 Box-Behnken 响应曲面法(response surface methodology,RSM)对培养条件调节的 TN 去除率(响应)进行建模和预测。选择 pH、温度、C/N 和转速四个变量,并以三个水平(表 3.3)进行 29 组独立的实验测量（表 3.4），测定该菌株在不同条件下将硝态氮转化为气态氮的比例。利用 Design Expert 软件（v7.1.5）构建响应曲面模型，得到培养变量的优化条件。

表 3.3　Box-Behnken 统计实验中变量的设计（Zhang et al.，2020）

变量	样本	水平		
		−1	0	+1
C/N	X_1	3	6	9
转速/（r/min）	X_2	60	95	130
温度/℃	X_3	15	25	35
初始 pH	X_4	5	7	9

注：低（−1），中（0），高（+1）。

表 3.4　Box-Behnken 设计的 29 组实验（Zhang et al.，2020）

组别	C/N X_1	转速/（r/min） X_2	温度/℃ X_3	初始 pH X_4	总氮去除率/%
1	3（−1）	60（−1）	25（0）	7（0）	50.44
2	3（−1）	95（0）	15（−1）	7（0）	18.79
3	3（−1）	95（0）	25（0）	5（−1）	23.63
4	3（−1）	95（0）	25（0）	9（+1）	44.02
5	3（−1）	95（0）	35（+1）	7（0）	56.91
6	3（−1）	130（+1）	25（0）	7（0）	46.88
7	6（0）	60（−1）	15（−1）	7（0）	60.66
8	6（0）	60（−1）	25（0）	5（−1）	31.99
9	6（0）	60（−1）	25（0）	9（+1）	75.56
10	6（0）	60（−1）	35（+1）	7（0）	82.21
11	6（0）	95（0）	15（−1）	5（−1）	25.67
12	6（0）	95（0）	15（−1）	9（+1）	44.45
13	6（0）	95（0）	25（0）	7（0）	79.24
14	6（0）	95（0）	25（0）	7（0）	78.69
15	6（0）	95（0）	25（0）	7（0）	72.74
16	6（0）	95（0）	25（0）	7（0）	75.39
17	6（0）	95（0）	25（0）	7（0）	79.37
18	6（0）	95（0）	35（+1）	5（−1）	23.83
19	6（0）	95（0）	35（+1）	9（+1）	65.35
20	6（0）	130（+1）	15（−1）	7（0）	41.32
21	6（0）	130（+1）	25（0）	5（−1）	24.07

续表

组别	C/N X_1	转速/(r/min) X_2	温度/℃ X_3	初始 pH X_4	总氮去除率/%
22	6 (0)	130 (+1)	25 (0)	9 (+1)	74.24
23	6 (0)	130 (+1)	35 (+1)	7 (0)	75.64
24	9 (+1)	60 (-1)	25 (0)	7 (0)	71.17
25	9 (+1)	95 (0)	15 (-1)	7 (0)	42.22
26	9 (+1)	95 (0)	25 (0)	5 (-1)	32.78
27	9 (+1)	95 (0)	25 (0)	9 (+1)	69.05
28	9 (+1)	95 (0)	25 (0)	7 (0)	69.18
29	9 (+1)	130 (+1)	25 (0)	7 (0)	75.64

5. 对实际污水 TN 和 COD 的去除

为了评价该菌的应用潜力，通过摇瓶实验对接种到污水处理厂污水中单菌的 TN 和 COD 去除性能进行测定。以西安市生活污水处理厂（如 WWTP-4、WWTP-5、WWTP-9）的污水为样本，在 6h 内送至实验室，然后分别接种该菌的种子培养物（OD_{600}=0.4，体积分数 10%）。在 30℃、120r/mim 培养 24h 和 72h 后，分别测定 TN 和 COD 去除率。

3.2.4　结果与分析

1. 菌株的鉴定

通过 Blast 程序与 GenBank 数据库中的序列进行比对，用 NCBI Blast 将拼接后的序列文件与 NCBI 数据库中的序列进行比对，得到与待测菌株序列相似性最大的物种信息，即为鉴定结果。经鉴定发现，该菌为脱氮副球菌（*Paracoccus denitrificans*），并将其命名为 *Paracoccus denitrificans* Z-195（Zhang et al.，2020）。将菌株测序结果上传到 GenBank 数据库，登录号为 MK134869。

2. 菌株好氧反硝化能力的测定

如图 3.8 所示，在好氧条件下（DO 浓度为 6.5～9mg/L），对菌株 Z-195 的细胞生长情况和好氧反硝化能力进行评估。由图 3.8（a）、（b）可知，接种后菌株生长有明显的迟缓期（约前 9h），此时 NO_3^--N、TN 和 TOC 浓度降低速率较缓慢。在 9～42h，菌株 Z-195 的 OD_{600} 从 0.146 急剧增长到 1.211，生长速率较大；同时，NO_3^--N、TN 和 TOC 的去除速率快速提高，这表明碳氮去除效果与菌株的生长显著正相关。在菌株快速生长阶段（对数生长期），NO_3^--N 浓度快速下降，菌株 Z-195

的反硝化速率为 4.53mg/（L·h）。42h 时，NO_3^--N、TN 和 TOC 去除率分别达到 90.19%、98.13%和 95.81%。

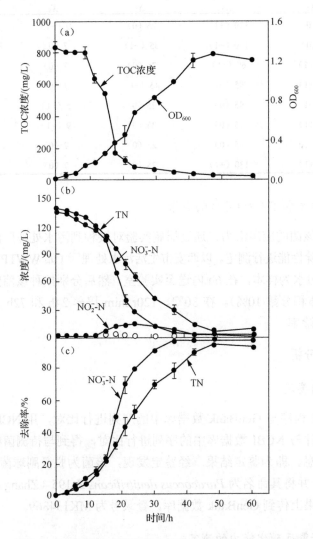

图 3.8　菌株 Z-195 的好氧反硝化能力及生长曲线图（Zhang et al.，2020）

（a）生长曲线（OD_{600}）及 TOC 浓度曲线；（b）菌株 Z-195 不同形态氮降解曲线；
（c）菌株 Z-195 的硝氮和总氮去除率

在此阶段，菌株 Z-195 有少量的 NH_4^+-N 产生和 NO_2^--N 积累现象，随后又消失。NO_3^--N 转化为 NH_4^+-N 曾在土壤中被发现（Baggs，2008），在液体介质中的研究鲜见报道，具体原因需进一步探究。NO_2^--N 的积累是好氧反硝化过程中不可避免的现象，当 NO_3^--N 为唯一氮源时，这一结果与葡萄汁有孢汉逊酵母

（*Hanseniaspora uvarum*）KPL108 在反应过程中 NO_2^--N 积累随后又消失的结果一致（Zhang et al.，2018）。

在 42h 以后，菌株进入稳定期。48h 时菌株 Z-195 达到衰亡期，OD_{600} 开始下降，氮去除率大致稳定，不再发生变化，变化规律与以往报道的一些研究结果大致相同（Zhang et al.，2018）。培养 60h 后氮质量的变化和氮平衡分析表明，20.53% 的消耗硝酸盐氮转化为生物体氮，71.88% 的初始氮以气态氮（如 NO 和 N_2O）损失。氮平衡分析结论表明，氮的去除主要是由于菌株 Z-195 的好氧反硝化作用。

利用菌株 Z-195 的氮平衡，分析研究氮素转化途径。如表 3.5 所示，氮平衡显示 4.25mg 氮在代谢用于生物量合成，14.88mg 氮转化成气态氮，氮损失率为 71.9%。在以往报道中，好氧反硝化细菌菌株将氮转化成气态产物的效率，*Agrobacterium* sp. LAD9 为 50.1%（Ma et al.，2016），比菌株 Z-195 低，与 *Enterobacter cloacae* HNR 的 70.8%（Guo et al.，2016）效率相近。此外，*Acinetobacter* sp. HA2（Yao et al.，2013）、*Paracoccus versutus* LYM（Shi et al.，2013）和 *Agrobacterium* sp. LAD9（Ma et al.，2016）分别将 49%、50% 和 41% 的氮转化成生物量，比菌株 Z-195（20.5%）高出较多。综上所述，菌株 Z-195 能够将较多 NO_3^--N 转化为氮气，将较少量的 NO_3^--N 同化成生物量，这有利于污水处理和污泥减量。

表 3.5　*Paracoccus denitrificans* Z-195 在有氧条件下的氮平衡（Zhang et al.，2020）

（单位：mg）

物质	初始 TN 量	最终 N 量				细胞中的 N 量	N 损失量
		NO_3^--N	NO_2^--N	NH_4^+-N	有机 N		
NO_3^--N	20.7 ± 0.37	0.32 ± 0.01	0.02 ± 0.01	0.02 ± 0.02	0.94 ± 0.03	4.25 ± 0.17	14.88 ± 0.18

注：表中数值表示均值±标准差（SD）（n=3）。

3. 代谢通路研究

如图 3.9 所示，以葡萄糖为碳源，测定了菌株 Z-195 的生长曲线与 TOC 去除性能。结果发现 0～9h 菌株生长缓慢，9～24h 菌株进入对数生长期，OD_{600} 由 0.236 快速生长到 1.554；TOC 浓度从 3h 以后快速降低，30h 时去除率达到 95.96%，降解速率为 30.02mg/（L·h）。该菌株以葡萄糖为碳源时，比以丁二酸钠为碳源时生长得好，但 TOC 去除率差别不大，总体趋势基本一致。说明以葡萄糖为碳源时，菌株 Z-195 生长代谢特性与以丁二酸钠为碳源时基本吻合。

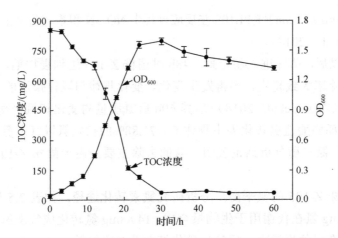

图 3.9　以葡萄糖为碳源的菌株生长曲线及总有机碳浓度曲线

使用 D-glucose-1,2-^{13}C 同位素标记葡萄糖，研究菌株 Z-195 的中心碳代谢途径（图 3.10）。代谢过程主要进行卡尔文循环和三羧酸（tricarboxylic acid，TCA）循环。根据 Tang 等（2011a）的研究可知，碳水化合物主要有三种代谢途径：戊糖磷酸途径（pentose phosphate pathway，PPP）、糖酵解（embden-meyerhof-parnas pathway，EMP 途径）和 2-酮-3-脱氧-6-磷酸葡糖酸途径（也称为 Entner-Doudoroff 途径，简称为 ED 途径）。本节菌株首先发生葡萄糖磷酸化反应，即细胞利用能量将葡萄糖转化为葡萄糖-6-磷酸（G6P）；随后菌株生长代谢过程中主要将底物转化为生物质和能量（伴随 CO_2 的产生）。在系列反应中（图 3.10），3%的 G6P 异构化，通过 EMP 进行卡尔文循环；2%的 6-磷酸葡萄糖酸通过氧化 PPP 途径（oxidative PP pathway）（Tang et al.，2011b）进行卡尔文循环，其间伴随着磷酸化反应释放 CO_2；95%的 6-磷酸葡萄糖酸通过 ED 途径将底物逐步转化，最终生成 GAP 和 PYR。由图 3.11 可知，三种途径均进行卡尔文循环，生成产物 GAP。ED 途径为好氧微生物的主要途径，与其他菌（假单胞菌、副球菌、红球杆菌等）（Tang et al.，2011a，2011b；Fuhrer et al.，2005）的一些研究结果一致。Fuhrer 等（2005）对具有不同代谢方式（好氧、厌氧，光合异养、化学异养）的 7 种细菌进行研究，发现 ED 途径几乎是独有的分解代谢途径，PPP 仅表现为生物的合成。Gonway（1992）对运动发酵单胞菌、大肠杆菌和铜绿假单胞菌代谢通路进行研究，认为 ED 途径比 EMP 途径更加原始。ED 途径的产能水平较低，因此葡萄糖快速降解可能是补偿 ED 途径热力学低效率而产生的现象（王洪杰，2013；Molenaar et al.，2009）。生成的丙酮酸是由卡尔文循环进入 TCA 循环的关键产物，这一过程是固碳的重要步骤。一些光合细菌在此过程中会发生 3-羟基丙酸循环（一种自养固碳途径）（王洪杰，2013；Tang et al.，2011b）。TCA 循环是三大营养素（糖类、脂类、氨基酸）

的最终代谢通路，又是糖类、脂类、氨基酸代谢联系的枢纽。TCA 循环是需氧生物体内普遍存在的代谢途径，将底物彻底分解，转化成生物质或 CO_2。

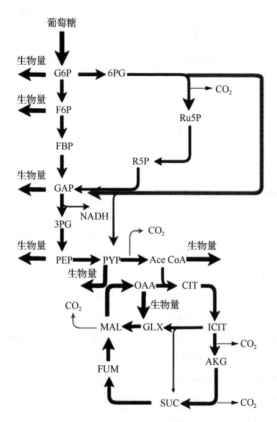

图 3.10　基于 ^{13}C 代谢通量分析的脱氮副球菌（*Paracoccus denitrificans* Z-195）碳代谢示意图

（Zhang et al.，2020）

G6P. 葡萄糖-6-磷酸；F6P. 果糖-6-磷酸；FBP. 果糖-1,6-二磷酸；6PG. 6-磷酸葡萄糖脱氢酶；Ru5P. 核酮糖-5-磷酸酯；R5P. 核糖-5-磷酸；GAP. 甘油醛-3-磷酸；3PG. 3-磷酸甘油酸；PEP. 磷酸烯醇丙酮酸盐；PYR. 丙酮酸盐；Ace CoA. 乙酰辅酶 A；OAA. 草酰乙酸盐；CIT. 柠檬酸盐；ICIT. 异柠檬酸盐；AKG. α-酮戊二酸；SUC. 琥珀酸盐；FUM. 延胡索酸盐；GLX. 乙醛酸盐；MAL. 苹果酸酯；NADH. 还原型烟酰胺腺嘌呤二核苷酸

4. 反硝化参数的优化

使用 RSM 分析 C/N、转速、温度和初始 pH 对该高效菌株的显著影响。用二阶等式方程来表示四个变量和响应值（总氮去除率）之间的关系，拟合公式为

$$Y（\%）= -334.95 + 15.64X_1 - 0.38718X_2 + 4.95X_3 + 76.67X_4 + 0.02X_1X_2 - 0.01X_1X_3 + 0.66X_1X_4 + 0.009X_2X_3 + 0.02X_2X_4 + 0.28X_3X_4 - 1.52X_1^2 - 0.001X_2^2 - 0.13X_3^2 - 5.80X_4^2$$

其中，Y 表示总氮去除率，X_1、X_2、X_3、X_4 分别表示 C/N、转速、温度、初始 pH。

二次多项式模型检验及其显著性分析如表 3.6 所示，C/N、温度和初始 pH 对总氮去除率影响较大（$P<0.01$），这三个条件的平方对 TN 去除率也有较大影响（$P<0.01$）。菌株 Z-195 的脱氮效率受转速的影响不大（$P<0.01$），说明该菌在厌氧、好氧条件下均能进行反硝化脱氮，其脱氮机理需进一步探究。

表 3.6　二次多项式模型检验及其显著性分析（Zhang et al.，2020）

变量	平方和	均值	F 值	p 值	显著性
标准	11968.66	854.90	14.44	< 0.0001	显著
X_1	1394.72	1394.72	23.57	0.0003	显著
X_2	97.70	97.70	1.65	0.2197	不显著
X_3	1875.25	1875.25	31.69	< 0.0001	显著
X_4	3699.54	3699.54	62.51	< 0.0001	显著
X_1X_2	16.12	16.12	0.27	0.6099	不显著
X_1X_3	0.34	0.34	5.684×10^{-3}	0.9410	不显著
X_1X_4	63.04	63.04	1.07	0.3195	不显著
X_2X_3	40.77	40.77	0.69	0.4205	不显著
X_2X_4	10.89	10.89	0.18	0.6745	不显著
X_3X_4	129.28	129.28	2.18	0.1616	不显著
X_1^2	1215.98	1215.98	20.55	0.0005	显著
X_2^2	11.01	11.01	0.19	0.6728	不显著
X_3^2	1096.51	1096.51	18.53	0.0007	显著
X_4^2	3491.44	3491.44	58.99	< 0.0001	显著
剩余	828.57	59.18	—	—	—
拟合缺少	794.38	79.44	9.29	0.0229	显著
误差	34.19	8.55	—	—	—
总计	12797.22	28	—	—	—

如图 3.11 所示，利用 Design Expert 软件建立菌株在不同条件下的总氮去除率的数学模型，分析总氮去除率的最佳 C/N、转速、温度和初始 pH。图 3.11（a）为转速和 C/N 的相互作用对菌株总氮去除率的影响。近似水平等高线表明，C/N 升高对 TN 去除率的正效应比转速的影响更明显。由图可以看出，C/N 为 5.8～8.0，转速为 108～110r/min 时，总氮去除率可以达到 75%以上。值得注意的是，在其他转速条件下，TN 去除率依然达到较高水平。这表明菌株 Z-195 在好氧、缺氧状态下均能良好脱氮，对污染水体的治理具有较大的应用价值。类似地，图 3.11（b）描述了温度和 C/N 复合作用对菌株总氮去除率的影响，在一定范围内，TN 去除率与 C/N 和温度均呈正相关。由图可知，温度为 22.3～30.0℃，C/N 为 5.8～9.0，

总氮去除率达到 75%以上。图 3.11（c）描述了温度和初始 pH 的共同作用对菌株总氮去除率的影响。随着温度和初始 pH 的升高，菌株 Z-195 对 TN 去除率显著提高。图 3.11 表明，C/N 对 TN 去除率的影响比温度大。TN 的最大去除率为 87.63%，发生在 C/N 为 7.47、转速为 108r/min、温度为 31℃和初始 pH 为 8.02 的条件下。Z-195 脱氮性能的具体机制尚不明确，有待进一步研究。

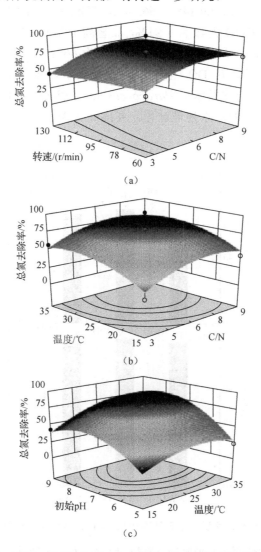

图 3.11　C/N、温度、转速和初始 pH 对菌株 Z-195 氮去除率影响的响应曲面
（Zhang et al.，2020）

（a）转速和 C/N 对菌株总氮去除率的影响；（b）温度和 C/N 对菌株总氮去除率的影响；
（c）初始 pH 和温度对菌株总氮去除率的影响

5. 对实际污水的处理特性

将 *Paracoccus denitrificans* Z-195 接种到从三个不同 WWTP 取的实际污水中。如图 3.12 所示，接种 Z-195 可降低生活污水的 TN 和 COD 浓度。接种 24h 后，三个污水处理厂的 COD 去除率达 70%以上；WWTP-4、WWTP-5、WWTP-9 的 TN 去除率分别 50.80%、69.14%、66.74%。72h 后三个污水处理厂平均 TN 去除率为 89%，平均 COD 去除率为 91%，显著高于 WWTP 脱氮处理工艺的去除率。在 WWTP 的实际系统中，平均去除率约为 66%（*n*=18）。污水的去除率仅限于实验室摇瓶实验，对 DO、温度有一定的要求，跟真正的工程应用有一定差异。因此，利用固定化技术将 *Paracoccus denitrificans* Z-195 作为潜在的反硝化细菌菌剂用于实际的污水处理过程，并提高 WWTP 的处理效率，仍需要进一步研究。

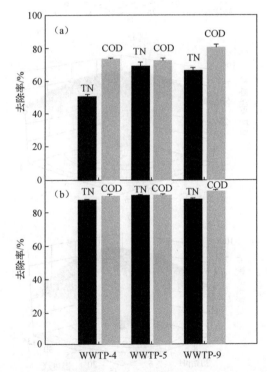

图 3.12　接种好氧反硝化细菌 Z-195 的实际污水中 TN 和 COD 去除率

（a）TN 和 COD 的 24h 去除率；（b）TN 和 COD 的 72h 去除率

综上所述，本节研究的主要结论如下：

（1）分离筛选得到 1 株高效好氧反硝化细菌，为脱氮副球菌（*Paracoccus denitrificans*），命名为 *Paracoccus denitrificans* Z-195。

（2）采用 ^{13}C 代谢通量分析稳定同位素标记方法，探究该菌株的中心碳代谢途径。

（3）根据氮平衡分析可知，约 20.5%的初始氮被转化为生物量，71.9%以气体形式去除。在好氧反硝化过程中，硝酸盐氮的反硝化速率为 4.53mg/（L·h）。

（4）菌株进行好氧反硝化的最佳条件：C/N 为 7.47、转速为 108r/min、温度为 31℃和初始 pH 为 8.02。

（5）三座 WWTP 原水平均 TN 去除率为 89%，平均 COD 去除率为 91%，显著高于 WWTP 脱氮处理工艺的去除率。

思　考　题

1. 什么是三羧酸循环？微生物的碳源代谢途径有哪些？

2. 常见稳定性同位素有哪几类？稳定同位素标记的优缺点有哪些？请阅读文献，举例说明稳定性同位素分析在生物技术中的应用。

3. 反硝化基因类型及基因链条有哪些？污水处理厂的脱氮路径是什么？

4. 查阅文献，列举几种好氧反硝化细菌的分离，并说明好氧反硝化过程的影响因素有哪些。

5. 好氧反硝化的支撑理论有哪些？好氧反硝化的优势是什么？

参 考 文 献

康鹏亮, 张海涵, 黄廷林, 等, 2018. 湖库沉积物好氧反硝化菌群脱氮特性及种群结构[J]. 环境科学, 39(5): 2431-2437.

刘兴, 李连星, 薄香兰, 等, 2018. 铜绿假单胞菌 YY24 的异养硝化——好氧反硝化功能基因的研究[J]. 水产科学, 37(4): 475-483.

刘燕, 甘莉, 黄哲强, 等, 2010. 脱氮副球菌 YF1 的反硝化特性研究[J]. 水处理技术, 36(10): 61-65.

孙庆花, 于德爽, 张培玉, 等, 2016. 1 株海洋异养硝化-好氧反硝化菌的分离鉴定及其脱氮特性[J]. 环境科学, 37(2): 647-654.

王洪杰, 2013. 新型固碳途径——3-羟基丙酸循环的研究进展[J]. 微生物学通报, 40(2): 304-315.

徐晨岚, 刘振鸿, 薛罡, 等, 2018. 产碱杆菌属 H5 对蓝藻的溶藻及脱氮效果的研究[J]. 环境工程, 36(5): 26-30.

BAGGS E M, 2008. A review of stable isotope techniques for N$_2$O source partitioning in soils: Recent progress, remaining challenges and future considerations[J]. Rapid Communications in Mass Spectrometry: RCM, 22(11): 1664-1672.

CAMARGO J A, ALONSO A, 2006. Ecological and toxicological effects of inorganic nitrogen pollution in aquatic ecosystems: A global assessment[J]. Environmental International, 32(6): 831-849.

CUI D, LI A, ZHANG S, et al., 2012. Microbial community analysis of three municipal wastewater treatment plants in winter and spring using culture-dependent and culture-independent methods[J]. World Journal of Microbiology and Biotechnology, 28(6): 2341-2353.

FANG D, ZHAO G, XU X, et al., 2018. Microbial community structures and functions of wastewater treatment systems in plateau and cold regions[J]. Bioresource Technology, 249: 684-693.

FUHRER T, FISCHER E, SAUER U, et al., 2005. Experimental identification and quantification of glucose metabolism in seven bacterial species[J]. Journal of Bacteriology, 187(5): 1581-1590.

GALLOWAY J N, TOWNSEND A R, ERISMAN J W, et al., 2008. Transformation of the nitrogen cycle: Recent trends, questions, and potential solutions[J]. Science, 320(5878): 889-892.

GONWAY T, 1992. The Entner-Doudoroff pathway: History, physiology and molecular biology[J]. FEMS Microbiology Reviews, 9(1): 1-27.

GONZALEZ-MRTINEZ A, SIHVONEN M, MUÑOZ-PALAZON B, 2018. Microbial ecology of full-scale wastewater treatment systems in the Polar Arctic Circle: *Archaea*, *Bacteria* and *Fungi*[J]. Scientific Reports, 8(1): 2208.

GUO F, WANG Z P, YU K, et al., 2015. Detailed investigation of the microbial community in foaming activated sludge reveals novel foam formers[J]. Scientific Reports, 5: 7637.

GUO L J, ZHAO B, QIANG A, et al., 2016. Characteristics of a novel aerobic denitrifying bacterium, *Enterobacter cloacae* strain HNR[J]. Applied Biochemistry and Biotechnology, 178(5): 947-959.

HE R J, ZHAO D Y, XU H M, et al., 2018. Abundance and community structure of ammonia-oxidizing bacteria in activated sludge from different geographic regions in China[J]. Water Science and Technology, 77(6): 1698-1705.

HOULTON B Z, EDITH B, 2009. Imprint of denitrifying bacteria on the global terrestrial biosphere[J]. Proceedings of the National Academy of Sciences of the United States of America, 106(51): 21713-21716.

HU M, WANG X, WEN X, et al., 2012. Microbial community structures in different wastewater treatment plants as revealed by 454-pyrosequencing analysis[J]. Bioresource Technology, 117(10): 72-79.

ISAZADEH S, JAUFFUR S, FRIGON D, 2016. Bacterial community assembly in activated sludge: Mapping beta diversity across environmental variables[J]. Microbiology Open, 5(6): 1050-1060.

JIN L, ZHANG G, TIAN H, 2014. Current state of sewage treatment in China[J]. Water Research, 2014, 66: 85-98.

KENGO M, KENGO K, HIDEKI H, 2014. Molecular diversity of eukaryotes in municipal wastewater treatment processes as revealed by 18S rRNA gene analysis[J]. Microbes and Environments, 29(4): 401-407.

LI F G, LI M C, SHI W C, et al., 2017. Distinct distribution patterns of proteobacterial *nirK*- and *nirS*-type denitrifiers in the Yellow River estuary, China[J]. Canadian Journal of Microbiology, 63(8): 708-718.

LIU J, SUI Y, YU Z, et al., 2015. Soil carbon content drives the biogeographical distribution of fungal communities in the black soil zone of northeast China[J]. Soil Biology and Biochemistry, 83: 29-39.

MA Q, QU Y Y, ZHANG X W, et al., 2015. Identification of the microbial community composition and structure of coal-mine wastewater treatment plants[J]. Microbiological Research, 175: 1-5.

MA T, CHEN Q, GUI M, et al., 2016. Simultaneous denitrification and phosphorus removal by *Agrobacterium* sp. LAD9 under varying oxygen concentration[J]. Applied Microbiology and Biotechnology, 100(7): 3337-3346.

MATAR G K, BAGCHI S, ZHANG K, et al., 2017. Membrane biofilm communities in full-scale membrane bioreactors are not randomly assembled and consist of a core microbiome[J]. Water Research, 123: 124-133.

MOLENAAR D, VAN BERLO R, DE RIDDER D, et al., 2009. Shifts in growth strategies reflect tradeoffs in cellular economics[J]. Molecular Systems Biology, 5: 323.

NIELSEN P H, KRAGELUNDC, SEVIOUR R J, et al., 2010. Identity and ecophysiology of filamentous bacteria in activated sludge[J]. FEMS Microbiology Reviews, 33(6): 969-998.

NIU L, LI Y, XU L, et al., 2017. Ignored fungal community in activated sludge wastewater treatment plants: Diversity and altitudinal characteristics[J]. Environmental Science and Pollution Research, 24(4): 4185-4193.

ROUSE J D, BISHOP C A, STRUGGER J, et al., 1999. Nitrogen pollution: An assessment of its threat to amphibian survival[J]. Environmental Health Perspectives, 107(10): 799-803.

SEKIGUCHI H, WATANABE M, NAKAHARA T, et al., 2002. Succession of bacterial community structure along the changjiang river determined by denaturing gradient gel electrophoresis and clone library analysis[J]. Applied and Environmental Microbiology, 68(10): 5142-5150.

SHCHEGOLKOVA N M, KRASNOV G S, BELOVA A A, et al., 2016. Microbial community structure of activated sludge in treatment plants with different wastewater compositions[J]. Frontiers in Microbiology, 7: 90.

SHI Z, ZHANG Y, ZHOU J, et al., 2013. Biological removal of nitrate and ammonium under aerobic atmosphere by *Paracoccus versutus* LYM[J]. Bioresource Technology, 148(7): 144-148.

SIDHU C, VIKRAM S, PINNAKA A K, 2017. Unraveling the microbial interactions and metabolic potentials in pre- and post-treated sludge from a wastewater treatment plant using metagenomic studies[J]. Frontiers in Microbiology, 8: 1382.

SRINANDAN C S, MRINAL S, BHAVITA P, et al., 2011. Assessment of denitrifying bacterial composition in activated sludge[J]. Bioresource Technology, 102(20): 9481-9489.

TAKAYA N, CATALAN-SAKAIRI M A, SAKAGUCHI Y, et al., 2003. Aerobic denitrifying bacteria that produce low levels of nitrous oxide[J]. Applied and Environmental Microbiology, 69(6): 3152-3157.

TANG K H, FENG X, BANDYOPADHYAY A, et al., 2011a. Unique central carbon metabolic pathways and novel enzymes in phototrophic bacteria revealed by integrative genomics, ^{13}C-based metabolomics and fluxomics[C]//15th International Conference on Photosynthesis. Photosynthesis Research for Food, Fuel and Future. Hangzhou: Zhejiang University Press.

TANG K H, TANG Y J, BLANKENSHIP R E, et al., 2011b. Carbon metabolic pathways in phototrophic bacteria and their broader evolutionary implications[J]. Frontiers Microbiology, 2: 165.

WANG L, ZHENG B, NAN B, et al., 2014a. Diversity of bacterial community and detection of *nirS*- and *nirK*- encoding denitrifying bacteria in sandy intertidal sediments along Laizhou Bay of Bohai Sea, China[J]. Marine Pollution Bulletin, 88(1-2): 215-223.

WANG X, HU M, XIA Y, et al., 2012. Pyrosequencing analysis of bacterial diversity in 14 wastewater treatment systems in China[J]. Applied and Environmental Microbiology, 78(19): 7042-7047.

WANG X, XIA Y, WEN X, et al., 2013. Microbial community functional structures in wastewater treatment plants as characterized by GeoChip[J]. PLoS One, 9(3): e93422.

WANG Z, ZHANG X X, LU X, et al., 2014b. Abundance and diversity of bacterial nitrifiers and denitrifiers and their functional genes in tannery wastewater treatment plants revealed by high-throughput sequencing[J]. PLoS One, 9(11): e113603.

XU D, LIU S, CHEN Q, et al., 2017. Microbial community compositions in different functional zones of carrousel oxidation ditch system for domestic wastewater treatment[J]. AMB Express, 7: 40.

YAO S, NI J, TAO M, et al., 2013. Heterotrophic nitrification and aerobic denitrification at low temperature by a newly isolated bacterium, *Acinetobacter* sp. HA2[J]. Bioresource Technology, 139(13): 80-86.

ZHANG H H, FENG J, CHEN S N, et al., 2019. Geographical patterns of *nirS* gene abundance and *nirS*-type denitrifying bacterial community associated with activated sludge from different wastewater treatment plants[J]. Microbial Ecology, 77(2): 304-316.

ZHANG H H, Li S L, MA B, et al., 2020. Nitrate removal characteristics and $^{(13)}$C metabolic pathways of aerobic denitrifying bacterium *Paracoccus denitrificans* Z195[J]. Bioresource Technology, 307: 123230.

ZHANG H H, ZHAO Z F, KANG P L, et al., 2018. Biological nitrogen removal and metabolic characteristics of a novel aerobic denitrifying fungus *Hanseniaspora uvarum* strain KPL108[J]. Bioresource Technology, 267: 569-577.

ZHANG Q H, YANG W N, NGO H H, et al., 2016. Current status of urban wastewater treatment plants in China[J]. Environmental International, 92-93: 11-22.

ZHANG T, SHAO M, YE L, 2012. 454 Pyrosequencing reveals bacterial diversity of activated sludge from 14 sewage treatment plants[J]. The ISME Journal, 6(6): 1137-1147.

ZHOU S L, HUANG T L, ZHANG C H, et al., 2016. Illumina MiSeq sequencing reveals the community composition of *nirS*-type and *nirK*-type denitrifiers in Zhoucun reservoir—A large shallow eutrophic reservoir in Northern China[J]. RSC Advances, 6(94): 91517-91528.

第 4 章　饮用水管道环境微生物生态

4.1　饮用水管道微生物概述

4.1.1　饮用水中细菌增殖的危害

细菌作为生物的主要类群之一，在数量上占比最大。据估计，细菌总数约有 5×10^{30}（Whitman et al.，1998），其中海水、湖水、河水、地下水中的细菌数量分别为 1×10^{29}、1×10^{26}、2×10^{24}、8×10^{25}，细菌在各种水体中均大量存在。它的存在对人们的生命活动产生重要影响，对人体的健康则有利有弊。例如，有些细菌可成为病原体，从而导致肺炎、伤寒、破伤风、食物中毒、霍乱，甚至是肺结核，有些细菌可用来酿酒、酿醋、制作酸奶、制作泡菜（Johnson and Lucey，2006；Hagedorn and Kaphammer，1994），甚至可以用来生物修复，如利用嗜甲烷菌来分解三氯乙烯和四氯乙烯污染物等（Chung，2000）。

由此可知，微生物的存在对人类来说是把双刃剑，饮用水建筑管道机会致病菌（opportunistic premise plumbing pathogens，OPPP）的存在大大增加了人们患病的风险。据统计，自来水的安全涉及 36 亿人口的饮用水安全问题（Proctor and Hammes，2015；National Research Council，2006；Szewzyk et al.，2000）。在一些发达国家，居民用户、学校及医院供水管网中的水生致病菌已成为研究热点（Beer et al.，2015）。在美国，感染嗜肺军团菌（*Legionella pneumophila*）、鸟分枝杆菌（*Mycobacterium avium*）及铜绿假单胞菌（*Pseudomonas aeruginosa*）这三种菌而患病的人数每年可达 41000 人。由于免疫系统薄弱，老人更易被感染（Falkinham et al.，2015）。据悉，与传统粪便污染不同的是，与管道相关的病原体存在于新鲜水中，依附于水系统的生物膜，这就大大增加了饮用水体中微生物安全风险，目前在这方面还不能做到严密控制及精准监督。据世界卫生组织报道，与饮用水水质有关的疾病占比高达 80%，有些污染物质在短期内可引起轻型疾病（如咽炎、哮喘等），但在岁月的积累中可以引发一系列重大疾病（如癌症甚至儿童白血病）。因此，饮用水的水质安全问题已成为威胁人类安全的重中之重。Kim 等（2017）调查了 2007～2016 年大肠杆菌的主要传播途径，水传播是其主要的传播途径之一。由此可知，保障饮用水健康安全关系到人类的健康。

近些年，随着科技的发展及人民对生活质量的追求提高，饮用水是否安全越加成为人们关注的焦点问题。随着工业化进程的不断发展，水污染现象也越发严重，许多湖泊、河流及地下水受到不同程度的污染。王强等（2010）对我国饮用水安全问题导致的一些突发安全事故（1996～2006 年）进行总结发现，除西藏外，全国其他省份发生饮用水污染事件 271 起。其中，发病案例占 65.3%，共 177 起；生物性污染占比 63.1%，共 171 例。水污染问题牵涉人员达 700 余万人，30798人出现感染及中毒症状，9 人因此死亡。作为饮用水的主要污染源，生物污染已成为人们面临的一个严峻挑战。孙国良（2009）对霸州市饮用水污染事故（1990～2005 年）进行分析，涉及 56 万以分散式供水方式为主的乡镇人口。调查发现，在 1990～2005 年，有 24 起饮用水污染事故发生，受害人群达 3194 人，其中有457 人住院治疗，主要症状表现为伤寒、肠出血、肠穿孔及双目失明；分布范围广，包括学校、城镇及工厂等。在这 24 起饮用水污染事故中，生物性污染占 5 起（20.83%），藻类污染占 2 起（8.33%）。由上述案例可知，饮用水生物污染应引起人们高度重视。

饮用水中常见 OPPP 及食源性致病菌主要包括嗜肺军团菌（*Legionella pneumophila*）、鸟分枝杆菌（*Mycobacterium avium*）、铜绿假单胞菌（*Pseudomonas aeruginosa*）、阿米巴（Amoebae）、志贺氏菌（*Shigella* spp.）、沙门氏菌（*Salmonella* spp.）、副溶血弧菌（*Vibrio parahaemolyticus*）及肠出血型大肠杆菌 O157。这些机会致病菌能不同程度地导致人类罹患各种疾病，如伤寒、肺炎、哮喘等（表 4.1）。

表 4.1　饮用水中常见 OPPP 及食源性致病菌

病原菌	症状	习性	特性
嗜肺军团菌（*Legionella pneumophila*）（Madigan et al.，2013）	急性发热、呼吸道疾病	专性需氧，蒸馏水中可存活 100 天以上，污水可存活一年	有鞭毛，革兰氏阴性菌，多形态的短小球杆菌
鸟分枝杆菌（*Mycobacterium avium*）（Madigan et al.，2013）	女性温德米尔综合征、局限性肿块、肺部感染（李红和沙巍，2015）	喜生长于水龙头、淋浴头、热水器花洒中	短至长杆菌，有些丝状体
铜绿假单胞菌（*Pseudomonas aeruginosa*）（Madigan et al.，2013）	肺部、泌尿道机会性感染、伤口感染、血液感染、眼角膜感染（Fine et al.，1996；Diekema，2000）	广泛分布于自然界及人体呼吸道、肠道和皮肤	革兰氏阴性菌，好氧，长棒形，形似珠母，有鞭毛
阿米巴（Amoebae）（Liu et al.，2019）	通过感染鼻腔到脑部感染，死亡率高达九成	清水池塘，水流缓慢、藻类多的浅水、泥土	形状多变，异养生物，吞噬作用进食，以有丝分裂和细胞质分裂繁殖
志贺氏菌（*Shigella* spp.）	肠胃炎、发热、血样腹泻、痢疾（周萍，1995）	拥挤、不卫生条件下迅速传播，分布于受污染水源	无鞭毛，有菌毛，革兰氏阴性菌，短小杆菌，耐寒

续表

病原菌	症状	习性	特性
沙门氏菌（*Salmonella* spp.） （丁锦霞等，2015）	食物中毒、肠伤寒、败血症、肠胃炎	水中可生存 2～3 周，不易繁殖，耐低温（谈立峰等，2018）	直杆菌，周生鞭毛，革兰氏阴性菌
副溶血弧菌（*Vibrio parahaemolyticus*）	呕吐、腹痛、腹泻、水样便	分布于海水和水产品中	杆状、弧状、丝状等多种形状，无芽孢
肠出血型大肠杆菌 O157	感染性腹泻、出血性肠炎	分布于各种动物粪便中；食物传播，水传播，接触传播	两端钝圆，短杆菌，有周鞭毛、荚膜，革兰氏阴性菌

据此可知，存在于水体的病原微生物可引起多种疾病，轻则头疼脑热、腹泻腹痛、肠胃发炎，重则失明、霍乱、痢疾，甚至危及生命。因此，应对饮用水中致病菌的危害给予足够重视。

4.1.2　饮用水主要污染来源

谈立峰等（2018）对我国全国饮用水污染（1996～2005 年）调查发现，在已统计的 219 起案例中（91 起案例有发病情况），生物污染、化学污染与混合污染案例分别为 57 起、133 起与 29 起。主要污染源为生活污水、工业污染和垃圾粪便等。污染的主要原因为防护与管理缺乏、水质净化与消毒不到位、水管改接不规范而污水倒灌。水在运输过程中的污染环节主要包括源头污染（56.2%）、输配水管网污染（23.7%）、自备供水污染（13.2%）和二次供水设备污染（6.4%）。由此可见，饮用水的污染来源主要分为源头污染、中部供水污染和输配水管网污染。

众所周知，饮用水水源绝大多数采自水源水库。水源水库中有机物种类随季节大致呈规律性变化，夏季往往由于高温等因素而藻类大量暴发，如表 4.2 所示。水源水库在藻类暴发情况下，由于暴发迅速，往往很难留给自来水处理厂应激反应时间，给水厂在高负荷运转下，往往不能完全将水中藻类产生的伴生菌及有机物完全去除。这样便会出现 2019 年湖北安陆自来水变"绿汤"等现象。在藻类暴发期，进入水厂的藻类经过混凝、沉淀、过滤、消毒等工序后，藻细胞破碎，释放藻类有机物（algogenic organic matter，AOM），经输配水管网输送到千家万户。AOM 存在条件下的饮用水中微生物增殖及变化情况目前尚未探明。在藻类暴发后期，藻类自身凋亡破裂而释放 AOM，其对饮用水中微生物的影响目前鲜见报道。

表 4.2　典型藻类暴发事件

暴发种类	时间地点	影响
蓝藻	2007 年 5 月，太湖 2018 年 8 月，巢湖 2019 年 7 月，美国伊利湖	2007 年事件引发一场 "水危机"，无锡市 70%水厂水质被污染，影响 200 万人
浒苔	2008 年 6 月，青岛	并未对水体造成严重污染
黄藻	2008 年 5 月，内蒙古乌梁素海	对栖息的水禽构成严重危害，渔业资源破坏，水体严重污染
水华	2019 年 4 月，湖北安陆	鱼虾大量死亡，饮用水有腥臭味，自来水变 "绿汤"

由于城市化进程加速、输水范围变广及城市高层建筑迅速发展，市政管网的压力明显不足。七层以上（含七层）的楼体，必须进行二次供水。二次供水是将直接供水经过再次储存，通过加压或无负压方式由储备容器经管道输送至用户。城市供水可分为两种。一种是直接在自来水管道上加装加压装置，将饮用水直接输送到高层；另一种是在楼顶建水箱或在楼底建水池，经储存、加压再经过管道输送至用户。二次供水极易造成二次污染，病菌、重金属等导致的水污染事件层出不穷。2006 年，杭州举行了大规模清洗屋顶水箱的活动，不少水箱底是黄色浑水，甚至还有动物（麻雀、老鼠等）尸体等出现；2010 年，西安某小区水箱遭污染，整栋楼体的水龙头流出水呈茶色；2013 年，武汉市 30 多人突发呕吐腹泻，元凶疑为被大风吹掉盖子的屋顶水箱。大量事实证明，解决二次供水引发的污染问题刻不容缓。

管网自身在水体滞留状态下，由于余氯消散，饮用水中细菌的抑制作用减弱；水体中残留的 TOC 为细菌增长提供了寡营养的状态。室内管道中水体温度受室内温度的影响而增高，给微生物增长提供舒适环境。综上，室内饮用水管道中的水体水质在滞留、二次输水后及 AOM 的刺激下比较堪忧。

4.1.3　我国地表水体环境质量标准

为了贯彻《中华人民共和国水污染防治法》和《中华人民共和国环境保护法》，改善地表水环境，应防治地表水进水环境污染，坚持 "绿水青山就是金山银山" 的理念，以保障人民幸福安康为宗旨。国家环境保护总局与国家质量监督检验检疫总局于 2002 年 4 月发布《地表水环境质量标准》（GB 3838—2002）。该标准基本适用于全国湖泊、江河、渠道、运河、水库等具有使用功能的地表水水域。依据地表水水域保护目标和环境功能，总共分为五类，只有 I 类、II 类、III 类水适宜直接或经过处理后饮用，IV 类、V 类均有不同程度的污染，无法达到饮用水标准。因此，饮用水水源多为 I 类水体或 II 类水体，这些水体通常被保护起来作为自来水厂供水的水源地。

4.1.4　饮用水中的细菌标准

1850 年，塞德拉克（Sedlak）发现霍乱病毒能通过饮用水进行传播。当时，嗅味、色度、浊度、味道和基本化学指标是水务公司评估饮用水水质的指标，这对于水中微生物及致病菌的判定显然是远远不够的。直到 1881 年，罗伯特·科赫（Robert Koch）发明了明胶板法，首次给细菌分离与纯培养带来希望。在接下来的几十年间，通过人们的不断改进，用琼脂代替明胶，并逐渐应用到水体的常规监测中。异养平板计数（heterotrophic plate count，HPC）法逐渐被学者认知，并广泛应用于水体微生物检测中。秉承检测水中最大细菌数量的原则，各种培养基迅猛发展。用于饮用水平板计数的典型培养基如表 4.3 所示。

表 4.3　用于饮用水平板计数的典型培养基

名称	组分	浓度/（g/L）	pH	培养温度/℃	培养时间/d	用途
平板计数琼脂（plate count agar，PCA）培养基	胰蛋白胨	5.0	7.2 ± 0.2	37	3	富营养培养基，非选择性培养基，用于食品、化妆品和饮用水中微生物计数
	酵母浸粉	2.5				
	葡萄糖	1.0				
	琼脂	15.0				
酵母提取物琼脂（yeast extract agar，YEA）培养基	动物组织胃水解物	5.0	7.2 ± 0.2	37	3	可用于微生物的培养、鉴定
	酵母提取物	3.0				
	琼脂	15.0				
R2A 琼脂培养基	酵母粉	0.5	7.2 ± 0.2	28	5～7	低营养培养基，生长速度慢，菌落生长大，很少出现融合生长的现象，敏锐性高，能对被氯破坏的细胞进行修复
	胰蛋白胨	0.5				
	酪蛋白氨基酸	0.5				
	葡萄糖	0.5				
	可溶性淀粉	0.5				
	磷酸二氢钾	0.3				
	七水硫酸镁	0.3				
	丙酮酸钠	0.3				
	琼脂	15.0				
mSPC 琼脂培养基	蛋白胨	20.0	7.2 ± 0.2	37	3	可用于饮用水中的细菌计数
	明胶	25.0				
	琼脂	15.0				
	甘油	10.0				

续表

名称	组分	浓度/（g/L）	pH	培养温度/℃	培养时间/d	用途
	胰蛋白胨	17.0				
	植物蛋白胨	3.0				人类潜在病原体在
TSA-SA 琼脂	磷酸氢二钾	2.5	7.2 ± 0.2	37	3	此培养基上生长
	葡萄糖	2.5				迅速
	5%绵羊血	—				

　　饮用水健康在人们日常生活中所扮演了重要角色，其污染给人们带来了巨大危害，饮用水配水系统在设计、运行时都要考虑到其暴露在自然环境中各种因素的生物与化学污染。对于水体健康，必须要有一套行之有效的检测方法及合理的标准供人们参考。由于各国的实际情况有所差异，培养基的选择偏好及饮用水细菌标准有所不同（表 4.4）。

表 4.4　几个典型国家的饮用水细菌标准

国家	细菌总数标准	大肠杆菌数标准
中国	<100CFU/mL	每 100mL 中不得检出
美国	<500CFU/mL	每月总大肠杆菌超标水样<5/%
荷兰	<100CFU/mL	每 250mL 中不得检出
德国	处理后<20CFU/mL 管网末端<100CFU/mL	每 250mL 中不得检出
瑞士	处理后<20CFU/mL 管网<300CFU/mL	每 250mL 中不得检出

注：CFU 表示菌落形成单位（colony forming unit）。

　　HPC 法是用来检测自来水中细菌总数的一个传统有效的方法，在半固态富营养培养基上，于规定培养条件下培养各种异养菌。这种条件下，单个细菌在适宜的外界条件下分裂繁殖，生长成肉眼可见的菌落，对其进行计数（Gensberger et al.，2015；Allen et al.，2004）。HPC 法通常被自来水公司用于一般饮用水微生物的检测。随着技术的发展，在 20 世纪 80～90 年代，人们发现该方法并不能完全反映饮用水中的微生物状态（Bautista-de los Santos et al.，2016）。于是，近几十年来，更加先进的技术包括 FCM、三磷酸腺苷（adenosine triphosphate，ATP）分析技术和高通量测序技术用于自来水微生物检测，以期对水中微生物数量、种群结构、活性进行全面鉴定，为人们饮用水健康保驾护航。

　　大量研究表明，与饮用水相关的微生物类群有 9000 多种，由于处理工艺及所处环境的差异，细菌浓度表现出巨大差异，1000～500000 个/mL 不等。要想从饮用水中获得这些信息，FCM 必不可少。FCM 用于多种天然水生微生物的研究已有几十年历史（Legendre and Yentsch，1989），最近十年才被广泛应用于饮用水分析中。前人对饮用水的研究表明，FCM 测得的细菌总数与 HPC 法测得的可培养细菌总数之间存在巨大差异。通过大量对比研究认为，FCM 数据作为过程变量更有意义，并对 HPC 应用的必要性提出疑问（Liu et al.，2013a，2013b；Ho et al.，2012；Hoefel et al.，2005）。

4.1.5　自来水中细菌数量检测方法

随着科学技术的不断进步，分子生物学技术日益精进，人们对水质的了解不仅仅局限于简单的物理化学及感官上的指标，对水中微生物的检测及鉴定也越加重视（Elmer，2014）。目前，大量测定水中细菌数的方法已经问世。人们常用的 HPC 法已有 130 多年的历史（Chan et al.，2019），已发展成一个成熟且系统的方法；最大或然数（most probable number，MPN）法用于某些特殊功能菌的计数，如硝化与反硝化细菌。常用方法还包括显微镜直接计数法、比浊法、测定细胞重量法、测定总氮量或总碳量、颜色改变单位（color change unit，CCU）法、FCM 等。典型细菌总数测定方法及其优缺点如表 4.5 所示。根据实验的实际情况及优缺点综合分析可知，FCM 在细菌计数方面展现出良好的优越性，大量研究推荐该方法为饮用水水厂中微生物测定的方法（Ling et al.，2018；van Nevel et al.，2017；Hammes et al.，2008）。相较于传统 HPC 法而言，FCM 能准确快速鉴定水体中的细菌总数，灵敏度高，误差小，且能全面统计水体中的细菌，在数据方面更加具体；传统 HPC 法不仅耗时耗力，而且可观察到的菌落都是可培养细菌的菌落。据统计，自然水体中用现有传统的 HPC 法培养技术，仅有 1%的细菌是可培养的，大量的细菌是具有活性但不可培养的（Kogure et al.，1979）。

表 4.5　典型细菌总数测定方法及其优缺点

细菌总数测定方法	优缺点
异养平板计数法	历史悠久，运用最为广泛；培养基丰富多样，可针对不同菌株进行特异性筛选，也可进行细菌计数，灵活多样；培养时间长，计数靠肉眼识别，只可对可培养菌进行计数，平行样之间和不同梯度稀释之间差距较大，重复性差，易造成菌落扩散，无法计数
最大或然数法（崔战利等，2015）	一般用于一些特殊功能菌的计数，平行样之间误差较小，可重复性高；灵敏度较差，只能测定菌体浓度较大的样品；可测定大肠杆菌的数量
显微镜直接计数法	方法简单，易于操作；容易漏记及重复计数，无法区分菌体死活，灵敏度差，耗时长，受人为因素影响大
比浊法	根据菌悬液的透光度测定菌体含量，用光密度（OD 值）表示；检测简便快捷；对检测样品菌体含量要求高，样品颜色对检测结果的影响大
测定细胞重量法	有湿重法和干重法，适用于高浓度样品，常用于测定丝状真菌的生长

细菌总数测定方法	优缺点
测定总氮量或总碳量	通过对碳氮量的测定对细菌总数进行估计, 适用于高浓度样品, 误差较大, 操作要求高
颜色改变单位法	用于很小、比浊法无法进行计数的微生物, 如支原体等
流式细胞术（FCM）	信息主要来源于染色剂与菌体 DNA 结合后被检测到的特异性荧光信号, 可用于细菌（死活）计数、DNA 和 RNA 含量分析等; 操作简单、分析精准迅速; 背景和菌体分开困难, 细菌聚集时会影响结果

在地下水及自来水中, 碳和磷经常会成为微生物生长的限制因子。在这种贫营养条件下, 微生物的生长及繁殖会产生一系列变化, 如微生物形态多呈球形或杆状, 这样可增加菌体与溶液的传输速率, 以在自然环境中吸收更多的养分供其生长发育（王颖群和严共华, 1995）。Kuznetsov 等于 1979 年提出了贫营养细菌的概念, 后期人们长期研究发现, 处于贫营养状态下的细菌有很多能穿过 0.45μm 的滤膜, 这种细菌被称为低核酸（low nucleic acid, LNA）含量细菌（Wang et al., 2009; Bouvier et al., 2007）。很多细菌在这种状态下虽然还有一定活性, 但已经丧失在培养基中生长发育的能力, 这种细菌被称为非可培养（viable but non-cultivable, VBNC）细菌（Fakruddin et al., 2013）。我国饮用水大多数情况下使用氯气进行消毒。研究表明, 经氯气消毒的水体中主要为低核酸含量细菌（Prest et al., 2014）。综合比较可看出, FCM 测量饮用水中细菌指标更显优越性。

近年来, FCM、ATP 分析与高通量技术结合研究水中微生物, 日益成为人们关注的焦点。Vital 等（2012）对饮用水中细菌含量用流式细胞仪与三磷酸腺苷进行检测, 并评价该法检测水体处理过程与配水系统中生物稳定性的可行性。选取阿姆斯特丹两个大型城市饮用水处理厂（无消毒剂）进行分析, 跟踪两个处理系统中的生物稳定性。分析将 FCM 与 ATP 分析结合能否准确描述饮用水系统中微生物量变化, 以及这些方法对非氯气消毒配水系统是否适用, 与传统的培养细菌法进行对比分析并得出结论：将 FCM 与 ATP 分析结合对饮用水中微生物进行分析是具有应用价值的。

4.2 饮用水管道环境微生物研究路径

饮水安全问题主要包括三个方面。①源头问题：饮用水水源的污染, 由于各大水源地的选取都要根据《地表水环境质量标准》（GB 3808—2002）进行严格把控, 且水源地往往都有良好的保护措施, 因此水源地污染主要来自自身环境生态失衡, 如藻类暴发等。②中部供水问题：经水厂处理后的水由于某些客观原因不能直接输送到用户家中，而输送到中部储水设备中，对其进行再分配，这种状态下极易造成水污染。③龙头问题：自然或非自然因素导致滞留，饮用水水质往往会受到严重的影响。针对这些可能发生的饮用水污染状况，国内外学者尝试对饮用水系统进行系统化研究，主要研究内容如下。

4.2.1 滞留与温度诱导室内饮用水管道细菌增殖

国外对有关饮用水滞留导致室内饮用水管道细菌增殖的研究已有报道，而我国对于该方面的探究鲜见报道。水温与滞留时间被认为是影响饮用水中化学和微生物指标的关键性因素，两者联合对饮用水的影响却鲜见报道。Zlatanovic 等（2017）对滞留时间与温度对水中微生物增长和化学指标变化的偶联机制进行了探究，选取洗手间、洗衣房、厨房三大类共 11 个点，设置不同滞留时间（40min、4h、10h、24h、48h、96h、168h）进行采样，并分别取厨房和洗手间的管道（20cm长，取样 3 次）进行生物膜分离。将生物膜分离结果根据管道表面积和体积进行归一化分析，采用 FCM 进行细菌总数和高低核酸分析，采用 HPC 法对可培养细菌总数进行分析，采用测序进行生物群落分析，并且对其冬季和夏季情况进行分析对比。研究表明，经过一段时间的滞留，水生化指标均出现不同程度改变。滞留时间达到 48h 时，无论冬夏季，铜释放量达到最大，TOC 浓度随滞留时间的增加而逐渐减小，HPC 表明可培养细菌总数随滞留时间增加而逐渐增大；当滞留时间达到 168h 时，厨房与淋浴用水中可培养细菌总数分别增加为起始的 100 倍和200 倍。在夏季，随着滞留时间的增加，HPC 法所得数目持续增加，冬天则表现出先增后减的趋势。ATP 浓度冬季随滞留时间增加呈现先增后减，夏季则无明显变化，表明夏季滞留时间的增加并没有使水体中的细菌变得更加活跃。该研究虽对于饮用水及生活用水进行了系统的分析，但并没有就滞留时间对饮用水安全问题提供明确的说明及借鉴。

Emilie 等（2018）对大型建筑物中滞留水体及水体出流体积与微生物的关系进行了探究，于 2012 年 6 月与 12 月采取加拿大一家儿童医院的冷水（26.2℃）与热水（61.6℃）。控制停滞时间为 1h、24h、48h、72h、120h 和 240h，对每个系统进行 6 次取样，分别从水龙头采取出流水 15mL、35mL、200mL、250mL、500mL，再将水流淌 2～5L 后接水 250mL，最后经过 5min 的冲洗后接水 250mL。不同水量的选取，通过前期计算对水体所处位置进行定量。前 15mL 水体对应滞留于水龙头中的水体，以此类推，最后 250mL 水体则对应于主管道中的水体。研究者主要对冷热水系统中不同体积水的温度、pH、余氯浓度、细胞浓度（区分死活）、HPC 数量进行测量。实验发现，在前 0～500mL 的水样中，HPC 数量急剧减少，尤其是前 15mL 的水样。于是，又对 HPC 数量与各体积水样对应管道比表面积进行线性分析，表明 HPC 数量与水样对应管道比表面积呈显著性正相关（$R^2 \geqslant 0.97$）。水体滞留 24h 与滞留 10d 并无较大差别。此外，对生物膜与细菌可培养数之间的关系进行了探究，结果表明生物膜是滞留后水体污染的主要原因，在考虑实施节水器具前，还需考虑其可能存在的微生物增殖风险。比表面积越大，细菌增殖就越快。在滞留 24h 或更长时间后，大量冲洗管道可在一定程度上规避饮用水细菌二次增长带来的危害。

4.2.2　饮用水中庞大而复杂的微生物群落

2012～2013 年，Ji 等（2015）对美国东部 5 家自来水公司安装的标准化建筑管道设备进行了研究，探究水中化学物质、管道材料和滞留对建筑物自来水前体管道中微生物影响；21 种化学物质检测参数表明，总余氯浓度、pH、总磷浓度、硫酸根离子浓度和镁含量与水中微生物组成和多样性息息相关；对不同地点的公共设施化学指标进行 PCA 分析，结果表明各公共设施的当地水化学指标有显著差异，滞流期间化学指标发生显著变化，不同管材对水质化学参数的影响巨大；高通量测序结果表明，3 个古菌门和 37 个细菌门被检出，其中古菌序列占 0.002%，细菌序列约占 99.3%，未分类序列约占 0.7%，主要菌门有放线菌门（Actinobacteria）、拟杆菌门（Bacteroidetes）、蓝细菌门（Cyanobacteria）和变形菌门（Proteobacteria），机会致病菌属有军团菌属（*Legionella*）、分枝杆菌属（*Mycobacterium*）和假单胞菌属（*Pseudomonas*）。

为了可持续地处理和分配水，研究人员必须要接受饮用水中微生物无处不在的这一事实，并在这一领域上不断深入发掘、掌握规律，来掌握水中微生物状况。Proctor 和 Hammes（2015）对工业化国家背景下饮用水集中处理微生物学进行了探究，概括了微生物管理的潜在途径，强调了关键研究领域。所有的饮用水群落组成研究都一致认为饮用水系统中微生物群是复杂的，包括多达 48 个门和超过 4000 个 OTU，微生物群落倾向于以假单胞菌群为主，不同供水管网系统中变形杆菌所占成分有所不同。有研究对饮用水中细菌总数进行了大量概括总结，发现浮游细菌浓度总是维持在 $10^3 \sim 10^5$ 个/mL，但只占管网细菌总数的 2%，生物膜中有超过 80% 的细菌（$10^4 \sim 10^8$ 个/cm²）（Inkinen et al.，2014；Lautenschlager et al.，2013；Liu et al.，2013a，2013b）。由于长时间的滞留，水温逐渐达到室内水平，管道中的消毒物质也会随时间的推移而大量消散，管道内的生物呈指数增长（Wang et al.，2014；Lautenschlager et al.，2010）。另外，聚合物材料也可引起管道内细菌大量增长。研究表明，很微量的聚合物也可能使管道内整个生物群落发生改变（Baron et al.，2014），金属管道在短期内比聚合材料管道更能有效抑制管道内生物膜的形成（Zhu et al.，2014）。

Chan 等（2019）对饮用水系统微生物膜中细菌数量的释放及微生物种群结构进行了探究，证明超滤处理后的水体中细胞数降至 500～1500 个/mL。经过滤之后，管道中的浮游细菌由之前的 99.5%来源于处理厂变为 58%来源于管道微生物膜，表明超滤处理改变了饮用水生物群的来源，从生物膜释放到饮用水中的细菌数量为$(2.1\pm1.3)\times10^3$ 个/mL。随着管网分配系统的推移，高核酸（high nucleic acid，HNA）含量细菌及完整细胞所占百分比逐渐增加。16S rRNA 扩增子分析表明，29 个 OTU 细菌数量显著增加，包括鞘氨醇单胞菌属（*Sphingomonas*）、硝化螺旋菌属（*Nitrospira*）、分枝杆菌属（*Mycobacterium*）和生丝微菌属（*Hyphomicrobium*）。

Ji 等（2017）对热水器中温度（39℃、48℃、51℃、58℃）、管道中水流方向（上向流、下向流）和用水频率（每周冲洗 21 次、3 次、1 次）进行研究。研究表明，硝化螺旋菌门中的硝化螺旋菌属（*Nitrospira*）占比最大。随着温度和滞留时间的增加，散装水和生物膜中 OTU 呈相似变化趋势。当温度大于 51℃时，管道水与生物膜中的共有 OTU 比例有所增加；当温度小于 51℃时，使用频率越高，其中相同 OTU 比例越低，表明在滞留和温度升高期间管道水中微生物增加很有可能是由于管道生物膜中细菌释放及增殖。管道水的流向也会影响水中与生物膜中相同 OTU 比例。β 多样性分析表明，进水管和回流管之间的 OTU 差距巨大，管网末端与这两个部分 OTU 有明显的重叠，有 19 个 OTU 是共有的，被称为核心OTU。军团菌属（*Legionella*）随着温度的升高呈现减少趋势。2015 年，荷兰学者对饮用水配水系统中的细菌动态变化过程进行探究，评估过滤处理的不含消毒剂残留水系统中的生物稳定性（El-Chakhtoura et al.，2015），发现细菌群落结构在配水过程中发生变化，在配水系统中检测到的细菌丰度更大。酸杆菌门（Acidobacteria）和芽单孢菌门（Gemmatimonadetes）为主要菌门，罕见菌门表现出高动态性，这是水分配过程中细菌种群结构变化的主要原因。

4.2.3　管材及流速对饮用水中细菌增殖特征的影响

Lehtola 等（2006）发表了关于流速对铜管和塑料管中生物膜形成和水中细菌浓度影响的相关文章。制作两套试运行循环管道系统，控制管道内水流速度（0.2～1.3L/min），研究生物膜形成状况及水质变化。结果表明，水中流速增加可促使生物膜的快速增长，这可能是由于流速增加加快了管壁微生物与水中营养物质的传质速率。虽然在长期运行中生物膜均有不同程度的增长，但水中浮游细菌总数并无明显增加。突然的流速增加可使水中细菌数及各指标增加，这是因为流速突然增加会对生物膜中的细菌进行冲刷并使水中一些其他物质重新悬浮。Inkinen 等（2014）对某一运行 12 个月的办公大楼供水系统进行研究，评估管道材料和温度对水质和生物膜的影响。结果表明，水的状态（流动或静止）和温度是管网中金属物质释放和细菌增殖的重要影响因素。

4.2.4　饮用水处理工艺对细菌增殖的影响

2007 年，Hammes 等（2008）使用荧光染色 FCM 评估以湖水（细菌浓度为 10^6 个/mL）作为饮用水水源，经试运行处理厂不同处理工艺后的总细胞浓度变化，确定水处理过程中细菌再生长的主要环节。研究表明，氧化处理可将原水中细菌大大减少（10^3 个/mL），在颗粒活性炭（granular activated carbon，GAC）过滤过程中细菌大量增殖（10^5 个/mL），超滤处理可将细菌大大减少（$10^2 \sim 10^3$ 个/mL）。Wang 等（2013）运用 GAC 生物过滤有效降低水中 TOC 浓度（降低了 31%～71%），定量聚合酶链式反应结果表明，氯对分枝杆菌属和棘阿米巴属的控制更加有效，军团菌属对氯胺更加敏感。Liu 等（2018）利用微生物来源分析 Source Tracker 方法，探究水源水、处理水和配水系统在形成自来水细菌群落方面的贡献。自来水中浮游细菌群落结构会随着管网中的位置改变而改变，自来水配水系统中的水体细菌群落并没有检测到水源的贡献，经处理的出厂水是自来水浮游细菌的主要来源（17%～54%），水中的悬浮颗粒伴生菌群与配水系统中的松散沉积物和生物膜有关。合理地选择净化工艺，可有效控制自来水中的细菌。

4.2.5　机会致病菌

Liu 等（2019）于 2015～2016 年对我国北方饮用水管道中典型的机会致病菌（OPPP）进行检测，对 11 个样点进行了长达一年的检测，以探明饮用水中 OPPP 的流行率及其随季节的变化规律、不同使用频率下 OPPP 的分布特征，以及水中化学指标（如氯浓度、浊度等）与 OPPP 的相关性。结果表明，军团菌属和分枝杆菌属拷贝数明显高于气单胞菌属（Aeromonas）。其中，军团菌和分枝杆菌的检出率为 100%，铜绿假单胞菌和气单胞菌的检出率分别为 79.54% 和 77.27%。另外，实验表明，OPPP 的拷贝数在夏季时最高。使用频率低的水龙头中 OPPP 拷贝数高于使用频率高的水龙头，但差距并不明显，表明水龙头在闲置状态下往往会诱发有害微生物的增殖。OPPP 拷贝数与管网余氯浓度呈负相关。

综上所述，近些年饮用水的研究热点为评价不可避免的滞留对饮用水水质健康的影响。我国这方面研究鲜见报道，主要从滞留诱导水中细菌总数的变化情况、ATP 含量的变化、微生物群落的演替及水中可能滋生的 OPPP 变化、生物膜的形成与释放进行探究，但这些研究往往缺乏对细菌代谢活性的探讨。

4.3　主要研究方法

本章运用现代化分子生物学技术与传统典型生物学技术相结合的手段，对不可避免的自然因素导致的水体滞留下水中微生物变化进行探究，辅以一些重要化学指标的测定，对滞留前后水体进行系统探究。以下介绍本章涉及的主要技术。

4.3.1　生物化学发光仪检测水中 ATP

ATP 存在于各类细胞中，被誉为细胞的分子货币，因此 ATP 检测成为水中细菌快速检测的一种方法（Webster et al.，1985；Knowles，1980）。同类活细胞中的 ATP 含量基本一致，体细胞中 ATP 含量约为 1.5×10^{-15} mol，细菌细胞约含有 2×10^{-18} mol。细胞在凋亡状态下，ATP 含量也有所变化。1966 年，Holm-Hansen 和 Booth（1966）首次将该方法应用于水体微生物活性检测中，而 ATP 检测用于饮用水研究领域仅有十多年历史。Zhang 等（2019b）认为运用 ATP 检测技术可迅速便捷地对饮用水中微生物稳定性进行检测。Delahaye 等（2003）运用 ATP 检测方法对饮用水中微生物稳定性进行检测，结果表明以地下水作为供水的水体微生物更具有稳定性。用 ATP 含量对水中微生物进行评估，大量前人研究表明，经氯消毒的细胞可释放出大量 ATP，因此胞内 ATP 的检测显得尤为重要，尤其是在氯消毒系统中（Ramseier et al.，2011；Eydal and Pedersen，2007）。另外，Prest 等（2014）指出，水中 HNA 含量细菌比 LNA 含量细菌更具有活性，ATP 含量更高。据此推测，氯消毒饮用水系统中 LNA 含量细菌可能占主要组分。在复杂多变的饮用水管道生态系统中，仅仅用此技术对其中微生物进行分析显然是远远不够的，往往要结合多种分析技术（如 FCM、高通量测序技术等）才能对其进行详尽的描述。

4.3.2　碳源代谢指纹技术测定微生物活性

BIOLOG 技术，又称微生物碳源代谢指纹技术，主要用于环境群落微生物研究。近年来，基于生物标志物和分子生物学方法（DGGE、FISH、高通量测序等）的研究层出不穷。这些方法虽给人们对微生物群落结构的探究带来曙光，但无法对微生物群落的代谢活性进行表征，而 BIOLOG 技术可弥补这一不足。BIOLOG 中的 ECO 板是专门用于生态研究（如水体、土壤及 AS）的一类微平板，在国际上已经成为一种经典的微生物生态研究方法。ECO 板有 96 个微孔，包含三组平行微孔，每组平行的微孔中含有 31 种碳源和 1 个空白孔，31 种碳源可分为 6 大类，分别为酸类、糖类、氨基酸类、酯类、醇类和胺类，详见表 4.6。

表 4.6　BIOLOG-ECO 微平板中单一碳源组分

酸类	糖类	氨基酸类	酯类	醇类	胺类
D-半乳糖醛酸	D-木糖	L-精氨酸	丙酮酸甲酯	赤藻糖醇	苯乙基胺
D-氨基葡萄糖酸	α-D-乳糖	L-天冬酰胺酸	吐温 40	D-甘露醇	腐胺
2-羟苯甲酸	β-甲基-D-葡萄糖苷	L-苯基丙氨酸	吐温 80	D,L-α-甘油	N-乙酰基-D-葡萄胺
4-羟基苯甲酸	葡萄糖-1-磷酸盐	L-丝氨酸	D-半乳糖酸-γ-内酯	—	—
γ-羟基丁酸	α-环状糊精	L-苏氨酸	—	—	—
衣康酸	肝糖	甘氨酰-L-谷氨酸	—	—	—
α-丁酮酸	D-纤维二糖	—	—	—	—
D-苹果酸	—	—	—	—	—

微生物利用碳源进行生长发育的本质是电子的转移过程，板中的四唑类染料可与自由电子发生显色还原反应，显色越严重，产生的自由电子越多，表明代谢活性越高。由于微生物的代谢能力很大程度上取决于其自身属性，因此在微平板上检测其对单一碳源的利用能力（sole carbon source utilization，SCSU）可对微生物代谢活性进行表征。BIOLOG 技术问世以来，多用于土壤中微生物种群结构的检测，而在饮用水中的应用鲜见报道。

4.3.3　高通量测序技术

高通量测序技术已成为一项常规的实验技术。随着分子生物学技术的不断精进，相继出现了第一代测序技术、第二代测序技术与第三代测序技术。第一代测序技术是将结合在待定模板上的序列用 DNA 聚合酶进行延伸，直至核苷酸终止链出现；第二代测序技术中片段化的基因 DNA 两端同时进行扩增，用不同的步骤产生几十万条或几百万条 PCR 扩增序列，每个序列是由多个拷贝组成的单个文库片段，再大规模进行引物杂交和酶链反应；第三代测序技术不需要进行 PCR 扩增，可对每一条基因链进行全长测序，主要分为单分子荧光测序与纳米孔测序。目前，第二代测序技术在饮用水微生物群落结构的探索领域发挥着至关重要的作用，从源头到管网，乃至龙头及水处理厂都有所涉及。Zhang 等（2019a，2019b）和 Ling 等（2016）运用高通量测序技术对全国 18 座 WWTP 中的 nirS 型反硝化细菌进行探究，还运用该技术对水源水库藻暴发期真菌种群结构进行了详尽探究。目前，高通量测序技术在检测微生物种群结构领域已成为主流。

4.4　滞留饮用水管道细菌增殖季相演替

在饮用水供水系统中，环境温度和滞留时间被认为是影响水质的两大重要因素（Kogure et al.，1979）。目前为止，前人已基于水中温度和滞留时间对水中细菌增殖特征的影响做了大量研究，但往往是基于人为控制影响下的变化特征，对于现实生活中是否具有指导意义还有待商榷。四季更替的自然原因导致供水管网中温度改变进而影响水中细菌变化特征的研究仍鲜见报道。Zlatanovic 等（2017）对荷兰某供水管网中冬夏季细菌增殖特征进行研究，并对水中微生物群落结构进行分析。Ling 等（2016）对大城市水表中生物膜与浮游细菌种群结构进行了季节性分析。Ji 等（2015）通过控制热水器温度和使用频率，对水龙头中微生物种群结构做了详尽探究。总之，人们对于饮用水中细菌变化特征的系统研究甚少。本书将系统地对饮用水水质随季节演替的特征进行探究，结合微生物代谢指纹技术，以期为市政管网中微生物生态结构的研究提供借鉴。

4.4.1　材料与方法

为使实验结果更具有代表性，进行实地采样，且采取不同环境下的过夜滞留水体与新鲜水体。采样点位于陕西省西安市四座不同规格的建筑物内（东经107°40′~109°49′，北纬33°39′~34°45′）。饮用水供水系统为常规处理系统，即原水（水源水库）—混凝—沉淀—过滤—消毒（氯消毒系统）—管网。

用 FCM 和 SYBR Green Ⅰ 检测细胞总浓度，此浓度包含自来水中所有可培养和不可培养的细胞浓度。FCM 检测样品采集后 1h 内保存于 4℃ 冰箱中，4h 内检测完毕。在无水二甲基亚砜中稀释了 100 倍的 10μL/mL SYBR Green Ⅰ 用于黑暗中染色细菌细胞，然后将样品放入金属浴中，在 30℃ 黑暗条件下染色 20min，随后进行样品测定。样品在分析前用超纯水稀释至原液的 0.2 倍，以确保背景和细菌清晰分离。每个样品设置三个平行样（$n=3$），用 CyFlow-SL 装置和 30mW 固体激光（488nm）进行检测。绿色荧光信号采集于 FL1（500nm）通道。FCM 的操作：用超纯水清洗针头至注射速率小于 10 次/s，以 30μL/s 的中速进行细胞计数。FCM 的系统误差一般不超过 5%。

为了快速检测饮用水的 ATP 含量，用生物化学发光仪配合 ATP 检测试剂测定饮用水的总 ATP 浓度和游离 ATP 浓度。简言之，水样（500μL）和 ATP 检测试剂（50μL）分别盛放于无菌尖底离心管（1.5mL）中，分别在金属浴锅中以 38℃ 加热10min 和 2min。然后将二者混合并加热 20s，随后立即测量其发光值。数据以相对光单位的形式表示，并通过用已知 ATP 标准建立的标准曲线转换为 ATP 浓度（nmol/L）。使用 0.1μm 无菌滤头过滤后，通过上述操作测量每个样品的游离 ATP

浓度。用每个样本的总 ATP 浓度减去游离 ATP 浓度，得到胞内 ATP 浓度。所有样品一式三份（$n=3$）。

为了评价样品的微生物群落活性，采用微生物碳源代谢指纹（BIOLOG）技术对样品的微生物群落活性和碳代谢进行测定。生态板包括 31 种不同碳源，包括酯类、糖类、醇类、氨基酸类、胺类、酸类。在每个生态板中设置三个平行样和 96 孔。在清洁的工作台上，将每个样品用电子移液枪注入 ECO 微孔中，每个孔注入 150μL。所有注射样品后的 ECO 板在 28℃±2℃ 的黑暗培养箱中培养 240h，每 24h 用 BIOLOG 自动微生物鉴定系统检测一次。用 120h 或 144h 的 OD 值（590nm 处的平均每孔颜色变化率 $AWCD_{590nm}$）计算碳源利用率，用各时间点的数据计算平均 OD 值（$AWCD_{590nm}$），作为细菌群落代谢活性的指标。

4.4.2　饮用水管道过夜滞留水体细菌再增长的季相演替

由图 4.1 可知，室内管道中细菌含量及再增长特征随四季演替呈现明显的规律性变化。八次采样中滞留水体与新鲜水体中细菌浓度分别如下。

春季：$1.03 (0.34\sim2.53) \times 10^5$ 个/mL vs $0.37 (0.16\sim0.69) \times 10^5$ 个/mL，
　　　未检测；
夏季：$1.80 (0.77\sim4.03) \times 10^5$ 个/mL vs $0.87 (0.19\sim2.29) \times 10^5$ 个/mL，
　　　$2.04 (0.49\sim3.55) \times 10^5$ 个/mL vs $0.62 (0.17\sim1.94) \times 10^5$ 个/mL；
秋季：$1.04 (0.38\sim2.21) \times 10^5$ 个/mL vs $0.48 (0.17\sim1.39) \times 10^5$ 个/mL，
　　　$0.91 (0.35\sim2.24) \times 10^5$ 个/mL vs $0.49 (0.14\sim1.51) \times 10^5$ 个/mL；
冬季：$0.90 (0.29\sim2.38) \times 10^5$ 个/mL vs $0.57 (0.15\sim1.57) \times 10^5$ 个/mL，
　　　$1.17 (0.27\sim2.52) \times 10^5$ 个/mL vs $0.74 (0.15\sim2.07) \times 10^5$ 个/mL

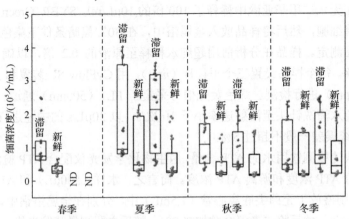

图 4.1　室内饮用水管道滞留水体与新鲜水体中细菌增殖情况季相演替规律

ND 表示未检测

可以看出,过夜滞留水体中平均细菌浓度随春夏秋冬季相演替先增加后减少。滞留水体中细菌浓度分别是新鲜水体中细菌浓度的 2.79 倍、2.07 倍、3.31 倍、2.17 倍、1.83 倍、1.58 倍和 1.59 倍。由此可知,除了春季第一次取样,室内饮用水管道水中细菌增殖能力随着季节演替呈规律性变化。由于北方冬季室内具有供暖系统,春季第一次取样的异常很可能是由于部分样点来自暖气存在情况下的室内管道水（Zhang et al., 2021）。

4.4.3　定量评估滞留前后水体生物稳定性的季相演替

室内饮用水管道水中 ATP 含量在滞留后有不同程度的增长。如图 4.2（a）所示,八次取样管道水滞留前后水体总 ATP 浓度平均值分别约为 $8.17×10^{-12}$gATP/mL vs $1.23×10^{-12}$gATP/mL, $6.36×10^{-12}$gATP/mL vs $2.23×10^{-12}$gATP/mL, $19.06×10^{-12}$gATP/mL vs $4.09×10^{-12}$gATP/mL, $8.90×10^{-12}$gATP/mL vs $1.33×10^{-12}$gATP/mL, $15.93×10^{-12}$gATP/mL vs $10.15×10^{-12}$gATP/mL, $3.38×10^{-12}$gATP/mL vs $0.63×10^{-12}$gATP/mL, $3.37×10^{-12}$gATP/mL vs $2.15×10^{-12}$gATP/mL, $3.92×10^{-12}$gATP/mL vs $0.98×10^{-12}$gATP/mL（滞留水体总 ATP 浓度 vs 新鲜水体总 ATP 浓度）。滞留水体总 ATP 浓度分别约为新鲜水体总 ATP 浓度的 6.64 倍、2.86 倍、4.66 倍、6.68 倍、1.57 倍、5.38 倍、1.56 倍和 3.99 倍。四季管道水滞留前后的总 ATP 浓度平均值分别约为 $7.26×10^{-12}$gATP/mL vs $1.72×10^{-12}$gATP/mL, $13.98×10^{-12}$gATP/mL vs $2.71×10^{-12}$gATP/mL, $9.65×10^{-12}$gATP/mL vs $5.39×10^{-12}$gATP/mL, $3.64×10^{-12}$gATP/mL vs $1.56×10^{-12}$gATP/mL（滞留水体总 ATP 浓度 vs 新鲜水体总 ATP 浓度）。总 ATP 浓度随季节变化先增大后减少,四季滞留水体中总 ATP 浓度分别约为新鲜水体总 ATP 浓度的 4.20 倍、5.15 倍、1.79 倍和 2.32 倍,春夏二季增长倍数最大。对比流式细胞仪所测结果（图 4.1）,可看出总 ATP 浓度增长倍数均大于细菌浓度增长倍数。由此可知,室内管道水经一夜滞留后的总 ATP 浓度增加并不单纯是细菌总数增加导致的。因此,对水中细菌胞内 ATP 进行定量检测显得至关重要。

如图 4.2（b）所示,胞内 ATP 浓度表现出与总 ATP 浓度相似的变化趋势。八次取样管道水滞留前后水体胞内 ATP 浓度平均值分别约为 $9.64×10^{-17}$ gATP/mL vs $3.28×10^{-17}$g ATP/mL, 未检测, $14.60×10^{-17}$gATP/mL vs $7.74×10^{-17}$gATP/mL, $5.94×10^{-17}$gATP/mL vs $2.55×10^{-17}$gATP/mL, $8.43×10^{-17}$gATP/mL vs $4.15×10^{-17}$gATP/mL, $4.37×10^{-17}$gATP/mL vs $1.97×10^{-17}$gATP/mL, $3.35×10^{-17}$gATP/mL vs $1.85×10^{-17}$gATP/mL, $3.07×10^{-17}$gATP/mL vs $1.57×10^{-17}$gATP/mL,滞留后胞内 ATP 浓度分别增长了 1～3

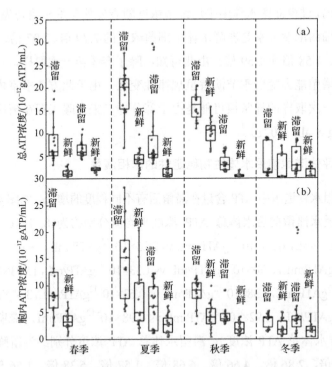

图 4.2　室内饮用水管道滞留水体与新鲜水体中 ATP 浓度季相演替规律

(a) 总 ATP 浓度；(b) 胞内 ATP 浓度

倍不等，且高温期及采暖期表现出略高的趋势。ATP 浓度与温度有很好的正相关性。无论是总 ATP 浓度，还是胞内 ATP 浓度，大致与前人研究相似（Emilie et al., 2018；Lautenschlager et al., 2010）。Zhang 等（2019b）对前人将 ATP 检测运用于饮用水微生物稳定性评价方面的研究做了大量总结，发现对水中细菌胞内 ATP 进行测量可快速评估饮用水中微生物稳定性，本小节细菌增长特征及胞内 ATP 变化特征可为该结论提供现实依据。排除人为因素（暖气诱导）影响，室内饮用水管道滞留期的细菌稳定性随季节演替呈现规律性变化。

4.4.4　微生物碳源代谢指纹技术表征细菌活性的季相变化

　　为进一步表征室内饮用水管道水体滞留前后的细菌代谢活性及特征，采用微生物碳源指纹代谢技术。如图 4.3 所示，经过一夜滞留后，四个季节水体中微生物代谢活性（AWCD$_{590nm}$）均有不同程度提高。四个季节室内饮用水管道中滞留水体与新鲜水体在注入 BIOLOG-ECO 板 240h 时的代谢活性（OD 值）分别约为

1.48vs0.30、1.01vs0.42、0.77vs0.37、0.96vs0.35（二次供水，对应点 1）和 0.69vs0.02、0.65vs0.04、0.58vs0.16、0.63vs0.30（集中供水，对应点 2）。由此可知，各季度集中供水新鲜水体中微生物代谢活性（AWCD$_{590nm}$ 平均值为 0.17）均保持在较低水平，二次供水中"新鲜水"（水箱水）微生物代谢活性（AWCD$_{590nm}$ 平均值为 0.36）是集中供水的 2.12 倍，表明水箱环境可能更利于细菌生存代谢。对集中供水及二次供水中滞留水体进行对比分析，可以明显看出二次供水点水样细菌代谢水平明显高于集中供水点（$P<0.01$）。无论是滞留水体还是新鲜水体，无二次加氯的二次供水系统中水体微生物更加活跃，微生物污染的可能性更大。另外，采样期二次供水与集中供水水体微生物代谢活性一夜滞留后分别为滞留前的 4.99 倍、2.40 倍、2.08 倍、2.74 倍和 34.50 倍、16.25 倍、3.63 倍、2.07 倍。可以看出，二次供水水体由季节演替带来的菌体代谢水平差异并不明显，这可能是由于水箱水

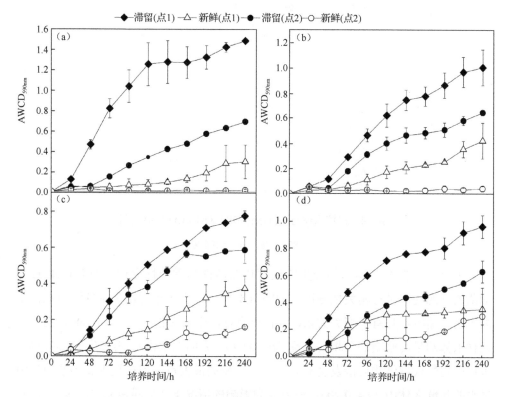

图 4.3　室内饮用水管道滞留水体与新鲜水体中细菌代谢活性随季节演替规律

（Zhang et al.，2021）

（a）春季；（b）夏季；（c）秋季；（d）冬季

中细菌本身代谢活性较高，相比于集中供水，"新鲜"水体细菌基数较大。集中供水细菌总处于低代谢水平状态，这很可能是由于管网中余氯对细菌代谢活性的抑制作用。图4.4为BIOLOG-ECO板显色图，颜色越深表明碳源被利用得越充分，表明滞留可诱导室内饮用水管道中微生物代谢活性明显增强。

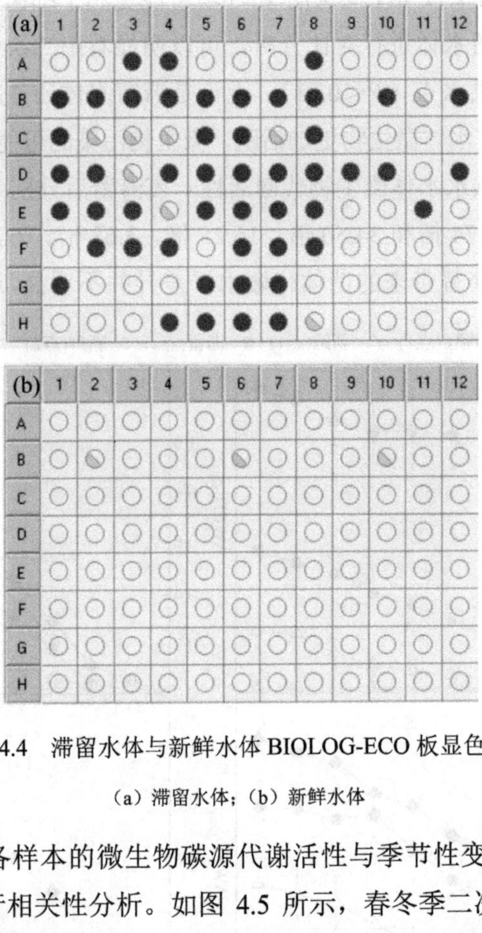

图4.4　滞留水体与新鲜水体 BIOLOG-ECO 板显色图

（a）滞留水体；（b）新鲜水体

　　为进一步探究各样本的微生物碳源代谢活性与季节性变化，对各样本120h细菌的碳源利用进行相关性分析。如图4.5所示，春冬季二次供水的滞留水体中微生物代谢特征具有正相关关系，且在所有样品中相关性最高（$r=0.64$），而春冬新鲜水体却呈现略微的负相关关系（$r=-0.07$），表明二次供水在经历过夜滞留后，水体微生物代谢结构可能发生显著改变。负相关最大点出现在夏季和冬季的集中供水的新鲜水体中（$r=-0.20$），在无人为影响的情况下（如滞留非二次供水），水中微生物代谢特征在一定程度上受季节影响。

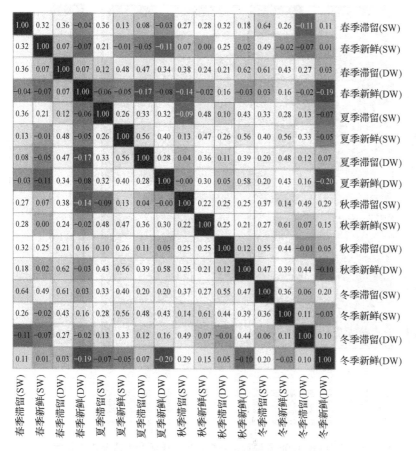

图 4.5　BIOLOG-ECO 板 120h 碳源代谢各样点相关性分析

DW-集中供水；SW-二次供水

　　如图 4.6 所示，分别对各采样点进行单一碳源热图分析。总体来看，室内管道滞留水体对各碳源的利用情况明显高于新鲜水体，春季二次供水滞留水体中微生物对各碳源利用最为充分，很可能是由于采样期恰逢北方冬季供暖期。最易被饮用水中微生物利用的碳源为丙酮酸甲酯，表明不同时空饮用水细菌微生物种群结构可能各不相同，从而使水中微生物对碳源的代谢能力不尽相同。另外，最不易被利用的碳源有 2-羟苯甲酸、α-丁酮酸、苯乙基胺、β-甲基-D-葡萄糖苷，含有这些碳源的 BIOLOG-ECO 平板孔中微生物对碳源的利用没有明显改变。对饮用水中微生物的"喜好"进行探究，可为市政管网抑菌材料的制备提供借鉴。

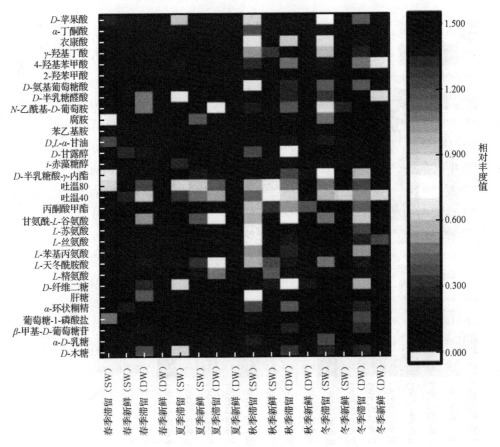

图 4.6　BIOLOG-ECO 板 120h 碳源代谢各样点单一碳源利用情况热图分析

4.4.5　水体滞留前后细菌多样性分析

对春夏秋冬滞留水体与新鲜水体细菌进行多样性检测，结果如表 4.7 所示。16 个样品共鉴定出 650965 条高质量序列，其中滞留水体与新鲜水体平均序列数约为春季 45813vs27535，夏季 50259vs48540，秋季 47142vs30216，冬季 39149vs36830，经过一夜滞留后分别约为滞留前的 1.66 倍、1.04 倍、1.56 倍和 1.06 倍。滞留水中总 OTU 数为 3399，新鲜水体中为 3045。OTU 数随季节演替各不相同，春季滞留水体中 OTU 数均低于新鲜水体，秋季呈相反的趋势，夏季与冬季并无明显规律。最大 OTU 数出现在夏季第二个采样点的滞留水体中（B-3：638），最小 OTU 数出现在秋季第一个样点的新鲜水体中（C-2：222）。总体来说，水体经过一夜滞留 OTU 数略有增高。Chao 1 指数均大于 OTU 数，表明样品中存在未被探明的序列，有待进一步研究。香农指数表明，除春季外，室内饮用水经过一夜滞留后细菌群落多样性有所增高，辛普森指数表现出相同规律。

表 4.7　春夏秋冬滞留水体与新鲜水体多样性指数

样品名称	读长	0.97 水平			
		OTU 数	Chao 1 指数	覆盖率/%	香农指数	辛普森指数
A-1	55523	302	386 (346, 463)	99.9	2.7 (2.69, 2.72)	0.1351 (0.1337, 0.1366)
A-2	26021	345	410 (373, 493)	99.9	4.57 (4.56, 4.59)	0.0257 (0.0250, 0.0264)
A-3	36102	512	566 (543, 607)	99.9	4.41 (4.40, 4.43)	0.0263 (0.0258, 0.0268)
A-4	29048	591	658 (630, 705)	99.9	4.42 (4.40, 4.44)	0.0340 (0.0332, 0.0348)
B-1	50675	336	357 (345, 384)	99.9	3.51 (3.49, 3.53)	0.0874 (0.0855, 0.0892)
B-2	55290	344	373 (355, 418)	99.9	3.04 (3.02, 3.05)	0.1482 (0.1462, 0.1503)
B-3	49843	638	730 (695, 787)	99.9	3.82 (3.80, 3.84)	0.0919 (0.0899, 0.0939)
B-4	41789	455	520 (493, 565)	99.9	2.72 (2.70, 2.74)	0.1905 (0.1873, 0.1936)
C-1	52463	295	342 (316, 401)	99.9	3.65 (3.64, 3.67)	0.0528 (0.0520, 0.0535)
C-2	18727	222	231 (225, 249)	99.9	3.10 (3.07, 3.13)	0.1266 (0.1232, 0.1300)
C-3	41821	519	593 (564, 643)	99.9	3.24 (3.22, 3.26)	0.1083 (0.1064, 0.1102)
C-4	41705	379	428 (404, 473)	99.9	2.77 (2.76, 2.79)	0.1619 (0.1592, 0.1647)
D-1	47231	260	276 (266, 303)	99.9	3.43 (3.41, 3.44)	0.0658 (0.0650, 0.0667)
D-2	41430	329	365 (346, 406)	99.9	2.05 (2.03, 2.07)	0.3052 (0.3008, 0.3096)
D-3	31067	537	632 (597, 688)	99.9	3.43 (3.41, 3.45)	0.0887 (0.0870, 0.0903)
D-4	32230	380	431 (408, 472)	99.9	2.72 (2.70, 2.74)	0.1411 (0.1390, 0.1432)

注：A、B、C、D 分别表示春、夏、秋、冬四季，其后数字为单数代表滞留水体，为双数代表新鲜水体。

4.4.6　水体细菌群落结构组成分析

如图 4.7 所示，随着季节演替，过夜滞留水体与新鲜水体细菌种群（门水平）

各不相同，秋季与冬季种群相似度高。从组内分析来看，经过一夜滞留，细菌种群结构均发生改变。整个样品中变形菌门（Proteobacteria）占比最大（31.06%～97.20%），其次为放线菌门（Actinobacteria）（0.88%～16.81%）。各样品厚壁菌门（Firmicutes）在新鲜水体中占比均较滞留水体中大，变形菌门（Proteobacteria）总体上在滞留水体中占比较大。这主要是因为在长期滞留状态下，管道内溶解氧被逐渐消耗，形成无氧或缺氧环境，更利于变形菌门物种生长发育。

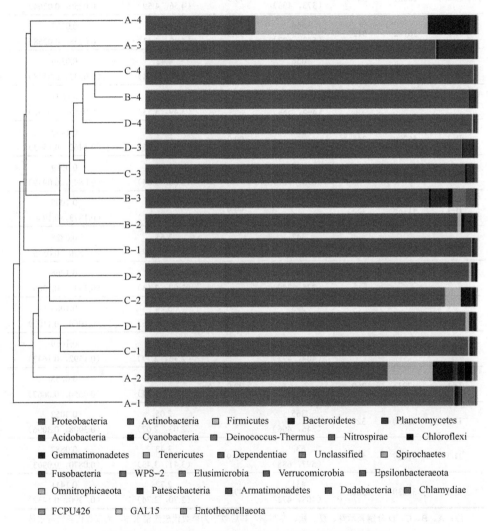

图 4.7 过夜滞留水体细菌种群结构随四季演替聚类分析

为进一步探究饮用水过夜滞留后的时空演变规律，将 16 个样本产生的 1644 个 OTU 按照不同层区统计到属水平（>1%），相对丰度见图 4.8。高通量测序结果表明，整个滞留与新鲜饮用水系统中优势菌属为 *Phreatobacter*、*Rhodovarius*、甲基杆菌属（*Methylobacterium*）、*Aliihoeflea* 等菌属。春季优势菌属为甲基杆菌属、鞘氨醇单胞菌属（*Sphingomonas*）和乳杆菌属（*Lactobacillus*），平均占比分别为 16.91%、6.38%和 5.24%；夏季优势菌属为玫瑰球菌属、*Phreatobacter* 和新鞘氨醇杆菌属（*Novosphingobium*），平均占比分别为 22.8%、20.03%和 8.25%；秋季优势菌属为玫瑰球菌属、*Phreatobacter* 和盐单胞菌属（*Halomonas*），平均占比分别为 16.63%、9.96%和 8.85%；冬季饮用水中优势菌属为 *Aliihoeflea*、*Phreatobacter* 和玫瑰球菌属，平均占比分别为 18.18%、18.03%和 10.89%。结果

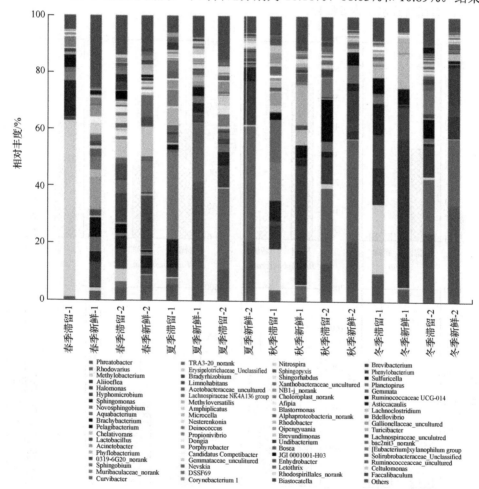

图 4.8　室内饮用水管道新鲜水体与滞留水体中细菌种群结构随四季演替规律
（属水平）

1、2 分别表示第一个样点和第二个样点

表明，饮用水中夏季优势菌属变化较大，这可能是高温使饮用水管道内细菌种群结构发生改变。

如图 4.9 所示，春季室内饮用水管道水经过一夜滞留后阿菲波菌属（*Afipia*）、短状杆菌属（*Brachybacterium*）、慢生根瘤菌属（*Bradyrhizobium*）和鞘氨醇单胞菌属（*Sphingomonas*）中细菌 OTU 数分别为新鲜水体的 14.47 倍、12.98 倍、1.80 倍和 2.13 倍。新鲜水体中水生细菌属（*Aquabacterium*）、*Phreatobacter* 和远洋细菌属（*Pelagibacterium*）等菌属 OTU 数均比滞留水体中高，分别是滞留水体中 OTU 数的 2.25 倍、2.13 倍和 3.85 倍，滞留水体中回肠杆菌属（*Ileibacterium*）的 OTU 数为 0，而在新鲜水中为 84±47。

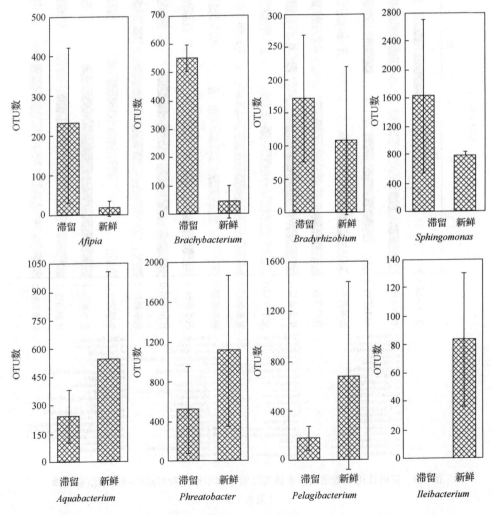

图 4.9　春季饮用水滞留水体与新鲜水体中管道细菌 OTU 数变化规律（属水平）

　　图 4.10 为夏季室内饮用水管道中细菌 OTU 数在属水平的变化规律。由图可知，滞留水中水生细菌属、慢生根瘤菌属、军团菌属（*Legionella*）和红杆菌属（*Rhodobacter*）的 OTU 数分别是新鲜水体的 3.12 倍、2.48 倍、3.46 倍和 4.24 倍；不动杆菌属（*Acinetobacter*）、*Limnohabitans*、涅斯捷连科氏菌属（*Nesterenkonia*）的 OTU 数明显小于新鲜水体。

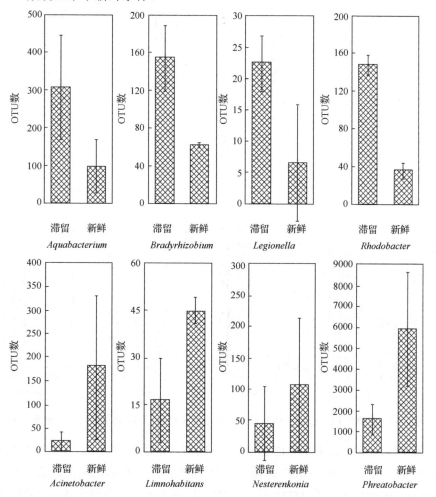

图 4.10　夏季饮用水滞留水体与新鲜水体中管道细菌 OTU 数变化规律（属水平）

　　在秋季，滞留水体中博斯氏菌属（*Bosea*）、*Lacibacter*、纤发菌属（*Leptothrix*）、*Methyloversatilis* 等属的 OTU 数显著大于新鲜水体；新鲜水体中小梨形菌属（*Pirellula*）、考克氏菌属（*Kocuria*）、阿菲波菌属 *Afipia* 及表皮细菌属（*Cutibacterium*）等属的 OTU 数均大于滞留水体（图 4.11）。

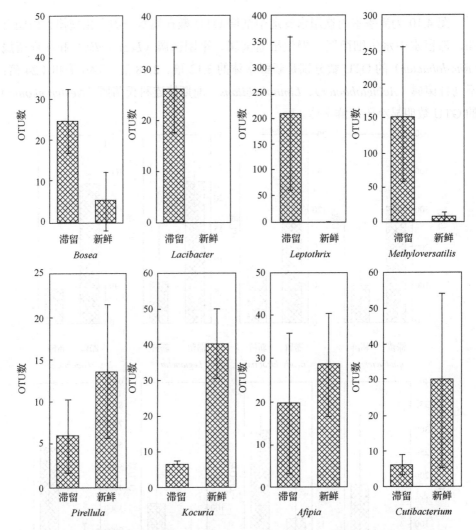

图 4.11　秋季饮用水滞留水体与新鲜水体中管道细菌 OTU 数变化规律（属水平）

图 4.12 为冬季饮用水滞留水体与新鲜水体中细菌属水平 OTU 数变化规律。由图可知，滞留水体中水生细菌属、短状杆菌属、*Curvibacter*、苍白杆菌属（*Ochrobactrum*）等属的 OTU 数显著大于新鲜水体，是新鲜水体中 OTU 数的 4.23～151.58 倍。新鲜水体中芽孢杆菌属（*Bacillus*）、微杆菌属（*Microbacterium*）的 OTU 数均大于滞留水体。

军团菌属为典型的饮用水机会致病菌属，夏季滞留水体中军团菌属 OTU 数显著高于新鲜水体，表明高温作用下滞留水体更易滋生机会致病菌。总体来说，夏季滞留水体对人体健康具有潜在威胁。

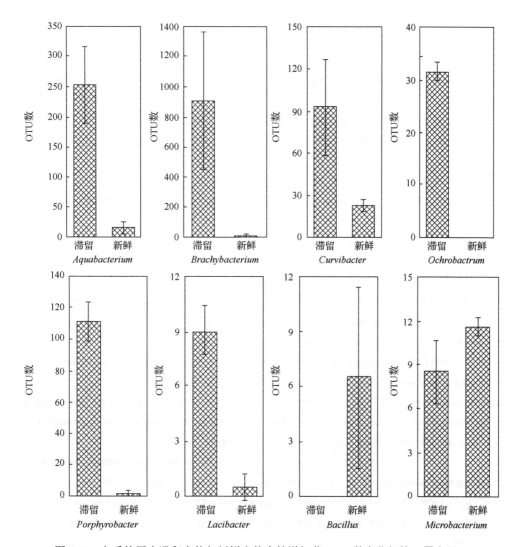

图 4.12　冬季饮用水滞留水体与新鲜水体中管道细菌 OTU 数变化规律（属水平）

思　考　题

1. 饮用水的主要污染来源包括哪些？
2. 管道饮用水中细菌增殖的主要影响因素有什么？
3. 简述现阶段饮用水中微生物的主要研究方法。
4. 简述我国饮用水水质指标及微生物标准（根据最新国标回答）。
5. 什么是机会致病菌？请查阅文献，举例说明机会致病菌的危害。

参 考 文 献

崔战利, 王萍萍, 王秋菊, 2015. 最大或然数法在光合细菌计数中的应用及效果研究[J]. 应用生态学报, 16(8): 197-200.

丁锦霞, 王金龙, 彭建强, 2015. 河北食品药品安全研究报告(2015)[M]. 北京: 社会科学文献出版社.

李红, 沙巍, 2015. 鸟胞内分枝杆菌复合体不同菌种之间的临床特征、毒力、复发的比较[J]. 中国防痨杂志, 37(11): 1112.

孙国良, 2009. 霸州市 1990—2005 年饮用水污染事故分析[J]. 中国热带医学, 9(6): 1173.

谈立峰, 褚苏春, 惠高云, 等, 2018. 1996—2015 年全国生活饮用水污染事件初步分析[J]. 环境与健康杂志, 35(9): 827-830.

王强, 赵月朝, 屈卫东, 等, 2010. 1996—2006 年我国饮用水污染突发公共卫生事件分析[J]. 环境与健康杂志, 27(4): 328-331.

王颖群, 严共华, 1995. 寡营养细菌[J]. 微生物学通报, 22(5): 302-304.

周萍, 1995. 深圳市食品、公共场所从业人员志贺氏菌属带菌情况分析[J]. 河南预防医学杂志, 6(4): 223-224.

ALLEN M J, EDBERG S C, REASONER D J, 2004. Heterotrophic plate count bacteria—What is their significance in drinking water?[J]. International Journal of Food Microbiology, 92(3): 265-274.

BARON J L, VIKRAM A, DUDA S, et al., 2014. Shift in the microbial ecology of a hospital hot water system following the introduction of an on-site monochloramine disinfection system[J]. PLoS One, 9(7): e102679.

BAUTISTA-DE LOS SANTOS Q M, SCHROEDER J L, SEVILLANO-RIVERA M C, et al., 2016. Emerging investigators series: Microbial communities in full-scale drinking water distribution systems—A meta-analysis[J]. Environmental Science: Water Research and Technology, 2(4): 631-644.

BEER K D, GARGANO J W, ROBERTS V A, et al., 2015. Surveillance for waterborne disease outbreaks associated with drinking water—United States, 2011—2012[J]. Morbidity and Mortality Weekly Report, 64(31): 842-848.

BOUVIER T, GIORGIO P A D, GASOL J M, 2007. A comparative study of the cytometric characteristics of high and low nucleic-acid bacterioplankton cells from different aquatic ecosystems[J]. Environmental Microbiology, 9(8): 2050-2066.

CHAN S, PULLERITS K, KEUCKEN A, et al., 2019. Bacterial release from pipe biofilm in a full-scale drinking water distribution system[J]. NPJ Biofilms Microbiomes, 5(9): 1-8.

CHUNG D, 2000. Intimate strangers: Unseen life on earth[J]. Trends in Microbiology, 8(8): 386.

DELAHAYE E, WELTE B, LEVI Y, et al., 2003. An ATP-based method for monitoring the microbiological drinking water quality in a distribution network[J]. Water Research, 37(15): 3689-3696.

DIEKEMA D J, PFALLER M A, JONES R N, et al., 2000. Trends in antimicrobial susceptibility of bacterial pathogens isolated from patients with bloodstream infections in the USA, Canada and Latin America[J]. International Journal of Antimicrobial Agents, 13(4): 257-271.

EL-CHAKHTOURA J, PREST E, SAIKALY P, et al., 2015. Dynamics of bacterial communities before and after distribution in a full-scale drinking water network[J]. Water Research, 74: 180-190.

ELMER V, 2014. A review of "Water 4. 0: The past, present, and future of the world's most vital resource"[J]. Journal of the American Planning Association, 80(1): 94-95.

EMILIE B, CÉLINE L, ERIC D, et al., 2018. Impact of stagnation and sampling volume on water microbial quality monitoring in large buildings[J]. PLoS One, 13(6): e0199429.

EYDAL H, PEDERSEN K, 2007. Use of an ATP assay to determine viable microbial biomass in Fennoscandian Shield groundwater from depths of 3-1000m[J]. Journal of Microbiological Methods, 70(2): 363-373.

FAKRUDDIN M, MANNAN K S B, ANDREWS S, 2013. Viable but nonculturable bacteria: Food safety and public health perspective[J]. ISRN Microbiology, 6: 703813.

FALKINHAM III J O, HILBORN E D, ARDUINO M J, et al., 2015. Epidemiology and ecology of opportunistic premise plumbing pathogens: *Legionella pneumophila*, *Mycobacterium avium*, and *Pseudomonas aeruginosa*[J]. Environmental Health Perspectives, 123(8): 749-758.

FINE M J, SMITH M A, CARSON C A, et al., 1996. Prognosis and outcomes of patients with community-acquired pneumonia. A meta-analysis[J]. JAMA, 275(2): 134-141.

GENSBERGER E T, GÖSSL E M, ANTONIELLI L, et al., 2015. Effect of different heterotrophic plate count methods on the estimation of the composition of the culturable microbial community[J]. PeerJ, 3(1): e862.

HAGEDORN S, KAPHAMMER B, 1994. Microbial biocatalysis in the generation of flavor and fragrance chemicals[J]. Annual Review of Microbiology, 48(1): 773-800.

HAMMES F, BERNEY M, WANG Y, et al., 2008. Flow-cytometric total bacterial cell counts as a descriptive microbiological parameter for drinking water treatment processes[J]. Water Research, 42: 269-277.

HO L, BRAUN K, FABRIS R, et al., 2012. Comparison of drinking water treatment process streams for optimal bacteriological water quality[J]. Water Research, 46(12): 3934-3942.

HOEFEL D, MONIS P T, GROOBY W L, et al., 2005. Culture-independent techniques for rapid detection of bacteria associated with loss of chloramine residual in a drinking water system[J]. Applied and Environmental Microbiology, 71(11): 6479-6488.

HOLM-HANSEN O, BOOTH C R, 1966. The measurement of adenosine triphosphate in the ocean and its ecological significance[J]. Limnology and Oceanography, 11(4): 510-519.

INKINEN J, KAUNISTO T, PURSIAINEN A, et al., 2014. Drinking water quality and formation of biofilms in an office building during its first year of operation, a full-scale study[J]. Water Research, 49: 83-91.

JI P, PARKS J, EDWARDS M A, et al., 2015. Impact of water chemistry, pipe material and stagnation on the building plumbing microbiome[J]. PLoS One, 10(10): e0141087.

JI P, RHOADS W J, EDWARDS M A, et al., 2017. Impact of water heater temperature setting and water use frequency on the building plumbing microbiome[J]. The ISME Journal, 11: 1318-1330.

JOHNSON M, LUCEY J, 2006. Major technological advances and trends in cheese[J]. Journal of Dairy Science, 89(4): 1174-1178.

KIM N H, CHO T J, RHEE M S, 2017. Current interventions for controlling pathogenic Escherichia coli[J]. Advances in Applied MicroBiology. 100: 1-47.

KNOWLES J R, 1980. Enzyme-catalyzed phosphoryl transfer reactions[J]. Annual Review of Biochemistry, 49(1): 877-919.

KOGURE K, SIMIDU U, TAGA N, 1979. A tentative direct microscopic method for counting living marine bacteria[J]. Canadian Journal of Microbiology, 25(3): 415-420.

KUZNETSOV S I, DUBININA G A, LAPTEVA N A, 1979. Biology of oligotrophic bacteria[J]. Annual Review of Microbiology, 33(1): 377-387.

LAUTENSCHLAGER K, BOON N, WANG Y, et al., 2010. Overnight stagnation of drinking water in household taps induces microbial growth and changes in community composition[J]. Water Research, 44(17): 4868-4877.

LAUTENSCHLAGER K, HWANG C, LIU W T, et al., 2013. A microbiology-based multi-parametric approach towards assessing biological stability in drinking water distribution networks[J]. Water Research, 47(9): 3015-3025.

LEGENDRE L, YENTSCH C M, 1989. Overview of flow cytometry and image analysis in biological oceanography and limnology[J]. Cytometry, 10(5): 501-510.

LEHTOLA M J, LAXANDER M, MIETTINEN I T, et al., 2006. The effects of changing water flow velocity on the formation of biofilms and water quality in pilot distribution system consisting of copper or polyethylene pipes[J]. Water Research, 40(11): 2151-2160.

LING F, HWANG C, LECHEVALLIER M W, et al., 2016. Core-satellite populations and seasonality of water meter biofilms in a metropolitan drinking water distribution system[J]. The ISME Journal, 10(3): 582-589.

LING F, WHITAKER R, LECHEVALLIER M W, et al., 2018. Drinking water microbiome assembly induced by water stagnation[J]. The ISME Journal, 12: 1520-1531.

LIU G, LING F Q, MAGIC-KNEZEV A, et al., 2013a. Quantification and identification of particle-associated bacteria in unchlorinated drinking water from three treatment plants by cultivation-independent methods[J]. Water Research, 47(10): 3523-3533.

LIU G, MARK E J V D, VERBERK J Q J C, et al., 2013b. Flow cytometry total cell counts: A field study assessing microbiological water quality and growth in unchlorinated drinking water distribution systems[J]. Biomed Research International, (1): 595872.

LIU G, ZHANG Y, MARK E V D, et al., 2018. Assessing the origin of bacteria in tap water and distribution system in an unchlorinated drinking water system by Source Tracker using microbial community fingerprints[J]. Water Research, 138: 86-96.

LIU L, XING X, HU C, et al., 2019. One-year survey of opportunistic premise plumbing pathogens and free-living amoebae in the tap-water of one northern city of China[J]. Journal of Environmental Sciences, 77: 20-31.

MADIGAN M T, MARTINKO J M, BENDER K S, et al. 2013. Brock Biology of Microorganisms[M]. Pearson Education.

National Research Council, 2006. Drinking Water Distribution Systems: Assessing and Reducing Risks[M]. Washington D.C.: National Academies Press.

PREST E I, EL-CHAKHTOURA J, HAMMES F, et al., 2014. Combining flow cytometry and 16S rRNA gene pyrosequencing: A promising approach for drinking water monitoring and characterization[J]. Water Research, 63: 179-189.

PROCTOR C R, HAMMES F, 2015. Drinking water microbiology—From measurement to management[J]. Current Opinion in Biotechnology, 33: 87-94.

RAMSEIER M K, VON GUNTEN U, FREIHOFER P, et al., 2011. Kinetics of membrane damage to high(HNA)and low(LNA)nucleic acid bacterial clusters in drinking water by ozone, chlorine, chlorine dioxide, monochloramine, ferrate(Ⅵ), and permanganate[J]. Water Research, 45(3): 1490-1500.

SZEWZYK U, SZEWZYK R, MANZ W, et al., 2000. Microbiological safety of drinking water[J]. Annual Reviews in MicroBiology, 54(1): 81-127.

VAN NEVEL S, KOETZSCH S, PROCTOR C R, et al., 2017. Flow cytometric bacterial cell counts challenge conventional heterotrophic plate counts for routine microbiological drinking water monitoring[J]. Water Research, 113: 191-206.

VITAL M, DIGNUM M, MAGIC-KNEZEV A, et al., 2012. Flow cytometry and adenosine tri-phosphate analysis: Alternative possibilities to evaluate major bacteriological changes in drinking water treatment and distribution systems[J]. Water Research, 46(15): 4655-4676.

WANG H, MASTERS S, EDWARDS M A, et al., 2014. Effect of disinfectant, water age, and pipe materials on bacterial and eukaryotic community structure in drinking water biofilm[J]. Environmental Science and Technology, 48(3): 1426-1435.

WANG H, PRYOR M A, EDWARDS M A, et al., 2013. Effect of GAC pre-treatment and disinfectant on microbial community structure and opportunistic pathogen occurrence[J]. Water Research, 47(15): 5760-5772.

WANG Y, HAMMES F, BOON N, et al., 2009. Isolation and characterization of low nucleic acid(LNA)-content bacteria[J]. The ISME Journal, 3(8): 889-902.

WEBSTER J J, HAMPTON G J, WILSON J T, et al., 1985. Determination of microbial cell numbers in subsurface samples[J]. Groundwater, 23(1): 17-25.

WHITMAN W B, COLEMAN D C, WIEBE W J, 1998. Prokaryotes: The unseen majority[J]. Proceedings of the National Academy of Sciences of the United States of America, 95(12): 6578-6583.

ZHANG H H, FENG J, CHEN S, et al., 2019a. Geographical patterns of *nirS* gene abundance and *nirS*-type denitrifying bacterial community associated with activated sludge from different wastewater treatment plants[J]. Microbial Ecology, 77(2): 304-316.

ZHANG H H, XU L, HUANG T L, et al., 2021. Combined effects of seasonality and stagnation on tap water quality: Changes in chemical parameters, metabolic activity and co-existence in bacterial community[J]. Journal of Hazardous Materials, 403: 124018.

ZHANG K, PAN R, ZHANG T, et al., 2019b. A novel method: Using an adenosine triphosphate(ATP)luminescence-based assay to rapidly assess the biological stability of drinking water[J]. Applied Microbiology and Biotechnology, 103: 4269-4277.

ZHU Z, WU C, ZHONG D, et al., 2014. Effects of pipe materials on chlorine-resistant biofilm formation under long-term high chlorine level[J]. Applied Biochemistry and Biotechnology, 173(6): 1564-1578.

ZLATANOVIC L, VAN DER HOEK J P, VREEBURG J H G, 2017. An experimental study on the influence of water stagnation and temperature change on water quality in a full-scale domestic drinking water system[J]. Water Research, 123: 761-772.

第 5 章 好氧反硝化脱氮微生物生态

5.1 研究对象及意义

由于大量的化肥通过人类活动被用于农业种植，氮污染受到了全球关注（Camargo and Alonso，2006）。近几十年来，随着现代农业的快速发展，通过农业径流、畜牧业和家禽业废物进入河流、湖泊和水库等水体的氮素大量增加（Galloway et al.，2008）。水生生态系统中，工业废水逸出的氮会污染淡水和沉积物，严重威胁人类健康和两栖动物的生存（Rouse et al.，1999）。此外，底层富含氮的沉积物会引起有害藻类水华，并且这种趋势随着全球变暖而急剧增加（Erisman et al.，2007），最终导致地下水硝酸盐氮污染和地表水水体富营养化在过去几十年中频繁发生（Rouse et al.，1999）。因此，迫切需要建立最佳的管理策略，开发新的氮素污染控制技术（特别是氮损失），来保护水生生物（Erisman et al.，2007）。

以往的研究表明，生物脱氮技术被广泛用于降低废水、水源预处理水、微污染水库和湿地中的硝酸盐氮负荷（Kesseru et al.，2003；Gersberg et al.，1983）。与传统的厌氧反硝化技术相比，好氧反硝化技术可以在好氧条件下同时去除 TN和 TOC，受到废水处理工程师和环境微生物学家的广泛关注（Ji et al.，2015）。在过去的几年里，大量好氧反硝化细菌从池塘、水库沉积物、生活污水和 AS 中被分离出来，如 *Bacillus* sp. YX-6（Wang et al.，2019）、*Rhodococcus* sp. CPZ24（Chen et al.，2012）、*Acinebacter* sp. HA2（Yao et al.，2013）、*Paracoccus versutus* KS293（Zhang et al.，2018）和 *Pseudomonas stutzeri* KTB（Zhou et al.，2014）等。Zhou等（2014）分离出的 *Pseudomonas stutzeri* KTB，可用于含氮污水中氮化合物的去除。虽然大量好氧反硝化细菌已经被分离出来，且许多研究者已经对单一细菌和纯细菌的脱氮性能进行了广泛的研究，但对混合培养的好氧反硝化细菌（mix-cultured aerobic denitrifying bacteria，mix-CADB）及其在实际污水处理中的应用关注较少。

混合培养菌群与培养单一纯菌种相比具有若干优点，特别是在复杂污染物去除方面（Patel et al.，2018；Shang et al.，2018；Lucija et al.，2005）。单菌与混合菌的筛选及脱氮过程如图 5.1 所示。分离单菌时间较长，费时费力；混合菌群不仅脱氮效率高，还省时省力。从环境样品中分离混合细菌的时间比得到单一菌株的分离时间要少得多（为了捕获纯菌株，需要进行四到五轮纯化）（Huang et al.，

2015a)。从微生物生态学的角度来看，在混合培养菌群系统中，混合菌群的共存和相互作用具有新颖的生物学功能，如群体感应（Whiteley et al.，2017）、"欺骗效应"（Leinweber et al.，2017）和互利共生（Mujtaba and Lee，2017；Kaeberlein et al.，2002）。Kaeberlein 等（2002）观察到某一菌株不能单独在培养基上形成菌落，但能与其他菌株共生而生长良好。此外，细菌物种-物种间的通讯行为可以提高生物产量和细胞内酶活性，稳定细菌间的合作（Bruger and Waters，2018）。更重要的是，因为混合反硝化菌群具有多种代谢途径，且混合细菌联合体的能力比单一纯菌株更强（Patel et al.，2018；Leinweber et al.，2017；Mujtaba and Lee，2017；Kaeberlein et al.，2002），所以混合菌群对污染物去除更有效。Mujtaba 和 Lee（2017）监测了共培养系统在城市废水处理中的应用，发现共培养系统对 NH_4^+-N 和 TOC 的去除效果显著增加。目前 mix-CADB 对营养物去除性能尚未得到全面了解。

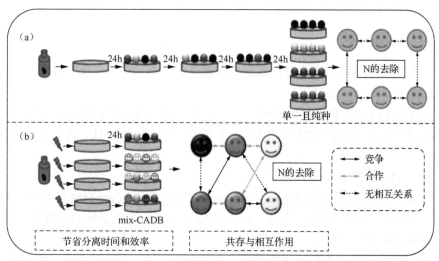

图 5.1　单菌与混合菌的筛选及脱氮过程

（a）单菌；（b）混合菌

采用多种不同的人工培养技术（优化培养基化学成分或预处理样品等），可提高细菌在自然环境中的可培养性，以获得具有高去除率的多种菌株（Annette et al.，2010；Burmolle et al.，2009；Bollmann et al.，2007）。超声波技术被用于微生物分离过程中的预处理工艺（Mujtaba and Lee，2017；Huhtanen，1968）。Matsumoto 等（2006）首先用超声波处理机从土壤样品中分离出不同的细菌菌株，证明了用超声波处理代替其他常规方法可以有效地分离土壤团聚体中的菌种。Yang 等（2011）研究了微波对放线菌分离的影响，发现经过物理微波辐照破碎土壤颗粒后，放线菌菌株较多。Jiang 等（2010）对超声波处理后的土壤进行放线菌分离，发现超声波处理过的土壤中细菌菌落数量显著增加，处理时间随土壤类型不同而变化。

尽管沉积物具有与土壤相似的质地，但利用超声波处理改善生活在沉积物中好氧反硝化细菌分离状况的报道相对较少（Zhang et al., 2019a）。本章提出的假设是利用超声预处理技术可以分离出较高效率的 mix-CADB 联合体，这些菌属间的共存和相互作用对于改善好氧反硝化过程可能是至关重要的。

根据以上所述，本章的具体目标是：①利用超声预处理分离出混合培养的底泥中携带的好氧反硝化菌群；②测定三种 mix-CADB 的细胞生长、TOC 和氮去除特性；③基于 *nirS* 基因序列对筛选出的 mix-CADB 进行动力学诊断；④优化 C/N、pH、温度、转速等工艺参数对 mix-CADB 反硝化效率的影响，评估该工艺在实际生活污水处理中的应用效果。

5.2 实验材料

1. 培养基配制

培养基配制方法参考文献（Zhang et al., 2019a, 2019b；康鹏亮等，2018；Huang et al., 2015a, 2015b）。

反硝化培养基（DM）：1.0g KNO_3、1.5g KH_2PO_4、4.7g $C_4H_4Na_2O_4 \cdot 6H_2O$、0.1g $MgSO_4 \cdot 7H_2O$、6.0g $Na_2HPO_4 \cdot 12H_2O$、2mL 微量元素，定容至 1L，调节 pH 为 7.0～7.2。

固体 DM：DM、10g 琼脂。

微量元素溶液：4.4mg $ZnSO_4$、144mg EDTA-2Na、10.2mg $MnCl_2 \cdot 4H_2O$、11mg $CaCl_2$、10mg $FeSO_4 \cdot 7H_2O$、3.2mg $CuSO_4 \cdot 5H_2O$、2.2mg $(NH_4)_6Mo_7O_{24} \cdot 4H_2O$、3.2mg $CoCl_2 \cdot 6H_2O$，定容至 1L。

所有用于配制培养基的化学药品（未特别注明的）都是优级纯。所有培养基使用前均在 121℃ 高压灭菌 30min。

2. 菌种来源

研究区位于西安市（34°27′N，108°93′E）。2018 年 4 月，选择西安市某公园，采集公园内湖沉积物于无菌聚乙烯瓶（8℃），立即运回实验室。在超净工作台上，将 200mL 新鲜样品悬浮于 500mL 液体 DM 中。将 10 颗灭菌玻璃珠放入培养瓶中，在 130r/min 下振荡 30min，使 DO 浓度维持在 4～6mg/L，在 30℃、黑暗条件下富集。连续培养 21d 后，采用超声波辅助分离技术分离混合培养的反硝化细菌。使用超声波发生器，分别用 10s、20s、30s、40s 和 50s 对悬浮液进行超声处理。用 10 倍连续稀释法将底泥悬浮液稀释到 10^{-3}，然后将 0.1mL 的 10^{-3} 悬浮液涂在固体 DM 上。接种后的固体 DM 放入温度为 30℃ 的生化培养箱中，直至菌落形成。用磷酸缓冲液洗涤处理五个平板上生长的菌落（$n=5$），收集混合悬浮液作为种子培养。三种活性较高的 mix-CADB 联合培养物 A30、D10 和 Z40 具有较高的 NO_3^--N 去除率，在 DM 中培养以供进一步研究。三种混合菌筛选及脱氮特性测定如图 5.2 所示。用 50% 甘油溶液与菌液（对数期）体积比为 1∶1 的方式将菌种置于灭菌的 10mL 离心管中密封保存（-80℃冰箱），待用。

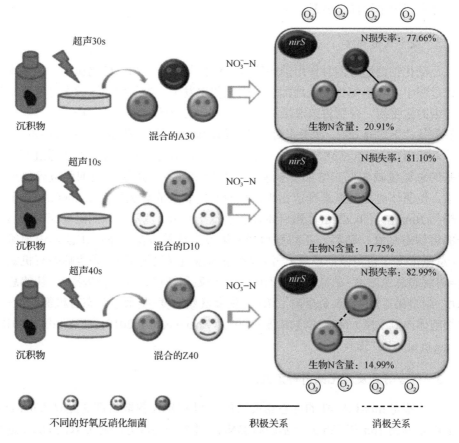

图 5.2　三种混合菌筛选及脱氮特性测定

（Zhang et al.，2019b）

5.3　实　验　方　法

1. 菌群生长和脱氮特性测定

为了确定 mix-CADB 的生长特性，将 A30、D10 和 Z40 的 7.5mL 种子培养物接种于新鲜液体 DM（150mL）中，在 30℃、125r/min 的黑暗培养箱中培养。DO

的平均浓度为 6.5mg/L（振荡速度 125r/min）。用紫外分光光度计测定 A30、D10 和 Z40 的细胞光密度（OD_{600}）。定期（每隔 3h）取 2mL 培养物进行细胞生长测定（OD_{600}），使用 TOC 分析仪测量 TOC 浓度。采用 KNO_3 作为唯一氮源，在液体 DM 中进行摇瓶实验。在培养过程中，使用灭菌移液管定期取样，然后在 8000r/min 下离心 10min，选取上清液分析 NO_3^--N、NH_4^+-N、NO_2^--N 和 TN 浓度。每次测定三组平行样（$n=3$）。

2. 氮平衡分析

反硝化细菌通过两种作用消耗氮素，包括同化作用和反硝化作用。在整个反硝化过程中，细菌 OD_{600} 值增加表明同化作用发生。为了探究该菌在好氧反硝化过程中的氮平衡，分别将菌液接种至装有 100mL 液体 DM 的 150mL 锥形瓶中，在好氧条件下培养 60h。参考张海涵课题组的研究方法（Zhang et al.，2018；康鹏亮等，2018；Huang et al.，2015a）并稍作改进，菌群反硝化脱氮效率通过初始培养基的总氮量减去反应结束后剩余的总氮量来计算。用超声波细胞破碎仪处理菌液，使菌体内部的氮素释放出来，从而测定剩余的总氮量。在 8000r/min 下离心样品 10min，经 0.22μm 醋酸纤维滤膜过滤上清液，滤液用以测定反应结束后剩余的溶解态总氮、硝氮、亚硝氮和氨氮浓度。计算方法如下：①菌体内部氮浓度=总氮浓度（超声波处理后）-溶解态总氮浓度（过滤后）；②溶解态有机氮浓度=溶解态总氮浓度-硝氮浓度-亚硝氮浓度-氨氮浓度；③氮损失率=（初始总氮浓度-剩余硝氮浓度-剩余亚硝氮浓度-剩余氨氮浓度-剩余溶解态有机氮浓度-剩余细胞体内氮浓度）/初始总氮浓度×100%（Zhang et al.，2018；康鹏亮等，2018；Huang et al.，2015b）。

3. 混合好氧反硝化细菌群落组成

为了鉴定 mix-CADB 的生态相关物种，使用 DNA 提取试剂盒提取 A30、D10 和 Z40 培养物 18h 和 72h 的全基因组 DNA，并根据标准方法对提取的 DNA 进行纯化。cd3a-F（5′-GTSAACGTSAAGGARACSGG-3′）和 R3cd-R（5′-GASTTCGGR TGSGTCTTGA-3′）是研究中选取的 *nirS* 基因特异性引物（Zhang et al.，2019b）。每个 PCR 管中含有 20μL 的反应液：10μL 的 PCR 混合物，10ng 的 DNA，两种引物各 0.8μL，用 ddH_2O 调至平衡。使用热循环仪进行 PCR 扩增：96℃预变性 10min，96℃变性 15s、60℃退火 30s、72℃延伸 30s（40 个循环），72℃终延伸 10min。随后纯化和检验 PCR 产物并进行 Illumina Miseq 测序。使用 QIIME 软件进行序列数据处理。为了揭示 mix-CADB 的组成，使用核糖体数据库项目（RDP）对分类等级进行分类。主要结构用 Circos 进行可视化。基于斯皮尔曼相关系数，进行网络分析，揭示 mix-CADB 的共生模式、相互作用和有机物去除性能。

4. 优化参数的 Box-Behnken 设计

为了优化三种 mix-CADB 的反硝化性能参数，采用 RSM 对培养条件调节的 TN 去除率进行建模和预测。根据张海涵课题组的研究（Huang et al.，2015a）选择四个变量：初始 pH、温度、C/N 和转速，并以三个水平（表 5.1）进行 29 个独立的实验测量（表 5.2～表 5.4）。转速为 0、65r/min、130r/min 时，溶解氧浓度分别为 3.2mg/L、4.5mg/L、6.9mg/L。利用 Design Expert 软件（v7.1.5）构建响应曲面模型，得到培养变量的优化条件。

表 5.1　Box-Behnken 统计实验中变量的设计及数值范围

变量	样本	编码的级别数值		
		−1	0	+1
C/N	X_1	3	6	0
转速/（r/min）	X_2	0	65	130
温度/℃	X_3	10	20	30
初始 pH	X_4	5	7	9

注：低（−1），中（0），高（+1）。

表 5.2　Box-Behnken 设计 C/N、转速、温度和初始 pH 对 A30 TN 去除率的影响

组别	C/N（变量 X_1）	转速/（r/min）（变量 X_2）	温度/℃（变量 X_3）	初始 pH（变量 X_4）	TN 去除率/%（响应值）
1	3（−1）	0（−1）	20（0）	7（0）	58.33
2	3（−1）	65（0）	10（−1）	7（0）	13.22
3	3（−1）	65（0）	20（0）	5（−1）	8.22
4	3（−1）	65（0）	20（0）	9（+1）	64.14
5	3（−1）	65（0）	30（+1）	7（0）	70.13
6	3（−1）	130（+1）	20（0）	7（0）	54.15
7	6（0）	0（−1）	10（−1）	7（0）	15.90
8	6（0）	0（−1）	20（0）	5（−1）	13.95
9	6（0）	0（−1）	20（0）	9（+1）	43.92
10	6（0）	0（−1）	30（+1）	7（0）	74.90
11	6（0）	65（0）	10（−1）	5（−1）	8.72
12	6（0）	65（0）	10（−1）	9（+1）	15.28
13	6（0）	65（0）	20（0）	7（0）	70.51
14	6（0）	65（0）	20（0）	7（0）	68.27
15	6（0）	65（0）	20（0）	7（0）	67.57

续表

组别	C/N (变量 X_1)	转速/（r/min） (变量 X_2)	温度/℃ (变量 X_3)	初始 pH (变量 X_4)	TN 去除率/% （响应值）
16	6（0）	65（0）	20（0）	7（0）	74.12
17	6（0）	65（0）	20（0）	7（0）	65.88
18	6（0）	65（0）	30（+1）	5（-1）	12.61
19	6（0）	65（0）	30（+1）	9（+1）	69.96
20	6（0）	130（+1）	10（-1）	7（0）	32.10
21	6（0）	130（+1）	20（0）	5（-1）	13.95
22	6（0）	130（+1）	20（0）	9（+1）	69.10
23	6（0）	130（+1）	30（+1）	7（0）	78.87
24	9（+1）	0（-1）	20（0）	7（0）	52.15
25	9（+1）	65（0）	10（-1）	7（0）	13.60
26	9（+1）	65（0）	20（0）	5（-1）	15.38
27	9（+1）	65（0）	20（0）	9（+1）	64.21
28	9（+1）	65（0）	30（+1）	7（0）	84.67
29	9（+1）	130（+1）	20（0）	7（0）	57.98

表 5.3　Box-Behnken 设计 C/N、转速、温度和初始 pH 对 D10 TN 去除率的影响

组别	C/N (变量 X_1)	转速/（r/min） (变量 X_2)	温度/℃ (变量 X_3)	初始 pH (变量 X_4)	TN 去除率/% （响应值）
1	3（-1）	65（0）	10（-1）	7（0）	19.58
2	3（-1）	65（0）	20（0）	9（+1）	60.48
3	3（-1）	0（-1）	20（0）	7（0）	34.34
4	3（-1）	65（0）	20（0）	5（-1）	8.23
5	3（-1）	65（0）	30（+1）	7（0）	64.75
6	3（-1）	130（+1）	20（0）	7（0）	60.98
7	6（0）	130（+1）	10（-1）	7（0）	14.69
8	6（0）	65（0）	20（0）	7（0）	69.2
9	6（0）	0（-1）	30（+1）	7（0）	80.35
10	6（0）	65（0）	30（+1）	5（-1）	9.28
11	6（0）	65（0）	20（0）	7（0）	74.72
12	6（0）	65（0）	20（0）	7（0）	76.75
13	6（0）	65（0）	20（0）	7（0）	70.45
14	6（0）	130（+1）	20（0）	9（+1）	66.34
15	6（0）	65（0）	10（-1）	5（-1）	3.24

续表

组别	C/N （变量 X_1）	转速/（r/min） （变量 X_2）	温度/℃ （变量 X_3）	初始 pH （变量 X_4）	TN 去除率/% （响应值）
16	6（0）	65（0）	10（−1）	9（+1）	14.42
17	6（0）	130（+1）	30（+1）	7（0）	82.63
18	6（0）	130（+1）	20（0）	5（−1）	9.51
19	6（0）	65（0）	20（0）	7（0）	73.14
20	6（0）	0（−1）	10（−1）	7（0）	12.26
21	6（0）	0（−1）	20（0）	9（+1）	49.09
22	6（0）	65（0）	30（+1）	9（+1）	80.92
23	6（0）	0（−1）	20（0）	5（−1）	10.54
24	9（+1）	65（0）	20（0）	9（+1）	62.75
25	9（+1）	130（+1）	20（0）	7（0）	64.34
26	9（+1）	65（0）	30（+1）	7（0）	76.74
27	9（+1）	65（0）	10（−1）	7（0）	8.1
28	9（+1）	0（−1）	20（0）	7（0）	60.98
29	9（+1）	65（0）	20（0）	5（−1）	10.35

表 5.4　Box-Behnken 设计 C/N、转速、温度和初始 pH 对 Z40 TN 去除率的影响

组别	C/N （变量 X_1）	转速/（r/min） （变量 X_2）	温度/℃ （变量 X_3）	初始 pH （变量 X_4）	TN 去除率/% （响应值）
1	3（−1）	0（−1）	20（0）	7（0）	61.69
2	3（−1）	130（+1）	20（0）	7（0）	60.41
3	3（−1）	65（0）	20（0）	5（−1）	20.16
4	3（−1）	65（0）	20（0）	9（+1）	68.96
5	3（−1）	65（0）	10（−1）	7（0）	20.52
6	3（−1）	65（0）	30（+1）	7（0）	73.71
7	6（0）	65（0）	10（−1）	5（−1）	1.08
8	6（0）	65（0）	30（+1）	5（−1）	13.27
9	6（0）	65（0）	10（−1）	9（+1）	10.74
10	6（0）	65（0）	30（+1）	9（+1）	66.02
11	6（0）	0（−1）	10（−1）	7（0）	22.60
12	6（0）	130（+1）	10（−1）	7（0）	19.73
13	6（0）	0（−1）	30（+1）	7（0）	85.58
14	6（0）	130（+1）	30（+1）	7（0）	83.37
15	6（0）	0（−1）	20（0）	5（−1）	11.59
16	6（0）	130（+1）	20（0）	5（−1）	12.51

续表

组别	C/N （变量 X_1）	转速/（r/min） （变量 X_2）	温度/℃ （变量 X_3）	初始 pH （变量 X_4）	TN 去除率/% （响应值）
17	6（0）	0（−1）	20（0）	9（+1）	54.19
18	6（0）	130（+1）	20（0）	9（+1）	47.30
19	6（0）	65（0）	20（0）	7（0）	73.49
20	6（0）	65（0）	20（0）	7（0）	75.81
21	6（0）	65（0）	20（0）	7（0）	78.42
22	6（0）	65（0）	20（0）	7（0）	65.81
23	6（0）	65（0）	20（0）	7（0）	70.69
24	9（+1）	0（−1）	20（0）	7（0）	57.10
25	9（+1）	130（+1）	20（0）	7（0）	67.90
26	9（+1）	65（0）	20（0）	5（−1）	14.77
27	9（+1）	65（0）	20（0）	9（+1）	73.96
28	9（+1）	65（0）	10（−1）	7（0）	13.03
29	9（+1）	65（0）	30（+1）	7（0）	80.81

5. 实际污水 TN 和 COD 的去除

为了评价 A30、D10 和 Z40 的应用潜力，通过摇瓶实验对接种到 WWTP 污水中 A30、D10 和 Z40 的 TN 和 COD 去除性能进行了测定。以西安市生活污水处理厂（如 WWTP-1、WWTP-2、WWTP-3）的污水为样本，在 6h 内送至实验室，然后分别接种三种 mix-CADB 种子培养物（OD_{600}=0.4），体积分数为 10%。在 30℃、120r/min 下培养 24h 和 72h 后，测定 TN 和 COD 去除率（%）。

6. 数据分析

为了比较 mix-CADB 的细胞生长特性、TOC 去除率和氮去除率，通过 SPSS 软件（统计版 20.0）采用 post-hoc Tukey's HSD 检验进行 one-way ANOVA，并根据回归分析结果（n=15）用 SPSS 软件建立细胞生长曲线方程。使用 R 软件（v2.15.3）和 Gephi（https://gephi.org）进行网络分析，评估菌群的共生和相互影响作用。

5.4　结果与分析

5.4.1　细菌生长曲线及 TOC 和氮去除率的测定

三组 mix-CADB（A30、D10 和 Z40）的细胞生长曲线（OD_{600}）和 TOC 浓度如图 5.3 所示。在有氧条件下，mix-CADB 在 DM 中进行培养。经过 6h 的滞后期，混合细胞浓度稳定上升，A30 的 OD_{600} 在 48h 达到 1.084，D10 的 OD_{600} 在 36h 达到 1.41，Z40 的 OD_{600} 在 48h 达到 0.71。D10 生长速度显著高于 A30 和 Z40（F=16.56，P<0.01）。

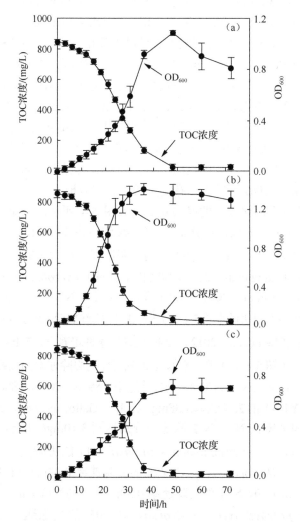

图 5.3　混合培养的好氧反硝化细菌（mix-CADB）在 DM 中的细胞生长曲线和 TOC 浓度

（Zhang et al.，2019b）

（a）A30；（b）D10；（c）Z40

在好氧培养期间，TOC 浓度显著降低（图 5.3）。A30、D10、Z40 对 TOC 的去除率分别为 96.98%、97.68%、97.27%，明显高于 *Pseudomonas stutzeri* ZF31（74%）（Huang et al.，2015a）、*Bacillus subtilis* A1（71%）（Yang et al.，2011）和 *Enterobacter cloacae* HNR（81%）（Guo et al.，2016）的去除率。这主要是因为 mix-CADB 具有不同的细菌群，它们之间的共生关系提高了对 TOC 的降解能力。例如，*Pseudomonas* sp.或 *Rhodococcus* sp.可以将有毒性碳源（如苯酚）转化为毒性较小的化合物，然后 *Paracoccus* sp.可分解这些化合物（Bollmann et al.，2007）。D10 对 TOC 的去除速率最高，为 23.41mg/（L·h），分别比 A30 和 Z40 高 26.4%和 38.1%（*F*=5.28，*P*<0.05）。TOC 浓度与细胞生长呈显著负相关（r_{A30}=−0.980，r_{D10}=−0.969，r_{Z40}=−0.990，*P*<0.001），这与 Sun 等（2016）关于碳源减少与细胞生长密切相关的观点是一致的。在好氧条件下，细菌生长需要足够的碳源来合成其所需的蛋白质和产生用于好氧反硝化的电子（Chen et al.，2016；Ji et al.，2015）。TOC 还原性能表明好氧反硝化细菌可同时去除氮和有机碳（Zhao et al.，2017）。超声波处理可有效促进好氧反硝化细菌的水解，降低 TOC 浓度，低频超声已被证明可以促进细胞生长、增强酶活性（如脱氢酶活性）和 COD 去除（Qin et al.，2014）。综上分析可知，mix-CADB 可以进行有氧生长，并有效地去除 TOC。

　　三种混合好氧反硝化细菌的氮去除情况如图 5.4 所示。结果表明混合菌培养 72h 后，添加 A30 菌群的液体培养基中 NO_3^--N 浓度由 145mg/L 下降到 1.88mg/L，去除率为 98.71%［图 5.4（a）和（b）］，高于海滨芽孢杆菌（*Bacillus litoralis* N31）的去除率 89.4%（Huang et al.，2017）和阿氏节杆菌（*Arthrobacter arilaitensis* Y-10）的去除率 73.3%（He et al.，2017）。D10 培养 36h 后，NO_3^--N 浓度降至 7.14mg/L，约 95%的 NO_3^--N 被有氧去除［图 5.4（c）和（d）］，比红球菌（*Rhodococcus* sp. CPZ24）的去除率 67%高（Chen et al.，2012）。Z40 在好氧条件培养下，72h 内 NO_3^--N 浓度显著降低到 1.1mg/L［图 5.4（e）和（f）］。Z40 对 TN 的去除速率为 2.92mg/（L·h），高于副球菌（*Paracoccus versutus* LYM）的去除速率 0.89mg/（L·h）（Shi et al.，2013）和弧菌（*Vibrio* sp. Y1-5）的去除速率 1.38mg/（L·h）（Galloway et al.，2008）。培养 15h 后，A30、D10 和 Z40 的 NO_3^--N 去除速率分别达到 3.10mg/（L·h）、4.72mg/（L·h）和 3.37mg/（L·h），高于 *Pseudomonas tolaasii* Y-11 的去除速率 1.99mg/（L·h）（He et al.，2016）、*Rhodococcus* sp. CPZ24 的去除速率 0.93mg/（L·h）（Chen et al.，2012）、*Bacillus litoralis* N31 的去除速率 0.59mg/（L·h）（Huang et al.，2017）、*Diaphorobacter polyhydroxybutyrativorans* SL-205 的去除速率 2.13mg/（L·h）（Zhang et al.，2017）和 *Klebsiella pneumoniae* CF-S9 的去除速率 2.2mg/（L·h）（Padhi et al.，2013）。显然，与先前的研究相比，这三个 mix-CADB 联合体具有较高的脱氮效率。最主要的原因是好氧反硝化菌种的混合接近于不同细菌共存的自然条件，且它们的氮代谢酶活性（硝酸盐还原酶）和反硝化基因（*nirS*、*nirK* 和 *narG*）相结合，共同驱动 TN 的去除（Mujtaba and Lee，2017；Kaeberlein et al.，2002）。

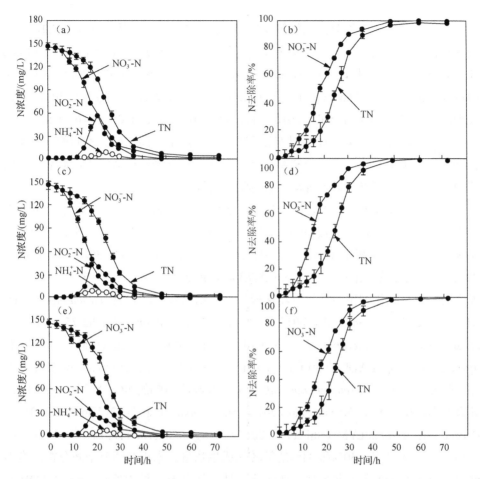

图 5.4　三种混合好氧反硝化细菌的氮去除情况（Zhang et al.，2019b）

（a）A30 的脱氮过程；（b）A30 的 N 去除率；（c）D10 的脱氮过程；
（d）D10 的 N 去除率；（e）Z40 的脱氮过程；（f）Z40 的 N 去除率

对于这三种 Mix-CADB，NO_2^--N 浓度在培养 9～16h 时逐渐增加，但在实验结束时可以检测到的 NO_2^--N 含量较少。Zhao 等（2017）观察到 *Pseudomonas stutzeri* XL-2 在培养 12h 时积累了 47.7mg/L 的 NO_2^--N（初始 NO_3^--N 浓度为 100mg/L）；在好氧条件下，*Pseudomonas stutzeri* T13 在 15h 时 NO_2^--N 积累到 147mg/L（Sun et al.，2015），这些结果与本章节一致。另外，NH_4^+-N 也检测到类似的趋势，这可能是由于细胞生长速率较高，死细胞释放 NH_4^+-N（Li et al.，2015）。相关研究表明，在好氧反硝化过程中，积累的 NH_4^+-N 能够促进 NO_3^--N 的还原（He et al.，2017），这一现象可能与 *narG* 基因的存在有关。相比之下，在另一株好氧反硝化细菌 *Pseudomonas stutzeri* XL-2 中没有发现 NH_4^+-N 的积累（Zhao et al.，2017）。

目前，几乎所有被分离的好氧反硝化细菌都是用单一菌种进行研究的，它们的 TN 去除率较低。例如，门多萨假单胞菌（*Pseudomonas mendocina* 3-7）（Zhu et al.，2012）、嗜冷杆菌（*Psychrobacter* sp. S1-1）（Zheng et al.，2011）、海杆菌（*Marinobacter* sp. NNA5）（Zhang et al.，2017）对 TN 的去除率均小于 50%。与已发表的一些文献（Chen et al.，2016；He et al.，2016；Liu et al.，2016；Kim et al.，2005）相比，三种 mix-CADB 具有较高的 TN 去除率（图 5.4）。不同的好氧反硝化细菌表现出不同的代谢途径来驱动 TN 去除，在混合培养系统中，好氧反硝化菌种共同作用，可以有效地推动好氧反硝化过程。

利用 mix-CADB 的氮平衡分析研究氮素转化途径。如表 5.5 所示，分别有 4.55mg、3.86mg 和 3.26mg 氮在 A30、D10 和 Z40 中代谢并用于生物量合成，16.89mg、17.64mg 和 18.05mg 的氮转化成氮气。对于 Z40，约 83% 的初始硝酸盐以气态产物形式被去除，三个 mix-CADB 联合体之间无显著差异（$P>0.05$）。以往报道的好氧反硝化细菌菌株将氮转化成气态产物的效率，如 *Pseudomonas stutzeri* XL-2 的 62.4%（Zhao et al.，2017）、*Pseudomonas stutzeri* ZF31 的 75%（Huang et al.，2015a）、*Enterobacter cloacae* HNR 的 70.8%（Guo et al.，2016）和 *Agrobacterium* sp. LAD9 的 50.1%（Ma et al.，2016），均比三种 mix-CADB 低。此外，在厌氧条件下，*Pseudomonas stutzeri* T13 吸收约 50% 的 NO_3^--N 用于细菌生长，其余的则转化为 NO_2^--N（Sun et al.，2015）。*Acinetobacter* sp. HA2（Yao et al.，2013）、*Paracoccus versutus* LYM（Shi et al.，2013）和 *Agrobacterium* sp. LAD9（Ma et al.，2016）分别将 49%、50% 和 41% 的氮转化成生物量。本小节的氮平衡分析没有得到 N_2、NO 和 NO_2 的具体比例，普遍认为是转化为 N_2。综上所述，mix-CADB 能够将较多 NO_3^--N 转化为 N_2，将较少量的 NO_3^--N 同化成生物量，这有利于污水处理和污泥减量。mix-CADB 中氮流失量较高的最重要原因是，不同的好氧反硝化菌种具有不同的氮代谢途径和组合途径，且细胞内生化反应可以将较高的代谢通量转化为 N_2。

表 5.5　混合培养好氧反硝化细菌（mix-CADB）在有氧条件下的氮平衡（Zhang et al.，2019b）

mix-CADB	初始 TN 含量/mg	最终 N 含量/mg				细胞内含氮量/mg	以氮气形式损失的 N 量/mg
		NO_3^--N	NO_2^--N	NH_4^+-N	有机 N		
A30	21.75±0.75	0.28±0.05	0.02±0.02	0.06±0.00	1.12±0.08	4.55±0.06	16.89±0.18
D10	21.75±0.75	0.16±0.02	0.08±0.00	0.00±0.00	0.55±0.07	3.86±0.14	17.64±0.61
Z40	21.75±0.75	0.17±0.01	0.01±0.00	0.06±0.00	0.39±0.04	3.26±0.15	18.05±1.15

5.4.2　反硝化参数的优化

用二阶等式方程来表示四个变量和响应值 Y（TN 去除率）之间的关系，拟合公式如下：

$$Y(A30)(\%) = -369.98 + 8.76X_1 - 0.08X_2 + 3.70X_3 + 89.60X_4 + 0.01X_1X_2 + 0.12X_1X_3 - 2.30X_1X_4 - 0.005X_2X_3 + 0.05X_2X_4 + 0.63X_3X_4 - 0.78X_1^2 - 0.001X_2^2 - 0.15X_3^2 - 6.65X_4^2$$

$$Y(D10)(\%) = -410.69 + 12.52X_1 - 0.26X_2 + 3.53X_3 + 94.05X_4 - 0.03X_1X_2 + 0.20X_1X_3 + 0.006X_1X_4 - 0.006X_2X_3 + 0.04X_2X_4 + 0.76X_3X_4 - 1.13X_1^2 - 0.002X_2^2 - 0.18X_3^2 - 7.12X_4^2$$

$$Y(Z40)(\%) = -411.24 - 2.18X_1 + 0.21X_2 + 5.50X_3 + 104.60X_4 + 0.02X_1X_2 + 0.12X_1X_3 + 0.43X_1X_4 + 0.003X_2X_3 - 0.02X_2X_4 + 0.54X_3X_4 - 0.35X_1^2 - 0.002X_2^2 - 0.18X_3^2 - 7.62X_4^2$$

通过 ANOVA 方差分析检验模型，结果如表 5.6～表 5.8 所示，表 5.9 列出了基于 RSM 模型的 mix-CADB 好氧反硝化优化条件。在优化条件下，A30、D10 和 Z40 的 TN 去除率分别为 91.24%、97.42% 和 90.97%（表 5.9）。由图 5.5 可知，温度和 DO 浓度对好氧反硝化过程有显著影响。例如，*Acinetobacter* sp. HA2 具有耐寒性，在 10℃ 条件下可有效去除硝酸盐（Yao et al.，2013）。DO 浓度与反硝化基因（如 *nirS*、*nirK* 和 *napA*）的相对丰度有关，好氧反硝化效率受 DO 浓度调节（Zhang et al.，2018）。此外，液体培养基中 DO 浓度与转速有关（Ji et al.，2014）。本小节转速与 *Pseudomonas stutzeri* XL-2（Zhao et al.，2017）和 *Cupriavidus* sp. S1（Sun et al.，2016）的转速不同，表明 120r/min 是反硝化的通用条件，而不是最佳条件。Huang 等（2015a）研究表明，摇床转速为 54.2r/min、C/N 为 6.7、温度为 28℃、初始 pH 为 8 是 *Pseudomonas stutzeri* ZF31 的最佳条件，该参数下 TN 的去除率为 73%。

表 5.6　A30 的二次多项式模型检验及其显著性分析（Zhang et al.，2019b）

变量	平方和	自由度	均方值	F 值	p 值（Prob > F）	显著性
标准	18935.02	14	1352.50	17.88	< 0.0001	显著
X_1	32.67	1	32.67	0.43	0.5217	不显著
X_2	184.08	1	184.08	2.43	0.1411	不显著
X_3	7120.92	1	7120.92	94.14	< 0.0001	显著
X_4	5367.02	1	5367.02	70.96	< 0.0001	显著
X_1X_2	25.05	1	25.05	0.33	0.5741	不显著
X_1X_3	50.13	1	50.13	0.66	0.4292	不显著
X_1X_4	12.57	1	12.57	0.17	0.6897	不显著

续表

变量	平方和	自由度	均方值	F 值	p 值（Prob > F）	显著性
X_2X_3	37.39	1	37.39	0.49	0.4935	不显著
X_2X_4	158.51	1	158.51	2.10	0.1697	不显著
X_3X_4	644.91	1	644.91	8.53	0.0112	显著
X_1^2	318.37	1	318.37	4.21	0.0594	不显著
X_2^2	223.19	1	223.19	2.95	0.1079	不显著
X_3^2	1515.12	1	1515.12	20.03	0.0005	显著
X_4^2	4589.00	1	4589.00	60.67	< 0.0001	显著
剩余	1058.95	14	75.64	—	—	—
拟合缺少	1018.51	10	101.85	10.07	0.0197	显著
误差	40.44	4	10.11	—	—	—
总计	19993.98	28	—	—	—	—

表 5.7　D10 的二次多项式模型检验及其显著性分析（Zhang et al.，2019b）

变量	平方和	自由度	均方值	F 值	p 值（Prob > F）	显著性
标准	23347.90	14	1667.71	26.53	< 0.0001	显著
X_1	101.50	1	101.50	1.61	0.2246	不显著
X_2	216.16	1	216.16	3.44	0.0849	不显著
X_3	8660.74	1	8660.74	137.76	< 0.0001	显著
X_4	6667.01	1	6667.01	106.05	< 0.0001	显著
X_1X_2	135.49	1	135.49	2.16	0.1642	不显著
X_1X_3	137.71	1	137.71	2.19	0.1610	不显著
X_1X_4	5.625×10^{-3}	1	5.625×10^{-3}	8.947×10^{-5}	0.9926	不显著
X_2X_3	5.625×10^{-3}	1	5.625×10^{-3}	8.947×10^{-5}	0.9926	不显著
X_2X_4	83.54	1	83.54	1.33	0.2683	不显著
X_3X_4	913.85	1	913.85	14.54	0.0019	显著
X_1^2	671.85	1	671.85	10.69	0.0056	显著
X_2^2	454.80	1	454.80	7.23	0.0176	显著
X_3^2	2162.71	1	2162.71	34.40	< 0.0001	显著
X_4^2	5263.47	1	5263.47	83.72	< 0.0001	显著
剩余	880.15	14	62.87	—	—	—
拟合缺少	842.27	10	84.23	8.90	0.0247	显著
误差	37.87	4	9.47	—	—	—
总计	24228.05	28	—	—	—	—

表 5.8　Z40 的二次多项式模型检验及其显著性分析（Zhang et al., 2019b）

变量	平方和	自由度	均方值	F 值	p 值 （Prob $> F$）	显著性
标准	21212.62	14	1515.19	16.22	< 0.0001	显著
X_1	0.059	1	0.059	6.295×10^{-4}	0.9803	不显著
X_2	0.11	1	0.11	1.221×10^{-3}	0.9726	不显著
X_3	8271.90	1	8271.90	88.56	< 0.0001	显著
X_4	5078.73	1	5078.73	54.37	< 0.0001	显著
X_1X_2	29.16	1	29.16	0.31	0.5852	不显著
X_1X_3	53.22	1	53.22	0.57	0.4629	不显著
X_1X_4	26.99	1	26.99	0.29	0.5993	不显著
X_2X_3	0.11	1	0.11	1.166×10^{-3}	0.9732	不显著
X_2X_4	11.87	1	11.87	0.13	0.7268	不显著
X_3X_4	464.19	1	464.19	4.97	0.0427	显著
X_1^2	62.38	1	62.38	0.67	0.4275	不显著
X_2^2	284.04	1	284.04	3.04	0.1031	不显著
X_3^2	2239.52	1	2239.52	23.98	0.0002	显著
X_4^2	6016.23	1	6016.23	64.41	< 0.0001	显著
剩余	1307.69	14	93.41	—	—	—
拟合缺少	1213.27	10	121.33	5.14	0.0643	不显著
误差	94.42	4	23.61	—	—	—
总计	22520.31	28				

注：X_1、X_2、X_3、X_4 分别表示 C/N、转速、温度、初始 pH。

表 5.9　基于响应曲面法（RSM）模型的 mix-CADB 好氧反硝化优化条件

mix-CADB	C/N	转速/（r/min）	温度/℃	初始 pH	TN 去除率/%
A30	7.18	98.34	30.83	8.41	91.24
D10	7.10	85.94	30.96	8.46	97.42
Z40	8.55	72.40	29.51	8.08	90.97

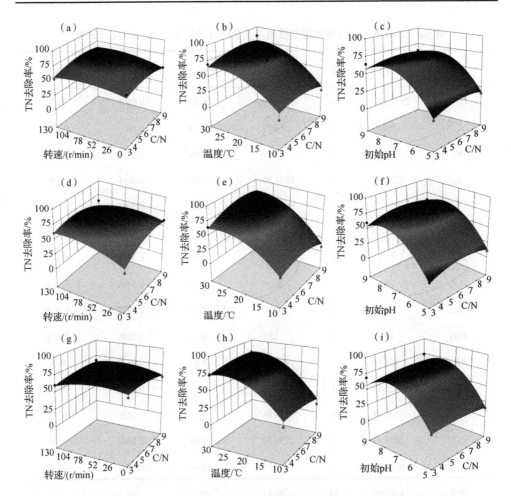

图 5.5　初始 pH、温度、C/N、转速对 mix-CADB 的总氮去除率（%）影响的 3D 响应曲面图

（a）转速和 C/N 对 A30 总氮去除率的影响；（b）温度和 C/N 对 A30 总氮去除率的影响；
（c）初始 pH 和 C/N 对 A30 总氮去除率的影响；（d）转速和 C/N 对 D10 总氮去除率的影响；
（e）温度和 C/N 对 D10 总氮去除率的影响；（f）初始 pH 和 C/N 对 D10 总氮去除率的影响；
（g）转速和 C/N 对 Z40 总氮去除率的影响；（h）温度和 C/N 对 Z40 总氮去除率的影响；
（i）初始 pH 和 C/N 对 Z40 总氮去除率的影响

5.4.3　混合培养好氧反硝化细菌的组成和动力学

　　对好氧反硝化过程中存在的细菌群落进行进一步研究，有助于识别参与这一过程的关键细菌。为了系统地探索基于 *nirS* 基因的分类群，测定 mix-CADB 的分类组成和动力学，结果如图 5.6 所示。在门水平上，A30、D10 和 Z40 具有不同的好氧反硝化细菌类群，主要有厚壁菌门（Firmicutes）、变形菌门（Proteobacteria）和一些未知的菌门。好氧反硝化细菌的相对丰度随培养时间显著变化。培养 18h

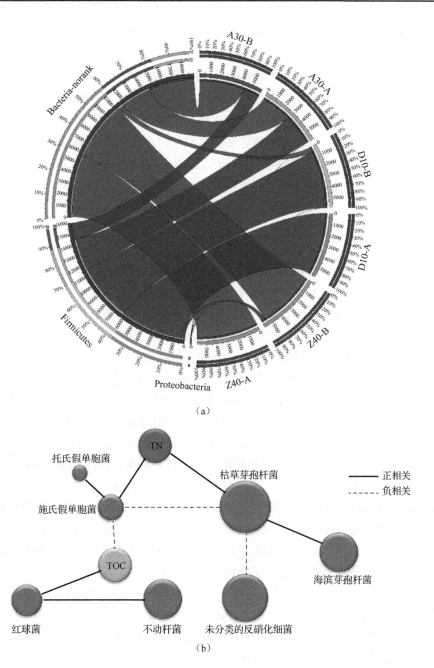

（a）

（b）

图 5.6　混合培养的 A30、D10 和 Z40 好氧反硝化细菌（mix-CADB）的分类组成和动力学
（Zhang et al.，2019b）

（a）基于 *nirS* 基因序列在门水平上的组成；（b）在 TN 和 TOC 去除过程中基于 Spearman 相关分析的
共生和相互作用；A 和 B 分别表示培养 18h 和 72h；Bacteria-norank 表示未明确分类的细菌

和 72h 时，A30 中的厚壁菌门分别占总数的 26% 和 51%，未知菌类的相对丰度由 74% 下降到 49%。在加入 D10 的系统中，优势菌门为厚壁菌门（96%）[图 5.6（a）]。混合培养体系中的类群动力学可能是有益的，形成用于脱氮的协同循环体系。Kim 等（2005）研究表明，在混合培养体系中，芽孢杆菌优势种随着 C、N 组成的变化而发生变化，但分离出来的混合芽孢杆菌在脱氮过程中的相互作用尚不清楚。这可能是由于优势菌株在竞争营养和生存空间时产生的代谢物对其他物种有毒害作用，或称为群体感应（Whiteley et al.，2017）。本小节采用网络分析法，探讨好氧反硝化过程中细菌群落的相互作用。同时，面对环境变化和养分浓度的波动，种群相对丰度变化可以促进污染物稳定去除，有利于污水的处理。

5.4.4　硝酸盐与 TOC 的共去除与相互作用

大多已发表的文献显示，单菌对 TN 的去除率较低（He et al.，2016；Sun et al.，2015；Shi et al.，2013）。单一菌种的好氧反硝化过程中可能存在氮源和碳源的不完全转化，特别是在 TN 去除方面，这种限制可以通过混合培养来解决。尽管目前关于混合菌的应用较少，但其具有很大的潜力，因此应该被深入开发。细菌种群间协同和竞争的代谢相互作用对于减少有机物十分重要（Freilich et al.，2010），因此探索好氧反硝化细菌种群之间的共生模式，有助于进一步了解去除营养物质的潜在生物相互作用。细菌菌株之间形成密切的合作关系，可间接受益于所有涉及物种（Freilich et al.，2010）。基于此，通过网络分析确定好氧反硝化菌群与营养物去除变量之间的共生和相互作用模式。如图 5.6（b）所示，枯草芽孢杆菌是（*Bacillus subtilis*）"中心"类群，枯草芽孢杆菌、施氏假单胞菌（*Pseudomonas stutzeri*）与 TN 去除率呈正相关。同一菌属具有合作关系，如托氏假单胞菌（*Pseudomonas tolaasii*）和施氏假单胞菌；海滨芽孢杆菌（*Bacillus litoralis*）和枯草芽孢杆菌。红球菌（*Rhodococcus sp.*）与不动杆菌（*Acinebacter calcoaceticus*）在共培养体系中可以利用更多的 TOC，它们可能具有相似的代谢途径，且相互之间有相似的营养需求。Kim 等（2005）进行了类似的混合培养研究，发现了好氧反硝化过程中芽孢杆菌菌株之间的相互作用。在混合培养系统中，一种细菌产生的代谢物（如细胞外多糖）可被另一物种消耗（Zhu et al.，2012）。这解释了混合菌株比用常规方法分离的单一菌株具有更高 TN 和 TOC 去除率的现象。此外，该联合体的细菌物种之间的相互积极作用是通过水平基因转移、信号化合物运输、细胞密度和培养环境（如 pH、次生代谢产物）来调节周围其他菌属的生长。另一种解释是物种水平的相互作用会影响生物反应器中生物过程的稳定性（Lucija et al.，2005）。通过蛋白质组学和 RNA 转录，进一步揭示了细胞间的相互作用和途径。综上所述，mix-CADB 的优化设计对于污水的生物修复是至关重要的，从属到共生和相互作用的尺度划分，为开发新的分离模式和技术、更好理解好氧反硝化细菌在污水处理中的作用生态机制开辟了道路。

5.4.5　对实际污水的处理特性

将 mix-CADB 接种到从三座不同的污水处理厂（WWTP）取的实际污水中，TN 和 COD 去除率如图 5.7 所示，接种 mix-CADB 可有效降低生活污水的 TN 和 COD 浓度。D10 处理后的 COD 去除率最高，为 93%（$F=6.89$，$P<0.05$）。A30、D10 和 Z40 的平均 TN 去除率分别为 88%、86%和 88%（$F=1.31$，$P>0.05$），显著高于 WWTP 脱氮处理工艺。在 WWTP 的实际处理系统中，平均 TN 去除率约为 66%（$n=18$）。Mujtaba 和 Lee（2017）在实际污水处理中使用共培养系统（固定化小球藻和活性污泥），显著提高了养分的去除率，且 TN 的去除率也远高于污水处理厂。由于氮和碳化合物的多样性，单个细菌不能降解所有的化合物，最重要的是，mix-CADB 联合体的利用改善了可降解氮和碳源的种类，并建立共代谢和共生生态系统。例如，施氏假单胞菌能够降解有毒物质，并使用细胞外酶将它们转化成可溶性更强、毒性更低的化合物，枯草芽孢杆菌可以使用这些化合物。此外，混合培养物对实际污水中含有的其他原生微生物具有较强的抗性，并耐受水质波动。在田间条件下，混合培养物比单一纯培养物具有更好的抗性和灵活性（Freilich et al.，2010）。当细菌接种物被引入田间规模时，由于邻近微生物的营养竞争，细菌接种物的生长和活性可能受到抑制。mix-CADB 联合体可以作为潜在的反硝化细菌菌剂用于实际的污水处理过程，并提高 WWTP 的处理效率，特别是 TN 的去除率。本小节内容为 mix-CADB 在工程应用中提供了一些新的见解，下一步工作的重点是阐述 mix-CADB 联合体结合纳米材料固定化技术在污水处理中的实际应用。在理论方面，还需要进一步利用稳定同位素（^{13}C、^{15}N）和遗传合成生物学对 C、N 代谢途径进行网络分析。

本章利用超声预处理技术，从城市内湖沉积物中分离出三个高效 mix-CADB 联合体。混合菌在好氧条件下生长良好，具有高效好氧反硝化能力。

（1）mix-CADB 可将更多的硝酸盐转化为氮气，并将较少的硝酸盐同化成生物质，几乎没有亚硝酸盐积累。

（2）RSM 模型优化条件：C/N 为 7.18～8.55，温度为 30～31℃，初始 pH 为 8.1～8.5，转速为 72～98r/min。

（3）mix-CADB 在实际污水中的 TN 和 COD 去除率分别大于 86%和 93%。

综上所述，混合菌群的共存和相互作用共同驱动氮和碳的去除，这些 mix-CADB 可作为潜在的反硝化细菌菌剂用于实际污水处理。

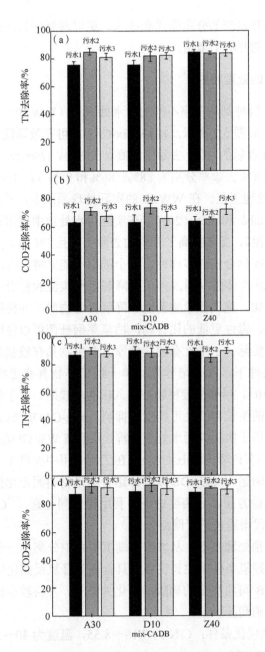

图 5.7　接种 A30、D10 和 Z40 的混合培养好氧反硝化细菌（mix-CADB）

在实际污水中的 TN 和 COD 去除率

（a）24h 内 TN 去除情况；（b）24h 内 COD 去除情况；

（c）72h 内 TN 去除情况；（d）72h 内 COD 去除情况

思　考　题

1. 什么是 mix-CADB? mix-CADB 与单株好氧反硝化细菌相比有何特点？

2. 简述 mix-CADB 与污染物去除性能的共生模式和相互作用可以用什么方法进行分析。

3. 可以通过什么方法探明 mix-CADB 的种群结构？可以在细菌种群结构的哪些水平上进行分析（举例三个）？

4. 可以通过什么办法研究好氧反硝化微生物对不同碳源的代谢活性和代谢能力？

5. 如何利用响应曲面优化好氧反硝化微生物的脱氮参数？

参 考 文 献

康鹏亮, 张海涵, 黄廷林, 等, 2018. 湖库沉积物好氧反硝化菌群脱氮特性及种群结构[J]. 环境科学, 39(5): 2431-2437.

ANNETTE B, PALUMBO A V, KIM L, et al., 2010. Isolation and physiology of bacteria from contaminated subsurface sediments[J]. Applied and Environmental Microbiology, 76(22): 7413-7419.

BOLLMANN A, LEWIS K, EPSTEIN S S, et al., 2007. Incubation of environmental samples in a diffusion chamber increases the diversity of recovered isolates[J]. Applied and Environmental Microbiology, 73(20): 6386-6390.

BRUGER E L, WATERS C M, 2018. Maximizing growth yield and dispersal via quorum sensing promotes cooperation in *Vibrio* bacteria[J]. Applied and Environmental Microbiology, 84(14): e00402-18.

BURMOLLE M, JOHNSEN K, ABU AL-SOUND W, et al., 2009. The presence of embedded bacterial pure cultures in agar plates stimulate the culturability of soil bacteria[J]. Journal of Microbiological Methods, 79(2): 166-173.

CAMARGO J A, ALONSO A, 2006. Ecological and toxicological effects of inorganic nitrogen pollution in aquatic ecosystems: A global assessment[J]. Environmental International, 32(6): 831-849.

CHEN J, GU S, HAO H, et al., 2016. Characteristics and metabolic pathway of *Alcaligenes* sp. TB for simultaneous heterotrophic nitrification-aerobic denitrification[J]. Applied Microbiology and Biotechnology, 100(22): 9787-9794.

CHEN P, LI J, LI Q, et al., 2012. Simultaneous heterotrophic nitrification and aerobic denitrification by bacterium *Rhodococcus* sp. CPZ24[J]. Bioresource Technology, 116(13): 266-270.

ERISMAN J W, BLEEKER A, GALLOWAY J, et al., 2007. Reduced nitrogen in ecology and the environment[J]. Environmental Pollution, 150(1): 140-149.

FREILICH S, ZARECKI R, EILAM O, et al., 2010. Competitive and cooperative metabolic interactions in bacterial communities[J]. Nature Communications, 2: 589.

GALLOWAY J N, TOWNSEND A R, ERISMAN J W, et al., 2008. Transformation of the nitrogen cycle: Recent trends, questions, and potential solutions[J]. Science, 320(5878): 889-892.

GERSBERG R M, ELKINS B V, GOLDMAN C R, et al., 1983. Nitrogen removal in artificial wetlands[J]. Water Research, 17(9): 1009-1014.

GUO L J, ZHAO B, QIANG A, et al., 2016. Characteristics of a novel aerobic denitrifying bacterium, *Enterobacter cloacae* strain HNR[J]. Applied Biochemistry and Biotechnology, 178(5): 947-959.

HE T, LI Z, SUN Q, et al., 2016. Heterotrophic nitrification and aerobic denitrification by *Pseudomonas tolaasii* Y-11 without nitrite accumulation during nitrogen conversion[J]. Bioresource Technology, 200(1): 493-499.

HE T, XIE D, LI Z, et al., 2017. Ammonium stimulates nitrate reduction during simultaneous nitrification and denitrification process by *Arthrobacter arilaitensis* Y-10[J]. Bioresource Technology, 239: 66-73.

HUANG F, PAN L, LV N, et al., 2017. Characterization of novel *Bacillus* strain N31 from mariculture water capable of halophilic heterotrophic nitrification-aerobic denitrification[J]. Journal of Bioscience and Bioengineering, 124(5): 564-571.

HUANG T L, GUO L, ZHANG H H, et al., 2015a. Nitrogen-removal efficiency of a novel aerobic denitrifying bacterium, *Pseudomonas stutzeri* strain ZF31, isolated from a drinking-water reservoir[J]. Bioresource Technology, 196(4): 209-216.

HUANG T L, ZHOU S L, ZHANG H H, et al., 2015b. Nitrogen removal from micro-polluted reservoir water by indigenous aerobic denitrifiers[J]. International Journal of Molecular Sciences, 16(4): 8008-8026.

HUHTANEN C N, 1968. Effect of low-frequency ultrasound and elevated temperatures on isolation of bacteria from raw milk[J]. Applied Microbiology, 16(3): 470-475.

JI B, WANG H, YANG K, et al., 2014. Tolerance of an aerobic denitrifier (*Pseudomonas stutzeri*) to high O_2 concentrations[J]. Biotechnology Letters, 36(4): 719-722.

JI B, YANG K, ZHU L, et al., 2015. Aerobic denitrification: A review of important advances of the last 30 years[J]. Biotechnology and Bioprocess Engineering, 20(4): 643-651.

JIANG Y, CAO Y, ZHAO L, et al., 2010. Ultrasonic treatment of soil samples for actinomycete isolation[J]. Acta Microbiologica Sinica, 50(8): 1094-1097.

KAEBERLEIN T, LEWIS K, EPSTEIN S S, 2002. Isolating "uncultivable" microorganisms in pure culture in a simulated natural environment[J]. Science, 296(5570): 1127-1129.

KESSERU P, KISS I, BIHARI Z, et al., 2003. Biological denitrification in a continuous-flow pilot bioreactor containing immobilized *Pseudomonas butanovora* cells[J]. Bioresource Technology, 87(1): 75-80.

KIM J K, PARK K J, CHO K S, et al., 2005. Aerobic nitrification-denitrification by heterotrophic Bacillus strains[J]. Bioresource Technology, 96(17): 1897-1906.

LEINWEBER A, INGLIS R F, KUMMERLI R, 2017. Cheating fosters species co-existence in well-mixed bacterial communities[J]. The ISME Journal, 11: 1179-1188.

LI C, YANG J, WANG X, et al., 2015. Removal of nitrogen by heterotrophic nitrification-aerobic denitrification of a phosphate accumulating bacterium *Pseudomonas stutzeri* YG-24[J]. Bioresource Technology, 182: 18-25.

LIU Y, AI G M, MIAO L L, et al., 2016. *Marinobacter* strain NNA5, a newly isolated and highly efficient aerobic denitrifier with zero N_2O emission[J]. Bioresource Technology, 206: 9-15.

LUCIJA F, FELICITA B, LASZLO S, et al., 2005. High nitrate removal from synthetic wastewater with the mixed bacterial culture[J]. Bioresource Technology, 96(8): 879-888.

MA T, CHEN Q, GUI M, et al., 2016. Simultaneous denitrification and phosphorus removal by *Agrobacterium* sp. LAD9 under varying oxygen concentration[J]. Applied Microbiology and Biotechnology, 100(7): 3337-3346.

MATSUMOTO A, TAKAHASHI Y, IWSI Y, et al., 2006. Isolation of Gram-positive bacteria with high G+C from inside soil aggregates[J]. Actinomycetologica, 20(2): 30-34.

MUJTABA G, LEE K, 2017. Treatment of real wastewater using co-culture of immobilized *Chlorella vulgaris* and suspended activated sludge[J]. Water Research, 120: 174-184.

PADHI S K, TRIPATHY S, SEN R, et al., 2013. Characterisation of heterotrophic nitrifying and aerobic denitrifying *Klebsiella pneumoniae* CF-S9 strain for bioremediation of wastewater[J]. International Biodeterioration and Biodegradation, 78(3): 67-73.

PATEL A B, MAHALA K, JAIN K, et al., 2018. Development of mixed bacterial cultures DAK11 capable for degrading mixture of polycyclic aromatic hydrocarbons (PAHs)[J]. Bioresoure Technology, 253: 288-296.

QIN Z, ZHANG P, ZHANG G, et al., 2014. Enhancement of cell production in photosynthetic bacteria wastewater treatment by low-strength ultrasound[J]. Bioresource Technology, 161(3): 451-454.

ROUSE J D, BISHOP C A, STRUGER J, et al., 1999. Nitrogen pollution: An assessment of its threat to amphibian survival[J]. Environmental Health Perspectives, 107(10): 799-803.

SHANG Y, WANG Z, XU X, et al., 2018. Bio-reduction of free and laden perchlorate by the pure and mixed perchlorate reducing bacteria: Considering the pH and coexisting nitrate[J]. Chemosphere, 205: 475-483.

SHI Z, ZHANG Y, ZHOU J, et al., 2013. Biological removal of nitrate and ammonium under aerobic atmosphere by *Paracoccus versutus* LYM[J]. Bioresource Technology, 148(7): 144-148.

SUN Y, LI A, ZHANG X, et al., 2015. Regulation of dissolved oxygen from accumulated nitrite during the heterotrophic nitrification and aerobic denitrification of *Pseudomonas stutzeri* T13[J]. Applied Microbiology and Biotechnology, 99(7): 3243-3248.

SUN Z, LV Y, LIU Y, et al., 2016. Removal of nitrogen by heterotrophic nitrification-aerobic denitrification of a novel metal resistant bacterium *Cupriavidus* sp. S1[J]. Bioresource Technology, 220: 142-150.

WANG X, CHEN Z, SHEN J, et al., 2019. Impact of carbon to nitrogen ratio on the performance of aerobic granular reactor and microbial population dynamics during aerobic sludge granulation[J]. Bioresource Technology, 271: 258-265.

WHITELEY M, DIGGLE S P, GREENBERG E P, 2017. Progress in and promise of bacterial quorum sensing research[J]. Nature, 551(7680): 313-320.

YANG X P, WANG S M, ZHANG D W, et al., 2011. Isolation and nitrogen removal characteristics of an aerobic heterotrophic nitrifying-denitrifying bacterium, *Bacillus subtilis* A1[J]. Bioresource Technology, 102(2): 854-862.

YAO S, NI J, TAO M, et al., 2013. Heterotrophic nitrification and aerobic denitrification at low temperature by a newly isolated bacterium, *Acinetobacter* sp. HA2[J]. Bioresource Technology, 139(13): 80-86.

ZHANG H H, FENG J, CHEN S N, et al., 2019a. Geographical patterns of *nirS* gene abundance and *nirS*-type denitrifying bacterial community associated with activated sludge from different wastewater treatment plants[J]. Microbial Ecology, 77(2): 304-316.

ZHANG H H, ZHAO Z F, CHEN S N, et al., 2018. *Paracoccus versutus* KS293 adaptation to aerobic and anaerobic denitrification: Insights from nitrogen removal, functional gene abundance, and proteomic profiling analysis[J]. Bioresource Technology, 260: 321-328.

ZHANG H H, ZHAO Z F, LI S L, et al., 2019b. Nitrogen removal by mix-cultured aerobic denitrifying bacteria isolated by ultrasound: Performance, co-occurrence pattern and wastewater treatment[J]. Chemical Engineering Journal, 372: 26-36.

ZHANG S, SUN X, FAN Y, et al., 2017. Heterotrophic nitrification and aerobic denitrification by *Diaphorobacter polyhydroxybutyrativorans* SL-205 using poly (3-hydroxybutyrate-co-3-hydroxyvalerate) as the sole carbon source[J]. Bioresource Technology, 241: 500-507.

ZHAO B, CHENG D Y, TAN P, et al., 2017. Characterization of an aerobic denitrifier *Pseudomonas stutzeri* strain XL-2 to achieve efficient nitrate removal[J]. Bioresource Technology, 250: 564-573.

ZHENG H, LIU Y, SUN G, et al., 2011. Denitrification characteristics of a marine origin psychrophilic aerobic denitrifying bacterium[J]. Journal of Environmental Sciences, 23(11): 1888-1893.

ZHOU M, YE H, ZHAO X, et al., 2014. Isolation and characterization of a novel heterotrophic nitrifying and aerobic denitrifying bacterium *Pseudomonas stutzeri* KTB for bioremediation of wastewater[J]. Biotechnology and Bioprocess Engineering, 19(2): 231-238.

ZHU L, FENG J, DAI X, et al., 2012. Characteristics of an aerobic denitrifier that utilizes ammonium and nitrate simultaneously under the oligotrophic niche[J]. Environmental Science and Pollution Research, 19(8): 3185-3191.

第6章 景观水体环境微生物生态

6.1 典型景观水体水质和 *nirS* 型反硝化菌群结构

随着城市化的快速发展，全球变暖趋势加剧，城市环境条件发生一系列变化，如南方暴风雨增多、西北部冬季气温升高、东北部极端天气增多（Sun et al.，2016；Gu et al.，2012）等。由于人类活动和工业发展，城市水环境条件受到严重威胁（Yang et al.，2007）。当大量污染物（如重金属和氮）排入（尤其是短时期内过量涌入）被广泛用于蓄水和娱乐的城市内湖水体时，会导致水体浑浊、有毒藻类泛滥、城市和工业污染负荷增加，从而使大多数城市内湖面临更严重的污染和富营养化问题（Yu et al.，2012）。综上所述，研究城市内湖生态系统的基本特性，对阐明城市内湖的恢复和自净过程具有十分重要的意义。

在淡水生态系统中，水生微生物可通过生物地球化学循环过程分解 N、P、S 和有机质（oganic matter，OM），在水质调控方面发挥着重要作用（Kent et al.，2007）。多数研究致力于探索水源水库（Yang et al.，2015；Zhang et al.，2015a）、被污染的河流（Ibekwe et al.，2016；Sekiguchi et al.，2002）、饮用水管道（Zhang et al.，2015b）、富营养化湖泊（Morrison et al.，2017）中的微生物群落多样性，湖泊生态系统中水质与沉积物中的细菌（Saarenheimo et al.，2017）、古菌（Ahmed et al.，2018）、真菌（Rojas-Jimenez et al.，2017）群落间的相关性被重点关注。检测大量水质物化指标，如 pH、TN、有机碳，以期探明其对微生物群落分布的影响（Saarenheimo et al.，2017；Zhang et al.，2015a，2015b）。Hengy 等（2017）探索了同一海岛周围四个淡水湖水质和细菌群落之间的关系，发现水温、pH 与细菌群落结构显著相关，而溶解性有机碳（DOC）与细菌群落结构无关。近年来，关于城市内湖中反硝化细菌群落结构的研究鲜见报道。

反硝化细菌是水体氮循环过程的重要驱动因素。反硝化细菌有明显的地理差异性，目前一些研究利用高通量测序技术调查城市内湖中的反硝化细菌群落，但是这些研究主要在具有相似水源的同一地区进行。康鹏亮等（2018）对我国西北部陕西省西安市六个城市内湖的 *nirS* 型反硝化细菌群落进行研究，发现即使在同一地理区域内，各景观水体水质也存在差异性，TN 和 COD_{Mn} 是影响反硝化细菌群落结构的主要因素。在较大地理空间范围内，影响城市景观水体反硝化细菌群落结构和多样性的主要因素仍未确定，城市景观水体中反硝化细菌群落与地理差异间的相关性需进一步研究。

　　本章主要是在大空间尺度上探讨城市内湖景观水体的 *nirS* 型反硝化细菌群落结构的生物地理学特性。本章具体目标是：①调查城市内湖的水质参数；②利用 Illumina Miseq 高通量测序技术，对 9 个不同地理位置的城市内湖 *nirS* 型反硝化细菌群落结构进行研究；③评估城市内湖景观水体中的水质参数和地理位置与反硝化细菌多样性和结构之间的相关性。本章将对城市内湖生态系统的水生微生物生态特征产生有益的认识。

6.1.1　实验材料

1. 取样点概况

　　我国的气候条件因季节和地理位置差异而不同。为了比较我国各地区城市内湖反硝化细菌群落的组成，选取 9 个省（自治区、直辖市）的城市内湖作为研究对象。城市内湖分布在 9 个不同的地理位置：北京市奥林匹克森林公园（ALPK）、陕西省西安市大明宫国家遗址公园（DMG）、贵州省贵阳市观山湖公园（GSH）、青海省西宁市湟水森林公园（HS）、吉林省长春市净月潭国家森林公园（JYT）、内蒙古自治区赤峰市平庄公园（PZ）、河南省新乡市人民公园（RM）、甘肃省兰州市雁滩公园（YT）、广东省广州市中心湖公园（ZXH），见表 6.1。

表 6.1　我国 9 个不同地理分布城市内湖

城市内湖	地理位置	纬度	经度	表面积/m²	修建年份	功能
奥林匹克森林公园（ALPK）	北京	40°01′31″N	116°23′03″E	6800000	2007	娱乐
大明宫国家遗址公园（DMG）	陕西	34°18′35″N	108°58′06″E	130000	2010	风景
观山湖公园（GSH）	贵州	26°38′46″N	106°38′29″E	3700000	2012	娱乐
湟水森林公园（HS）	青海	36°38′38″N	108°57′69″E	900000	2006	风景
净月潭国家森林公园（JYT）	吉林	43°17′18″N	125°28′39″E	96380000	1934	风景
平庄公园（PZ）	内蒙古	42°03′19″N	119°17′26″E	439000	1993	娱乐
人民公园（RM）	河南	35°18′18″N	113°53′25″E	491000	1958	娱乐
雁滩公园（YT）	甘肃	36°03′59″N	103°51′43″E	185000	2001	娱乐
中心湖公园（ZXH）	广东	23°03′25″N	113°24′04″E	18000000	2004	娱乐

2. 样品采集

　　在每个城市内湖，参考康鹏亮等（2018）的采样方法，选取三个不同的采样点（$n=3$）采集水面表层（0.5～1.0m）水样，使用消毒聚丙烯容器收集。所有样品瓶放入冷却器（8℃），24h 内转移至实验室。一部分水样（500mL）经聚碳酸酯膜（0.22μm 孔径）过滤后，将滤膜保存在-20℃冰箱，用于研究水体反硝化细菌群落结构；剩余的水样用来测定物理化学特性和藻细胞浓度。

6.1.2 实验方法

1. 水质测定

为确定城市内湖的水质，使用 pH 计测定 pH；使用流动分析仪检测 NO_2^--N、NO_3^--N、NH_4^+-N、TN；使用分光光度计测定 TP；使用 ICP-MS 测定高锰酸盐指数（COD_{Mn}）、铁浓度和锰浓度。另外，采用光学显微镜测定藻细胞浓度。每次实验测定三个平行样（$n=3$）。

2. DNA 提取纯化

使用水体 DNA 提取试剂盒提取滤膜上的总微生物 DNA。使用 DNA 纯化试剂盒按照说明书对提取的原始 DNA 进行纯化。利用纳米级 UV-Vis 光谱仪检测 DNA 产物的质量和数量。DNA 样本存储在实验室-80℃的冰箱内，用于后续进行聚合酶链反应（PCR）扩增分析。

3. Illumina Miseq DNA 测序

nirS 和 *nirK* 功能基因常被用来评估反硝化细菌群落的多样性。本小节利用 Illumina MiSeq 测序技术检测 *nirS* 功能基因，来评估景观水体反硝化细菌群落。对于每个样品，使用 cd3a-F（5'-GTSAACGTSAAGGARACSGG-3'）和 R3cd-R（5'-GASTTCGGRTGSGTCTTGA-3'）作为 *nirS* 功能基因的 PCR 扩增引物。对引物 R3cd-R 进行条形编码，每个样本用 6bp 的纠错编码。PCR 扩增反应在 20μL 的混合体系中进行：10ng 的微生物 DNA 模板，10μL 2×PCR 反应混合液，1μL 引物 cd3a-F（10mmol），1μL 引物 R3cd-R（10mmol）和 7μL 去离子水。使用 PCR 热循环仪进行 PCR 扩增。扩增产物采用 1.5%（质量浓度）琼脂糖凝胶电泳检测，然后根据说明书使用 PCR 净化试剂盒进行纯化，并对产物定量分析。对于每一个样本，PCR 扩增产物一式三份（$n=3$），然后混合在一起。利用 Illumina Miseq 测序平台进行文库制备和测序。

4. DNA 测序数据处理

Illumina Miseq 测序完成后，进一步过滤原始 *nirS* 基因测序数据，并使用定量微生物生态学（quantitative insights into microbial ecology，QIIME）软件包（v1.17）

进行质量控制。去除非特异性 PCR 扩增子（叶绿体、古生菌、未知区域），利用 USEARCH 计算程序识别和去除平均质量分数<20%的序列和嵌合序列，去除小于 50bp 的读数，同时移除单列。nirS 基因序列的平均长度为 373bp。为了获得高质量的扩增序列数据，使用 UPARSE（v7.1，http://drive5.com/uparse）和 Mothur（v1.35.1，http://www.mothur.org）将序列以 97%的相似性归入 OTU 中。在相同的测序数量（28846 个序列数）下，对样品进行计算和比较，并使用 RDP 分类器对 nirS 基因序列数据进行分类（http://rdp.cme.msu.edu）。原始测序数据提交至 NCBI 数据中心 SRA 数据库（http://www.ncbi.nlm.nih.gov/sra），登录号为 SRP129549。

5. 数据统计分析

使用 one-way ANOVA 进行 post hoc Tukey's HSD 检验，分析不同城市内湖的水质参数，通过 Chao 1 指数、香农指数（H'）和辛普森指数（D）等评估水体反硝化细菌群落多样性。用维恩图计算 9 个样品的共享和特异功能聚类数量；用热图比较属水平上的反硝化细菌群落结构；用 Circos（v0.69，http://circos.ca）对科水平上的优势菌进行可视化，使用可视化 Gephi 平台（v0.9.2）生成共生网络，展示 9 个不同测序文库中反硝化细菌群落之间的生物关系，并计算节点数量、图密度和聚类系数。利用 Canoco 软件（v4.5）和蒙特卡罗置换试验进行冗余分析（RDA），来评估反硝化细菌种群和水质之间的关系。RDA 图是在 Cano Draw 软件（v3.10）中生成的。此外，通过变分分析评估水质参数和地理位置对属水平上的优势反硝化细菌的影响。

6.1.3　结果与讨论

1. 水质参数分析

不同城市内湖水体的 pH、NO_3^--N 浓度、NO_2^--N 浓度、TN 浓度、TP 浓度、COD_{Mn}、TOC 浓度、Fe 浓度、Mn 浓度等水质参数测定结果如表 6.2 所示。结果表明，不同城市内湖水体水质存在显著性差异。pH 为 7.72（ZXH）～8.92（PZ）（$F=3.41$，$P<0.05$）；NH_4^+-N 浓度为 0.23（DMG）～0.88mg/L（HS）（$F=42.11$，$P<0.01$）；PZ 的 NO_3^--N 浓度（2.02mg/L）和 TN 浓度（3.82mg/L）最高（$F=0.51$，$P<0.01$；$F=3.84$，$P<0.01$）；TOC 浓度（从 GSH 的 2.26mg/L 到 HS 的 14.15mg/L）也表现出显著的统计学差异性（$F=120.25$，$P<0.01$）；ZXH 的 COD_{Mn} 明显高于其他几个城市内湖（$F=30.59$，$P<0.01$）；位于我国南部和北部地区的城市内湖中 TP 浓度存在显著性差异（$F=7.38$，$P<0.01$）；在不同地区的城市内湖水体中，藻细胞浓度均较高（$F=2284$，$P<0.001$）；各城市内湖的 Mn 浓度差异不显著（$P>0.05$）。

本章城市内湖两两之间的距离在 200～2600km，ZXH 位于我国南方的广东，JYT 位于我国东北的吉林。Yang 等（2016）对我国西部 16 个内湖的水体进行了采样，采样内湖两两之间的距离在 9～2027km，发现 16 个内湖的 pH 为 6.9～9.8。大量研究表明，空间距离会导致水质特征的空间差异。JYT 始建于 1934 年，是吉林省最古老的城市内湖之一。随着吉林省城市化进程的加快，在过去的几十年中，吉林省发生了重金属污染、工业污染物排放等严重的水污染事件。之后，污染物进入城市内湖底部沉积物，从沉积物释放到上覆水中。研究表明，城市内湖的空间差异受环境条件和历史事件的影响，这与 Andersson 等（2014）的观点一致。DMG 与 RM 相距较近，但 RM 中藻细胞浓度是 DMG 的 6.7 倍，说明在地理气候特征相似的地区，城市内湖的水体水质也可能存在差异（Andersson et al.，2014）。Li 等（2017）对洪湖水质进行了调查，发现由于沉水生植物对洪湖水质的调节作用，整个湖泊的 TN 浓度、TP 浓度、COD$_{Mn}$ 由南向北逐渐升高。先前的研究显示，城市化进程对水化学、水文学和生产参数有显著影响（Hosen et al.，2017）。Yannarell 和 Triplett（2005）调查了美国威斯康星州北部和南部的 30 个城市内湖，pH 为 5.4～8.5，低于其他的一些研究结果。因此，城市内湖水质净化可以通过环境地球化学因素和大面积开发地区的土地利用来实现。

表 6.2　我国九个不同地理位置城市内湖景观水体水质参数

城市内湖	奥林匹克森林公园（ALPK）	大明宫国家遗址公园（DMG）	观山湖公园（GSH）	湟水森林公园（HS）	净月潭国家森林公园（JYT）	平庄公园（PZ）	人民公园（RM）	雁滩公园（YT）	中心湖公园（ZXH）	单因素方差分析
pH	7.93 ± 0.01A	8.49 ± 0.11A	7.98 ± 0.08A	8.01 ± 0.09A	7.74 ± 0.68A	8.92 ± 0.80A	7.97 ± 0.01A	8.36 ± 0.15A	7.72 ± 0.12A	*
NO$_2^-$-N 浓度/（mg/L）	0.02 ± 0.00B	0.01 ± 0.00B	0.04 ± 0.00AB	0.07 ± 0.00A	0.02 ± 0.02B	0.02 ± 0.02B	0.03 ± 0.00B	0.03 ± 0.00B	0.03 ± 0.00B	***
NO$_3^-$-N 浓度/（mg/L）	0.46 ± 0.01B	0.40 ± 0.04B	0.70 ± 0.02AB	1.32 ± 0.02AB	0.64 ± 0.08AB	2.02 ± 1.12A	0.69 ± 0.02AB	0.58 ± 0.00AB	0.30 ± 0.02B	**
NH$_4^+$-N 浓度/（mg/L）	0.26 ± 0.07C	0.23 ± 0.01C	0.38 ± 0.12C	0.88 ± 0.03A	0.28 ± 0.07C	0.43 ± 0.05C	0.66 ± 0.03C	0.33 ± 0.01C	0.31 ± 0.00C	***
TN 浓度/（mg/L）	0.91 ± 0.11A	1.06 ± 0.25A	1.30 ± 0.16A	3.28 ± 0.34A	0.93 ± 0.07A	3.82 ± 2.52A	1.00 ± 0.07A	1.73 ± 0.32A	1.34 ± 0.06A	**
TP 浓度/（mg/L）	0.09 ± 0.00B	0.08 ± 0.00B	0.10 ± 0.04B	0.10 ± 0.01B	0.11 ± 0.05AB	0.05 ± 0.02B	0.19 ± 0.01A	0.12 ± 0.03AB	0.08 ± 0.01B	***
COD$_{Mn}$/（mg/L）	5.72 ± 0.09C	4.80 ± 0.11C	3.81 ± 0.34C	11.18 ± 0.08A	5.50 ± 0.53C	7.18 ± 1.47BC	5.38 ± 0.14C	10.68 ± 0.00AB	12.56 ± 0.12A	***
TOC 浓度/（mg/L）	4.04 ± 1.25DE	3.84 ± 0.46DE	2.26 ± 0.25E	14.15 ± 0.94A	5.50 ± 0.60CD	7.18 ± 0.70BC	4.62 ± 0.38DE	13.47 ± 0.52A	9.12 ± 0.35B	***

城市内湖	奥林匹克森林公园（ALPK）	大明宫国家遗址公园（DMG）	观山湖公园（GSH）	湟水森林公园（HS）	净月潭国家森林公园（JYT）	平庄公园（PZ）	人民公园（RM）	雁滩公园（YT）	中心湖公园（ZXH）	单因素方差分析
Fe 浓度/（mg/L）	0.07 ± 0.00A	0.07 ± 0.00A	0.05 ± 0.00AB	0.01 ± 0.00B	0.04 ± 0.02AB	0.05 ± 0.02AB	0.04 ± 0.01AB	0.06 ± 0.01A	0.02 ± 0.00B	***
Mn 浓度/（mg/L）	0.00 ± 0.00A	0.00 ± 0.00A	0.00 ± 0.00A	0.00 ± 0.00A	0.01 ± 0.00A	0.00 ± 0.00A	0.01 ± 0.00A	0.01 ± 0.00A	0.01 ± 0.00A	NS
藻细胞浓度/（10^6 个/L）	4469 ± 63C	344 ± 44F	2912 ± 56DE	752 ± 53F	30000 ± 500A	6851 ± 97B	2316 ± 44E	3896 ± 83CD	335 ± 31F	***

注：数值表示为平均值和标准偏差（三个平行样，n=3）；*表示 $P<0.05$；**表示 $P<0.01$；***表示 $P<0.001$；NS 表示无统计学显著。

2. 典型景观水体反硝化细菌群落多样性

利用 Illumina Miseq DNA 测序数据，对 *nirS* 型反硝化细菌群落的总体格局进行描述。经过质量筛选、去噪和去除嵌合体后，得到 438444 个序列，然后进行过滤和质量控制，共生成 421058 个 *nirS* 基因标记序列，平均长度为 373bp。利用测序数据计算物种多样性指数并生成分类群落。在基于 OTU 的序列分析中，识别出 6369 个 OTU。如表 6.3 所示，GSH 含有最多的反硝化细菌 OTU 数（942），其次是 DMG（785），PZ 的 OTU 数最少（469）。反硝化细菌群落多样性无疑是巨大的。9 个城市内湖的 Chao 1 指数为 511～1048，最高的是 GSH，最低的是 PZ。GSH 的香农指数最高（5.18）。在 9 个样本中，覆盖率均高于 99%，无显著性差异。本次研究揭示了城市内湖生态系统中反硝化细菌群落的高度多样性。反硝化细菌群落的香农指数高于云南滇池的香农指数（1.73～2.80）。最主要的原因是 Illumina Miseq 技术可以获得详细的信息，对群落多样性进行深入的调查，比 DGGE 更强大。在寒冷地区的 JYT 观测到 Chao 1 指数较低，这与 Wang 等（2017）之前的报告一致，他们证明了白洋淀地区的气温与 *nirS* 型反硝化细菌群落具有显著的相关性。

表 6.3　景观水体反硝化细菌群落多样性指数

城市内湖	0.97 水平				
	OTU 数	Chao 1 指数	香农指数	辛普森指数	覆盖率/%
奥林匹克森林公园（ALPK）	762	909 （861，979）	4.80 （4.78，4.82）	0.020 （0.02，0.02）	99.4
大明宫国家遗址公园（DMG）	785	913 （869，978）	4.67 （4.65，4.70）	0.030 （0.03，0.03）	99.4

续表

城市内湖	0.97 水平				
	OTU 数	Chao 1 指数	香农指数	辛普森指数	覆盖率/%
观山湖公园（GSH）	942	1048 (1013, 1101)	5.18 (5.16, 5.20)	0.015 (0.015, 0.015)	99.4
湟水森林公园（HS）	669	775 (737, 832)	4.80 (4.79, 4.82)	0.017 (0.016, 0.017)	99.5
净月潭国家森林公园 （JYT）	500	526 (512, 556)	4.15 (4.13, 4.17)	0.041 (0.040, 0.042)	99.8
平庄公园（PZ）	469	511 (492, 546)	4.00 (3.98, 4.03)	0.063 (0.061, 0.065)	99.7
人民公园（RM）	781	994 (932, 1082)	4.59 (4.57, 4.61)	0.035 (0.034, 0.036)	99.2
雁滩公园（YT）	752	822 (795, 865)	4.99 (4.97, 5.01)	0.018 (0.018, 0.019)	99.6
中心湖公园（ZXH）	709	723 (715, 740)	4.97 (4.95, 4.99)	0.019 (0.019, 0.020)	99.8

注：每个样本序列数是 28846。

3. 景观水体 *nirS* 型反硝化细菌群落组成

在 9 个城市内湖水体中 *nirS* 型反硝化细菌的 OTU 被归类为 2 个菌门，且变形菌门（Proteobacteria）均为优势菌（图 6.1）。从总体上看，主要优势菌是变形菌门（Proteobacteria）（相对丰度：总体为 80%，DMG 为 94%，GSH 为 90%，RM 为 87%）；其次是厚壁菌门（Firmicutes）（相对丰度：总体为 1.8%，HS 为 7.7%，YT 为 2%；JYT 为 1.8%）。在极端环境生态系统中经常会发现厚壁

图 6.1　9 个城市内湖水体反硝化细菌群落在门水平上的分类

菌门（Morrison et al.，2017；Saarenheimo et al.，2017；Zhang et al.，2015b）。PZ
中未分类的 OTU 比例最高，占 28%。在科水平上，大多数序列读数与已知的红
环菌科（Rhodocyclaceae）有关，占总读数的 33.44%，其次是假单胞菌科
（Pseudomonadaceae），占总读数的 29.98%。其他主要优势菌科为中华杆菌科
（Sinobacteraceae）和红杆菌科（Rhodobacteraceae）（图 6.2）。

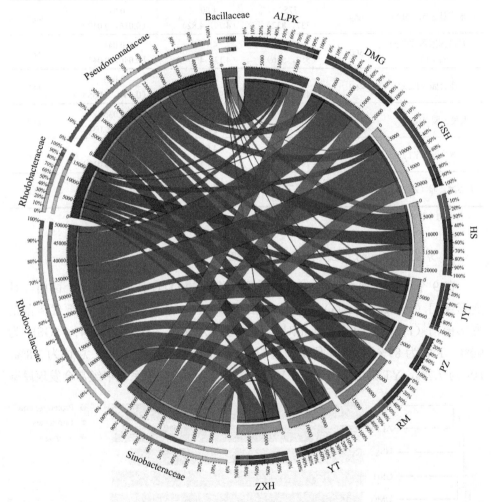

图 6.2　反硝化菌群在科水平的相对丰度

变形菌和厚壁菌在城市内湖水生态系统的生物地球化学循环中起着关键作
用，这与在其他水生环境中变形菌门有最大丰度和多样性的结果一致。例如，变
形菌门在湿地中约占 OTU 总数的 45%，在池塘中约占 OTU 总数的 35%，在河流
中约占 OTU 总数的 39%（Fan et al.，2016；Lv et al.，2014）。此外，所采样的内
湖反硝化细菌优势菌门（变形菌门和厚壁菌门）与地理分布不相关（$P > 0.05$）。

　　在属水平上，根据前 48 个优势反硝化菌属的群落组成及差异性生成热图，如图 6.3 所示。结果表明，9 个城市内湖景观水体中一些反硝化细菌群落在属水平上分布不同，且反硝化细菌群落的多样性和差异性较大。ALPK 以假单胞菌属（*Pseudomonas* sp.，占 39%）和 *Steroidobacter* sp.（占 19%）为主，DMG 以脱氯单胞菌属（*Dechloromonas* sp.，占 24%）和假单胞菌属（*Pseudomonas* sp.，占 15%）为主。GSH 中以 *Steroidobacter* sp.（占 20%）为主，JYT 中以固氮弧菌属（*Azoarcus* sp.，占 19%）为主。PZ 有 28% 的 OTU 未被分类。这一结果与康鹏亮等（2018）的研究结果一致，他们发现陕西西安市 6 个不同城市内湖景观水体中假单胞菌和

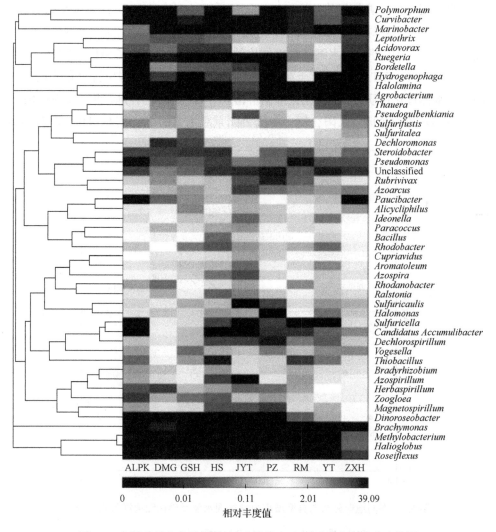

图 6.3　在属水平上分类的前 48 个优势 *nirS* 型反硝化细菌分布热图

脱氯单胞菌属相对丰度较高。在水生态系统中，Zhang 等（2016）利用末端限制性片段长度多态性（T-RFLP）和克隆测序技术探讨了青菱湖中 *nirS* 型反硝化细菌群落多样性，结果表明优势属为假单胞菌属（*Pseudomonas* sp.）和 *Steroidobacter* sp.。

4. 反硝化细菌群落与水质的关系

采用冗余分析进一步探讨不同地理分布的城市内湖景观水体中反硝化细菌群落与水质的关系。如图 6.4 所示，RDA 的前两个轴共解释了反硝化细菌群落总变异的 63.5%。蒙特卡罗置换试验表明，氨氮浓度、Mn 浓度和藻细胞浓度与反硝化细菌组成变化呈显著正相关。这与 Yannarell 和 Triplett（2004）的研究结果一致，藻类生物量（用叶绿素 a 浓度表示）是调节美国威斯康星州北部高地湖区和南部几个县的 30 个内湖中淡水细菌群落结构的主要因素。ZXH、GSH 和 DMG 位于第三象限，PZ、YT 和 JYT 位于第四象限，表明 9 个不同地理位置分布的城市内湖景观水体理化性质不同，反硝化细菌群落也存在差异。同样地，康鹏亮等（2018）研究表明，劳动公园、永阳公园、丰庆公园景观水体的 TN 浓度、TP 浓度对 *nirS*

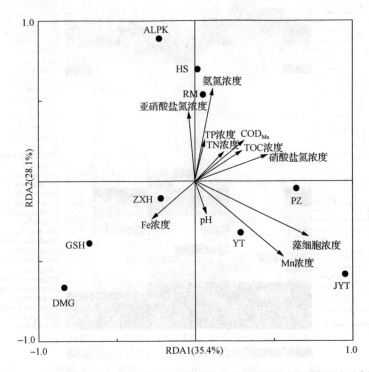

图 6.4　不同地理分布的典型城市内湖景观水体反硝化细菌群落冗余分析

RDA1 解释总变异的 35.4%，RDA2 解释总变异的 28.1%

型反硝化细菌群落有显著影响（P<0.01）。在碱性湖泊沉积物中，pH 是细菌群落结构的最佳预测因子，地理距离和化学因子共同控制着青藏高原湖泊沉积物中细菌生物地球化学循环（Xiong et al.，2012）。这一结果加深了人们目前对城市内湖景观水体水质与反硝化细菌群落组成之间关系的理解。

采用变分分析研究水质和地理位置对 nirS 型反硝化细菌群落的相对影响。如图 6.5 所示，水质和地理位置解释了 48.84% 的总变化，45.33% 的变化没有被解释。其中，水质解释了总变化的 21.28%（P=0.026），地理位置解释了总变化的 27.56%（P=0.008）。因此，地理位置和水质是构成反硝化细菌群落组成的重要因素。这与 Yannarell 和 Triplett（2005）的发现一致，他们认为环境、区域、时间和景观水体特征相互作用，形成了北部温带湖泊中的细菌群落。如前所述，本小节的另一个重要变化源是藻细胞的浓度，在对富营养化浅水湖泊蓝藻水华形成过程 nirS 型反硝化细菌群落组成的研究中，其他研究者也提出 nirS 型反硝化细菌群落随着蓝藻密度的增加而发生变化。由于仅知藻细胞浓度而没有藻类群落结构和蓝细菌密度等信息，本小节并未直接探讨藻类对 nirS 型反硝化细菌群落多样性的影响。

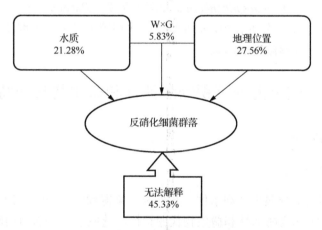

图 6.5　水质和地理位置对反硝化细菌群落影响的变分分析

W×G 表示水质与地理位置的相互作用

在以往的研究中，基于当代微生物生物地理学特性对水生反硝化细菌群落分布驱动因素进行的讨论深度较浅、内容较少。在城市内湖景观水体中，反硝化细菌是氮循环、溶解性有机物分解和能量流动的主要驱动因子，在城市内湖景观水体生态系统中扮演着重要角色，然而在较大的空间尺度上，对于不同环境条件下城市内湖景观水体中的 nirS 型反硝化细菌群落知之甚少。了解城市内湖的地理特征至关重要，因此研究城市内湖景观水体反硝化细菌群落及其图形特征，对于评价这些淡水生态系统中与氮循环相关的水微生物功能具有重要意义。从目前的研究中可以清楚地看到，反硝化细菌群落表现出非随机的多样性模式，在生物地理上存在显著差异。

　　本节首次系统地描述了城市内湖景观水体在大空间尺度上的 *nirS* 型反硝化细菌群落特征，突出了城市内湖景观水体 *nirS* 型反硝化细菌群落在生态空间结构中的重要性，对于理解与不同地理分布城市内湖景观水体相关的反硝化细菌群落组合和共存是有意义的。在此基础上，利用 ^{15}N 标记底物的宏基因组测序 DNA 结合稳定同位素探针实验，研究城市内湖景观水体反硝化细菌群落结构的功能代谢行为。

　　综上，本节内容表明不同地理位置分布的典型城市内湖景观水体水质与 *nirS* 型反硝化细菌群落均存在显著性差异。

　　（1）高通量 DNA 测序数据表明，共鉴定 421058 个 *nirS* 基因序列读数，生成 6369 个 OTU。优势菌以变形菌门为主，其次为厚壁菌门。

　　（2）共生网络分析表明，被鉴定为关键分类群的前 5 个属为脱氯螺旋菌属（*Dechlorospirillum*）、嗜脂环物菌属（*Alicycliphilus*）、脱氯单胞菌属（*Dechloromonas*）、*Pseudogulbenkiania* 和副球菌属（*Paracoccus*）。

　　（3）RDA 和变分分析表明，*nirS* 型反硝化细菌组成主要受地理位置、氨氮浓度、锰浓度和藻细胞浓度的影响。

6.2　城市内湖沉积物酶活性和微生物代谢特征

6.2.1　材料与方法

1. 采样区概况

　　城市内湖大部分属于景观水体，其外源污染得到一定控制。为了比较我国各地区城市内湖沉积物酶活性和微生物代谢特征，选取了 5 个城市内湖作为研究对象。城市内湖分布在 5 个不同的地理位置：黑龙江省双鸭山市北秀公园（HLJ）、北京市植物园（BJ）、陕西省西安市曲江池遗址公园（XA）、江苏省南京市玄武湖公园（NJ）、广东省深圳市荔枝公园（GD），5 个城市内湖的主要特征如表 6.4 所示。

表 6.4　城市内湖主要特征

城市内湖	经度	纬度	占地面积/m²	年份	功能	年平均温度/℃	年平均降水量/mm	水质
北秀公园（HLJ）	134°5′51″E	47°17′33″N	290000	1957	娱乐观赏	4.5	523.6	较浑浊
植物园（BJ）	116°12′36″E	40°0′17″N	4000000	1956	科研观赏	12.8	476.5	较浑浊

城市内湖	经度	纬度	占地面积/m²	年份	功能	年平均温度/℃	年平均降水量/mm	水质
曲江池遗址公园（XA）	108°59′25″E	34°12′28″N	1000000	2008	休闲旅游	13.3	698.5	较清澈
玄武湖公园（NJ）	118°48′9″E	32°4′50″N	5020000	1952	旅游观赏	15.4	1200	较浑浊
荔枝公园（GD）	114°6′32″E	22°33′6″N	288000	1982	娱乐观赏	23.0	1935.8	浑浊有异味

2. 样品采集与处理

利用彼得森采泥器采集 5 个城市内湖表层沉积物，将采集的样品装入 100mL 离心管，立即带回实验室。将样品分为两部分处理，一部分用于测定酶活性和理化因子，另一部分于 4℃ 条件下保存，采用 BIOLOG 方法测定细菌群落碳源代谢活性。

3. 实验方法

1）实验主要仪器

本小节使用的主要仪器及其用途如表 6.5 所示。

表 6.5　仪器及其用途

仪器	用途
紫外-可见分光光度计	测定沉积物各种酶活性
电热恒温水浴锅	测定蔗糖酶活性
电子天平	称量沉积物和药品
冷冻干燥机	冷干沉积物
恒温光照培养箱	培养酶活性
总有机碳/总氮分析仪	测定有机质含量
原子吸收分光光度计	测定铁锰含量
电热板	消解铁锰含量
高压蒸汽锅	测总氮含量
马弗炉	测总磷含量
pH 计	测 pH

2）沉积物理化性质的测定

沉积物中的总氮含量测定采用分光光度法。称取冷干后的沉积物，过 100 目筛（0.145mm）后将 0.1g 放置于 50mL 的比色管中；加入 25mL 的碱性过硫酸钾，用蒸馏水稀释至 50mL；混匀后，塞紧磨口塞，并用纱布和皮筋扎紧管塞，放入高压灭菌锅于121℃下进行 30min 的消解后取出；静置后，取上清液 5mL 移至 25mL 的比色管；加入 1mL（1+9）盐酸，稀释至 25mL；取适量液体放于 1cm 比色皿，在波长 220nm、275nm 下比色，记录吸光值。空白对照以 10mL 蒸馏水代替样品（王亚平等，2017）。

沉积物中总磷含量的测定采用标准测量测试程序（the standards，measurements and testing programme，SMT）法（Ruban et al.，2001）。称取冷干后的沉积物，过 100 目筛（0.145mm）后将 0.2g 放置在坩埚中，450℃灰化 3h；冷却后将其移入离心管中，加入 20mL（3.5mol/L）盐酸，置于摇床振荡 16h（温度 25℃，转速 200r/min）；振荡 16h 后，5000r/min 离心 15min，固液分离；取上清液 2mL 于 50mL 比色管，定容至 50mL，加入显色剂 8mL，显色 10min，在 880nm 处比色。

有机质含量采用总有机碳/总氮分析仪测定（陈彬等，2011）。取适量冷干过筛的样品于坩埚中，加酸除去无机碳，放于烘箱中烘干；称取 30mg 烘干后的样品，用规格重量大小一致的锡箔纸包裹、压实；在分析仪上设定所需参数，将样品投入进样口；记录总碳百分比即有机碳百分比。每个样品测定 2 个平行样，取其平均值，每 20 个样品测定一个标准样和空白样来检测仪器稳定性，提高精确度。有机质质量分数（%）=有机碳质量分数（%）×1.724。有机指数被视为反映湖泊沉积物环境状况的指标，有机指数=ω(OC)×ω(ON)。其中，ω(OC)为有机碳质量分数（%）；ω(ON)为有机氮质量分数（%），ω(ON)=0.95ω(TN)。

样品经三酸消解后，采用原子吸收法进行铁锰含量的测定（吴景阳，1982）。称取冷干后的沉积物，过 100 目筛（0.145mm）后将 0.1g 放置在 50mL 聚四氟乙烯烧杯中，用少量水润湿；加入 10mL HNO_3 溶液和 2mL HF 溶液，置于电热板上于 200℃蒸至近干；加入 1mL、2mL、1.5mL 的 $HClO_4$，蒸至近干；反复用蒸馏水淋洗杯壁，蒸至白烟冒出，样品呈液体状无色或略带黄色；取下聚四氟乙烯烧杯用 1mL 5% HNO_3 溶液微热浸提，将溶液、残渣转入 50mL 比色管中，冷却后用 5% HNO_3 溶液定容至 50mL，混匀。此时，铁锰全部转化为溶解态，溶液过 0.45μm 微孔滤膜，4℃保存，待测。

pH 的测定：称取冷干过筛的样品 10g，放入 50mL 小烧杯中，加入蒸馏水 25mL，用玻棒间隙地搅拌 30min，放置 30min 后用 pH 计测定三次取平均值（中国土壤学会农业化学专业委员会，1983）。

3）沉积物酶活性测定

基于测定尿素水解后释放的氨含量来测定沉积物脲酶的活性。称取 2g 样品置于 50mL 三角瓶中并加 2mL 甲苯，15min 后加 10mL 10%尿素和 20mL pH 为 6.7 柠檬酸磷酸缓冲液，混匀；放于 37℃恒温培养箱中培养 24h（齐继薇，2014），另设无底物对照、无土对照；培养结束，迅速过滤，取上清液 5mL 转入 50mL 比色管中，用去离子水稀释至 25mL；加入 4mL 苯酚钠溶液、3mL 0.9%次氯酸钠溶液，随加随摇匀（甘茂林等，2016）；显色 20min 后，用蒸馏水定容至刻度，摇匀，用紫外分光光度计于 578nm 处测定吸光度，溶液的颜色在 60min 内保持稳定（关松荫，1986）。

采用 3,5-二硝基水杨酸比色法测定蔗糖酶活性，用每克风干样品中的葡萄糖质量（mg）表示蔗糖酶活性。称取 2g 样品于 50mL 三角瓶中并加 1mL 甲苯，15min 后加 15mL 8%葡萄糖和 5mL pH 为 5.5 的磷酸缓冲液，混匀；放于 37℃恒温培养箱中培养 24h。另设无底物对照和无土对照，测定滤液中的葡萄糖质量；培养结束，迅速过滤，取 2mL 滤液置于 50mL 比色管中，加入 3mL 显色剂，混匀，沸水浴 5min，自来水流 3min，用去离子水稀释至刻度，用紫外分光光度计于 508nm 处测定吸光度（关松荫，1986）。

水解对硝基苯酚二钠（p-NPP），用其水解产物对硝基苯酚的产生速率表示沉积物碱性磷酸酶活性。称取 1g 样品置于 50mL 离心管中，加入 pH 为 8.5 的 tris-HCl 缓冲液 5mL、$MgCl_2$ 溶液 0.06mL、p-NPP 0.2mL，充分摇匀；于 37℃恒温培养箱中培养 1h（章婷曦等，2007），另设无底物对照和无土对照；结束后加入 0.6mL NaOH 溶液终止反应，8000r/min 离心 10min，取 1mL 上清液用蒸馏水稀释至刻度 10mL，充分摇匀振荡，用紫外分光光度计于 410nm 处测定吸光度（关松荫，1986）。

水解对 2,3,5-三苯基氯化四氮唑，用其水解产物红色三苯甲臜产生速率表示沉积物脱氢酶活性。称取 1g 样品置于 50mL 离心管中，加入 pH 为 8.4 的 tris-HCl 缓冲液 2mL、0.1mol/L 葡萄糖溶液 2mL、0.4%氯化三苯基四氮唑（TTC）溶液 2mL，充分摇匀；放置 37℃恒温培养箱中培养 24h；培养结束后加入 1mL 甲醛以终止反应，10mL 丙酮黑暗条件下振荡 10min，8000r/min 离心 10min，取 5mL 上清液用蒸馏水稀释至刻度 10mL，充分摇匀振荡，用紫外分光光度计于 485nm 处测定吸光度（关松荫，1986）。

4）BIOLOG 测定

称取干质量为 1g 的新鲜沉积物，加入 9mL 0.85% NaCl 无菌溶液，放置于摇床振荡（200r/min）30min；采用 10 倍稀释法，用 0.85% NaCl 无菌溶液将其稀释为 10^{-3} 浓度的悬浮液（张海涵等，2009）；在无菌工作台上，将稀释好的沉积物悬浮液接种到 ECO 板中，每孔 150μL；将接种的 ECO 板转移至聚乙烯箱中，置于 28℃暗箱培养，每隔 12h 将 ECO 反应微平板读数器在 590nm 处记录 1 次，连续培养 240h（苏露等，2018）。

4. 数据处理

采用 Excel 2003 处理沉积物理化性质和酶活性数据，用 Sigmaplot 8.0 作图，用 SPSS 20.0 进行相关性分析。选用 120h 的数据分析平均颜色变化率（AWCD）、丰富度指数（R）和多样性指数（H），表征细菌群落的多样性（张海涵等，2009）。平均颜色变化率（AWCD）用以反映细菌群落碳代谢活性，计算公式为

$$AWCD = \sum(C_i - R)/31 \tag{6.1}$$

式中，C_i 为 ECO 板中各孔在 590nm 下的吸光度；R 为对照孔 A1 的吸光度，$C_i - R \geq$ 0（江敏等，2011）。群落丰富度指数用 AWCD > 0.2 的反应孔数目表征（魏志强等，2008）。群落多样性指数（H）为

$$H = -\sum P_i \ln P_i \tag{6.2}$$

式中，$P_i = (C_i - R)/\sum(C_i - R)$（苏露等，2018）。

6.2.2　结果与分析

1. 城市内湖沉积物理化性质分析

C、N 和 P 是沉积物中的主要营养物质，OM、TN、TP 含量可以有效地反映湖泊沉积物的污染程度。5 个城市内湖表层沉积物理化性质如表 6.6 所示。TN 含量为 420.30～2182.47mg/kg，TP 含量为 567.50～1384.69mg/kg，OM 含量为 0.13%～11.24%。根据水体沉积物有机质和营养元素评价标准，GD、NJ 和 BJ 的 $\omega(ON)$ 分别为 0.21%、0.16%和 0.20%。有机指数表明 GD、NJ、BJ 属于等级Ⅲ，处于尚清洁状态，相对有机质污染，有机氮的污染程度较重。XA 和 HLJ 相对处于较清洁状态。5 个城市内湖中大多数 TN 含量、TP 含量和 OM 含量均处于最低级别，GD 的 TN 含量、TP 含量分别是 XA 的 5.19 倍、2.20 倍，说明湖泊的氮磷污染和有机污染已较为严重（表 6.7 和表 6.8）。Fe 含量为 18.50～36.93g/kg，Mn 含量为 0.09～0.72g/kg，不同城市内湖 Fe、Mn 含量差异性显著（$P<0.01$），可能与该生境的地理位置（温度、降水量）、湖泊水体的污染状况及人为活动等综合因素相关。

表 6.6　城市内湖表层沉积物理化性质

城市内湖	pH	TN 含量/(mg/kg)	TP 含量/(mg/kg)	OM 含量/%	Fe 含量/(g/kg)	Mn 含量/(g/kg)
GD	7.55 ± 0.02C	2182.47 ± 4.36A	1384.69 ± 5.51A	11.24 ± 0.93A	36.93 ± 0.81A	0.72 ± 0.01A
XA	8.39 ± 0.02A	420.30 ± 2.35E	628.03 ± 7.23C	0.13 ± 0.03D	27.39 ± 0.51C	0.31 ± 0.01B
NJ	7.27 ± 0.01D	1654.61 ± 1.39C	794.49 ± 4.47B	4.83 ± 0.04B	21.37 ± 0.24E	0.09 ± 0.02E
BJ	7.34 ± 0.03D	2111.41 ± 8.84B	567.50 ± 7.94D	2.78 ± 0.62C	18.50 ± 0.37D	0.15 ± 0.01D
HLJ	7.73 ± 0.05B	609.06 ± 5.24D	640.94 ± 15.47C	0.62 ± 0.02D	33.16 ± 0.36B	0.27 ± 0.01C
ANOVA	***	***	***	***	***	***

注：***表示 $P<0.001$。

表 6.7　加拿大安大略省有机质和营养元素评价标准

级别	TN 含量/（mg/kg）	TP 含量/（mg/kg）	OM 含量/%
安全级	＜550	＜600	＜1.724
最低级	550～4800	600～2000	1.724～17.724
严重级	4800	2000	17.724

表 6.8　水体沉积物有机指数评价标准

等级	I	II	III	IV
有机指数/%	＜0.05 （清洁）	0.05～0.2 （较清洁）	0.2～0.5 （尚清洁）	≥0.5 （有机污染）
ω(ON)/%	＜0.033 （清洁）	0.033～0.66 （较清洁）	0.66～0.133 （尚清洁）	≥0.133 （有机污染）

2. 城市内湖沉积物酶活性分析

由 one-way ANOVA 可知，不同城市内湖沉积物的 4 种酶活性差异显著。如图 6.6（a）所示，碱性磷酸酶活性为 0.49～7.93μmol/(g·h)，平均值为 3.90μmol/(g·h)。BJ 沉积物的碱性磷酸酶活性最大，为 7.93μmol/(g·h)，是 XA 的 16.18 倍，GD 和 NJ 沉积物的碱性磷酸酶活性差异性较小。由图 6.6（b）可知，5 个内湖沉积物表层脲酶活性的大小依次为 NJ（21.87mg/(kg·h)）＞BJ（20.91mg/(kg·h)）＞HLJ（4.08mg/(kg·h)）＞GD（1.7mg/(kg·h)）＞XA（0.10mg/(kg·h)）。由 one-way ANOVA 可知，沉积物脲酶活性差异显著（$P<0.01$）。由图 6.7（c）可知，脱氢酶活性在 0.45～13.78mg/(kg·h)变化，平均值为 5.52mg/(kg·h)，NJ、BJ、HLJ 沉积物脱氢酶活性分别为 4.48mg/(kg·h)、7.25mg/(kg·h)、1.64mg/(kg·h)。由图 6.6（d）可知，XA 沉积物蔗糖酶活性最小，为 46.04mg/(kg·h)，NJ 沉积物蔗糖酶活性最大，为 1110.11mg/(kg·h)，GD 和 BJ 沉积物蔗糖酶活性差异较小。

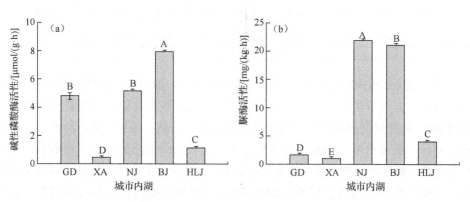

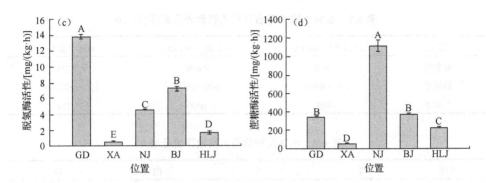

图 6.6　城市内湖表层沉积物酶活性分析

（a）碱性磷酸酶活性；（b）脲酶活性；（c）脱氢酶活性；（d）蔗糖酶活性

表 6.9　沉积物酶活性、理化性质和碳代谢能力的相关性

变量	pH	TN 含量	TP 含量	OM 含量	Fe 含量	Mn 含量	碱性磷酸酶活性	脲酶活性	脱氢酶活性	蔗糖酶活性
pH	—	—	—	—	—	—	—	—	—	—
TN 含量	-0.757**	—	—	—	—	—	—	—	—	—
TP 含量	-0.209	0.529*	—	—	—	—	—	—	—	—
OM 含量	-0.455	0.764**	0.399	—	—	—	—	—	—	—
Fe 含量	0.31	-0.197	0.695**	0.86**	—	—	—	—	—	—
Mn 含量	0.209	0.203	0.86**	-0.533*	-0.181	—	—	—	—	—
碱性磷酸酶活性	-0.809**	0.915**	0.145	-0.861**	-0.735**	0.76**	—	—	—	—
脲酶活性	-0.739**	0.501	0.343	0.291	0.649**	0.622**	0.027	—	—	—
脱氢酶活性	-0.514	0.874**	0.831**	-0.443	-0.395	0.485	0.752**	0.156	—	—
蔗糖酶活性	-0.733**	0.451	0.122	-0.334	-0.678**	0.012	0.37	-0.521*	0.039	—
$AWCD_{590nm}$	-0.389	0.654**	0.848**	0.878**	0.465	0.684**	0.367	-0.125	0.851**	0.163

注：*表示在 0.05（双侧）水平上显著相关；**表示在 0.01（双侧）水平上显著相关。

　　通过表 6.9 相关性分析可知，碱性磷酸酶活性、脲酶活性和蔗糖酶活性与 pH 显著负相关。张翠英等（2013）对云龙湖、骆马湖沉积物碱性磷酸酶进行研究，表明 pH、温度对沉积物碱性磷酸酶活性影响较大，呈显著正相关，与本小节结果略有差异。周易勇等（2001）的研究表明，沉积物酶活性受多重因素影响，与沉积物质地、微生物种类、磷形态等外界因素密切相关。TN 含量与碱性磷酸酶活性和脱氢酶活性均呈显著正相关，OM 含量和碱性磷酸酶活性呈显著负相关，表明沉积物酶活性影响内源释放。随着沉积物酶活性的增加，OM 的降解速率也随之增加，营养物质释放到间隙水中，加剧湖泊富营养化。Fe 含量和碱性磷酸酶活性呈显著负相关，表明碱性磷酸酶活性的强弱可以反映湖泊中 Fe 含量，可用作评价水体富营养化的指标之一。李跃林等（2003）研究了桉树林土壤的酶活性与土壤中微量元素含量关系，表明 Mn 含量对脲酶活性有促进作用，与本小节结果一致。碱性磷酸酶活性和脱氢酶活性有显著相关性，验证了微生物和碱性磷酸酶密切相关。蔗糖酶以有机质作为酶促反应底物，脲酶参与氮的生物地球化学循环，蔗糖酶活性和脲酶活性的高度相关性也表明了湖泊沉积物中碳氮同源性的可能。

3. 城市内湖沉积物微生物代谢活性特征

由图 6.7 可知，细菌群落总代谢活性 $AWCD_{590nm}$ 随着培养时间的变化逐渐升高，$AWCD_{590nm}$ 在早期培养过程中（0～12h）较低，24～72h 时 $AWCD_{590nm}$ 迅速升高，96h 后趋于稳定。120h 时 5 个城市内湖的 $AWCD_{590nm}$ 依次是 GD（2.06）>BJ（1.12）>NJ（1.11）>HLJ（0.89）>XA（0.74），与沉积物脱氢酶活性大小关系一致。由表 6.9 分析可知，$AWCD_{590nm}$ 与 TN 含量（$r=0.654$）、TP 含量（$r=0.848$）、OM 含量（$r=0.878$）和脱氢酶活性（$r=0.851$）显著正相关。

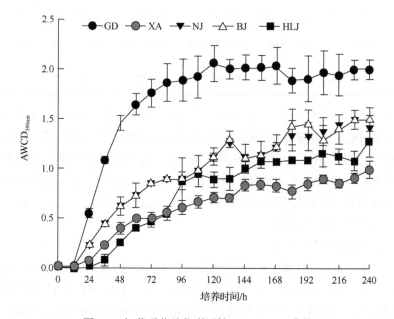

图 6.7　细菌群落总代谢活性 $AWCD_{590nm}$ 曲线

在 120h 时分析湖泊沉积物中微生物对碳源的利用能力。结果表明，GD 沉积物中微生物碳源利用能力显著高于其他湖泊，XA 沉积物中微生物代谢能力最低，

GD 的 $AWCD_{590nm}$ 是 XA 的 2.78 倍，NJ、BJ 沉积物中微生物群落的代谢能力无显著差异（表 6.10）。不同城市内湖沉积物细菌群落对碳源的利用能力有显著差异，变化规律也有所差异。GD 沉积物中微生物对羧酸类、糖类及氨基酸类的利用能力高于其他碳源，对糖类的利用能力是对多胺类的 5.11 倍。XA 对氨基酸类碳源的利用能力较高，BJ 和 NJ 的对芳香类碳源的利用率几乎为 0，HLJ 对多胺类碳源的利用能力较低。此外，不同地区湖泊沉积物细菌丰富度也有显著差异，GD 的细菌丰富度指数最高（30.00±1.73）。根据香农指数，GD 的细菌群落多样性较为丰富。

表 6.10 细菌群落在 120h 的代谢指纹分析

代谢参数	GD	XA	NJ	BJ	HLJ	ANOVA	F
羧酸类	13.67±2.42A	4.25±0.56B	7.56±1.70AB	7.45±3.11AB	5.07±0.69B	**	12.67
多聚物	4.75±0.24A	2.95±0.81A	5.19±0.70A	3.63±0.83A	3.06±0.57A	NS	4.52
糖类	18.97±3.01A	2.01±0.48B	10.79±2.52AB	11.67±4.08AB	7.14±1.68AB	**	11.43
芳香类	3.84±0.30A	3.04±0.12B	0±0C	0±0C	2.92±0.28B	***	271.1
氨基酸类	12.20±1.29A	7.04±1.81A	7.23±2.41A	7.01±0.98A	6.68±1.04A	NS	6.39
多胺类	3.71±0.62A	2.07±0.33AB	1.39±0.03B	1.67±0.36B	1.30±0.21B	**	16.02
丰富度指数（R）	30.00±1.73A	12.00±2.65C	21.67±3.21AB	21.67±3.21AB	16.67±2.31BC	***	18.74
香农指数（H'）	2.63±0.12A	2.03±0.23A	1.99±0.38A	2.66±0.25A	1.90±0.25A	NS	6.12

同时，对城市内湖沉积物细菌多样性进行主成分分析（PCA）。主成分分析显示，PC1 和 PC2 分别解释了 36.24%和 18.07%的细菌群落总变异量，其中 NJ 和 BJ 沉积物的细菌代谢活性差异性较小，GD 和 XA 沉积物的细菌代谢活性差异性显著（图 6.8）。Zhang 等（2014）利用 BIOLOG 方法探究了汤峪水库和石砭峪水库的细菌多样性，结果表明汤峪水库的 $AWCD_{590nm}$（1.75）高于石砭峪水库（1.58），碳源利用模式存在显著差异。

综上，可以得到以下几点。

（1）GD、NJ 和 BJ 的 $\omega(ON)$分别为 0.21%、0.16%和 0.20%。有机指数表明 GD、NJ 和 BJ 属于等级Ⅲ，处于尚清洁状态，GD、NJ、BJ 和 HLJ 中 TN 含量、TP 含量和 OM 含量基本处于有机质和营养元素评价标准最低级别，说明湖泊已受到较为严重的氮磷污染和有机污染。不同城市内湖沉积物 Fe 含量和 Mn 含量差异性显著（$P < 0.01$），可能受生境的地理位置（温度、降水量）、湖泊水体的污染状况及人为活动等综合因素影响。

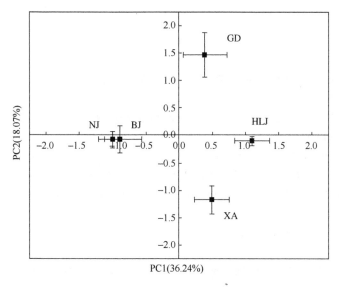

图 6.8　城市内湖沉积物细菌代谢活性主成分分析

（2）由单因素方差分析可知，不同城市内湖沉积物酶活性差异显著（$P < 0.01$），其中脲酶活性（21.87mg/(kg·h)）和蔗糖酶活性（1101.11mg/(kg·h)）的最大值均出现在 NJ，GD 沉积物脱氢酶活性（13.78mg/(kg·h)）显著大于其他城市内湖，BJ 的碱性磷酸酶活性最大（7.93μmol/(g·h)）。碱性磷酸酶活性、脲酶活性和蔗糖酶活性与 pH 均显著负相关，碱性磷酸酶活性和脱氢酶活性与 TN 含量呈极显著正相关，碱性磷酸酶活性与 OM 含量显著负相关，表明沉积物酶活性影响内源释放，在水体富营养化评价中起关键性作用。

（3）不同地理位置的湖泊沉积物细菌群落对六类碳源的利用能力差异性显著，变化规律有所不同。GD 沉积物中微生物碳源利用能力显著高于其他湖泊，XA 沉积物中微生物代谢能力最低，GD 的 $AWCD_{590nm}$ 是 XA 的 2.78 倍。脱氢酶活性大小关系与不同湖泊沉积物的 $AWCD_{590nm}$ 一致，依次为 GD>BJ>NJ>HLJ>XA，NJ 和 BJ 的代谢活性差异较小，GD 和 XA 代谢活性差异显著。

思　考　题

1. 我国规定的水质分为哪五类？划分标准是什么？
2. 什么是反硝化细菌？自然界最普遍的反硝化细菌是什么？
3. 何为 BIOLOG 法？该方法有何特点？
4. 何为高通量测序法？高通量测序可以得到什么生物数据和信息？
5. 阐明酶活性部位的概念，可使用哪些主要方法研究酶的活性部位？

参 考 文 献

陈彬, 胡利民, 邓声贵, 等, 2011. 渤海湾表层沉积物中有机碳的分布与物源贡献估算[J]. 海洋地质与第四纪地质, 31(5): 37-42.

甘茂林, 张景平, 江志坚, 等, 2016. 大亚湾沉积物中可溶性有机氮与蛋白酶和脲酶活性特征及其影响因素[J]. 海洋环境科学, 35(6): 806-813.

关松荫, 1986. 土壤酶及其研究法[M]. 北京: 农业出版社.

江敏, 胡文婷, 凌云, 等, 2011. 滴水湖沉积物中可培养优势微生物种群初探[J]. 生物学杂志, 28(4): 57-60.

康鹏亮, 张海涵, 黄廷林, 等, 2018. 湖库沉积物好氧反硝化菌群脱氮特性及种群结构[J]. 环境科学, 39(5): 2431-2437.

李跃林, 彭少麟, 李志辉, 等, 2003. 桉树人工林地土壤酶活性与微量元素含量的关系[J]. 应用生态学报, 14(3): 345-348.

齐继薇, 2014. 双台河口潮滩湿地不同植被沉积物脲酶、蛋白酶、磷酸酶活性及其与氮、磷含量关系[J]. 水生态学杂志, 35(4): 1-7.

苏露, 黄廷林, 李楠, 等, 2018. 分层型水源水库沉积物需氧量特性[J]. 环境科学, 39(3): 1159-1166.

王亚平, 黄廷林, 周子振, 等, 2017. 金盆水库表层沉积物中营养盐分布特征与污染评价[J]. 环境化学, 36(3): 659-665.

魏志强, 王慧, 胡洪营, 等, 2008. 海河—渤海湾沿线地区沉积物中微生物群落代谢特征[J]. 环境科学学报, 28(5): 1007-1013.

吴景阳, 1982. 海洋沉积物中铁、锰、锌、铬、铜、镍、钴、铅和镉的原子吸收测定[J]. 海洋学报: 中文版, 4(1): 43-49.

张翠英, 徐德兰, 万蕾, 等, 2013. 环境因子对湖泊沉积物碱性磷酸酶活性的影响[J]. 环境科学与技术, 36(4): 23-27.

张海涵, 唐明, 陈辉, 2009. 黄土高原典型林木根际土壤微生物群落结构与功能特征及其环境指示意义[J]. 环境科学, 30(8): 2432-2437.

章婷曦, 王晓蓉, 金相灿, 2007. 太湖沉积物中碱性磷酸酶活力(APA)和磷形态的垂向特征及相关性[J]. 农业环境科学学报, 26(1): 36-40.

中国土壤学会农业化学专业委员会, 1983. 土壤农业化学常规分析方法[M]. 北京: 科学出版社.

周易勇, 李建秋, 张敏, 等, 2001. 浅水湖泊中沉积物碱性磷酸酶动力学参数的分布[J]. 湖泊科学, 13(3): 261-266.

AHMED E, PARDUCCI L, UNNEBERG P, et al., 2018. Archaeal community changes in Lateglacial lake sediments: Evidence from ancient DNA[J]. Quaternary Science Reviews, 181: 19-29.

ANDERSSON M G I, MERCÈ B, LINDSTRÖM E S, et al., 2014. The spatial structure of bacterial communities is influenced by historical environmental conditions[J]. Ecology, 95(5): 1134-1140.

FAN L, SONG C, MENG S, et al., 2016. Spatial distribution of planktonic bacterial and archaeal communities in the upper section of the tidal reach in Yangtze River[J]. Scientific Reports, 6(1): 39147.

GU C, WU L, COOK I, 2012. Progress in research on Chinese urbanization[J]. Frontiers of Architectural Research, 1(2): 101-149.

HENGY M H, HORTON D J, UZARSKI D G, et al., 2017. Microbial community diversity patterns are related to physical and chemical differences among temperate lakes near Beaver Island, MI[J]. PeerJ, 5: e3937.

HOSEN J D, FEBRIA C M, CRUMP B C, et al., 2017. Watershed urbanization linked to differences in stream bacterial community composition[J]. Frontiers in Microbiology, 8(1452): 1-17.

IBEKWE A M, MA J, MURINDA S E, 2016. Bacterial community composition and structure in an Urban River impacted by different pollutant sources[J]. Science of the Total Environment, 566-567: 1176-1185.

KENT A D, YANNARELL A C, RUSAK J A, et al., 2007. Synchrony in aquatic microbial community dynamics[J]. The ISME Journal, 1(1): 38-47.

LI K, WANG L, LI Z H, et al., 2017. Exploring the spatial-seasonal dynamics of water quality, submerged aquatic plants and their influencing factors in different areas of a lake[J]. Water, 9(9): 707.

LV X, YU J, FU Y, et al., 2014. A meta-analysis of the bacterial and archaeal diversity observed in wetland soils[J]. The Scientific World Journal, 2014: 1-12.

MORRISON J M, BAKER K D, ZAMOR R M, et al., 2017. Spatio-temporal analysis of microbial community dynamics during seasonal stratification events in a freshwater lake (Grand Lake, OK, USA)[J]. PLoS One, 12(5): e0177488.

ROJAS-JIMENEZ K, WURZBACHER C, BOURNE E C, et al., 2017. Early diverging lineages within Cryptomycota and Chytridiomycota dominate the fungal communities in ice-covered lakes of the McMurdo Dry Valleys, Antarctica[J]. Scientific Reports, 7(1): 15348.

RUBAN V, LÓPEZ-SÁNCHEZ J F, PARDO P, et al., 2001. Harmonized protocol and certified reference material for the determination of extractable contents of phosphorus in freshwater sediments—A synthesis of recent works[J]. Fresenius Journal of Analytical Chemistry, 370(2-3): 224-228.

SAARENHEIMO J, AALTO S L, RISSANEN A J, et al., 2017. Microbial community response on wastewater discharge in boreal lake sediments[J]. Frontiers in Microbiology, 8: 750.

SEKIGUCHI H, WATANABE M, NAKAHARA T, et al., 2002. Succession of bacterial community structure along the changjiang river determined by denaturing gradient gel electrophoresis and clone library analysis[J]. Applied and Environmental Microbiology, 68(10): 5142-5150.

SUN Y, ZHANG X, REN G, et al., 2016. Contribution of urbanization to warming in China[J]. Nature Climate Change, 6: 706-709.

WANG F, ZHAO Y, XIE S, et al., 2017. Implication of nitrifying and denitrifying bacteria for nitrogen removal in a shallow lake[J]. Clean-Soil Air Water, 45(4): 1500319.

XIONG J, LIU Y, LIN X, et al., 2012. Geographic distance and pH drive bacterial distribution in alkaline lake sediments across Tibetan Plateau[J]. Environmental Microbiology, 14(9): 2457-2466.

YANG J, JIANG H, WU G, et al., 2016. Distinct factors shape aquatic and sedimentary microbial community structures in the lakes of western China[J]. Frontiers in Microbiology, 7: 1782.

YANG L, MA K M, ZHAO J Z, et al., 2007. The relationships of urbanization to surface water quality in four lakes of Hanyang, China[J]. International Journal of Sustainable Development and World Ecology, 14(3): 317-327.

YANG X, HUANG T, ZHANG H, 2015. Effects of seasonal thermal stratification on the functional diversity and composition of the microbial community in a drinking water reservoir[J]. Water, 7(10): 5525-5546.

YANNARELL A C, TRIPLETT E W, 2004. Within- and between-lake variability in the composition of bacterioplankton communities: Investigations using multiple spatial scales[J]. Applied and Environmental Microbiology, 70(1): 214-223.

YANNARELL A C, TRIPLETT E W, 2005. Geographic and environmental sources of variation in lake bacterial community composition[J]. Applied and Environmental Microbiology, 71(1): 227-239.

YU S, YU G B, LIU Y, et al., 2012. Urbanization impairs surface water quality: Eutrophication and metal stress in the Grand Canal of China[J]. River Research and Applications, 28(8): 1135-1148.

ZHANG H H, CHEN S N, HUANG T L, et al., 2015a. Vertical distribution of bacterial community diversity and water quality during the reservoir thermal stratification[J]. International Journal of Environmental Research and Public Health, 12(6): 6933-6945.

ZHANG H H, CHEN S N, HUANG T L, et al., 2015b. Indoor heating drives water bacterial growth and community metabolic profile changes in building tap pipes during the Winter Season[J]. International Journal of Environmental Research and Public Health, 12(10): 13649-13661.

ZHANG H H, HUANG T L, CHEN S N, et al., 2014. Microbial community functional diversity and enzymatic activity in the sediments of drinking water reservoirs, Northwest China[J]. Desalination and Water Treatment, 52(7-9): 1608-1614.

ZHANG Y, LIU Y, ZHOU Z, et al., 2016. Variation in community composition of nirS-type denitrifiers in sediment of basins with different trophic states within a shallow lake[J]. Fresenius Environmental Bulletin, 25(12): 5120-5129.

第7章　测序数据的统计分析

7.1　分子生物学在环境微生物生态学中的应用

7.1.1　环境微生物的多样性分析

研究微生物生态学的传统方法可以分为直接测定、培养、代谢活力的测定和数学方法。微生物是生态系统的重要组成部分，细菌、古菌、真菌等几乎存在于所有已知的环境中，对维持生态系统功能、参与元素生物地球化学循环（Barnard et al.，2005）、修复污染环境等（Uhlik et al.，2013）有着重要意义。生态气候变化也与微生物有着很大的关系（Mackelprang et al.，2011）。

当前，环境微生物生态学主要研究内容有：①确定研究的环境中有哪种微生物存在；②明确微生物在此环境中的作用。此外，微生物之间及微生物与环境因子之间的关系也引起了学者的关注。微生物的研究方法在过去十多年有了很大飞跃，尤其是高通量测序、组学和单细胞水平研究方法等，大大降低了微生物研究的难度。

微生物研究的传统方法是将获取的环境样品分离培养，得到微生物的单菌株。多样性分析由于大量微生物难以培养而受到限制，所以现代分子生物学技术的研究对象为直接从环境样品中提取的核酸，将提取的 DNA 进行目标片段 PCR 扩增，并鉴定得到的产物的多态性。在微生物多样性分析的研究中，PCR 扩增时可将微生物的一段足以区分不同类群的保守基因区域作为目标片段，一些微生物的功能基因也可用于分析功能微生物的多样性，之后可选择最合适的方法对带有目标基因 PCR 产物的微生物进行多样性分析。

1. 变性梯度凝胶电泳和末端限制性片段长度多态性

DGGE 和 T-RFLP 均是利用电泳分型 PCR 产物的方法来分析微生物的多样性和丰富度，在分析环境中优势微生物群落的变化方面应用较多（Kirk et al.，2004）。这两种方法应用方便，分辨率高，且价格低廉。对长度大于 500bp 的片段来说，大多选择 DGGE；T-RFLP 对长度小于 500bp 的酶切片段分型精度较高。DGGE 条带可通过切胶回收、构建克隆文库和测序，来明确系统发育信息，T-RFLP 在分析复杂的微生物群落组成时分辨率更高。

2. 微阵列技术

经济工业化，自动化和高度平行的处理使数据分析的速度和产量提高。微阵列技术是这一发展的关键技术之一，作为一个多功能的平台，为众多应用提供了便利。由于微阵列技术具有高度的灵活性和大规模测序项目的推动，已经发展成为一个有利的高通量平台。DNA 微阵列作为最早的应用之一，已经成为一个不可缺少的工具。除了多肽微阵列，蛋白质和抗体微阵列的适用性也已被证明。此外，使用微阵列技术研究除 DNA 以外的其他分子也变得非常重要，其他技术如细胞微阵列正在迅速获得关注。所有的微阵列技术可以在一个连续的工作流程中紧密联系起来。

基因组片段图谱是在 DNA 微阵列上进行的第一个大规模分析形式。短的核苷酸或片段本身的杂交在排列的 DNA 片段上产生指纹信息，可用于定义片段之间的重叠区域，并从中推断出 DNA 片段的整体顺序。通过使用已知的 DNA 片段，如代表基因片段或核苷酸的序列主题，可以同时获得初步的功能信息。最终，每个片段的序列都可以从杂交信息中推断出来。基因微阵列用来分析样品中微生物的组成和多样性，此方法尤其适合识别不同时间、地点和处理之间代表微生物或微生物群落的差别。此外，功能基因芯片还可以定量 C、N、S 和 P 的循环、有机污染物降解和胁迫响应相关功能基因的变化。Aronson 等（2013）利用三代 PhyloChips，分析了土壤中甲烷氧化菌（methanotrophs）和产甲烷菌（methanogens）的多样性及其与土壤中甲烷通量变化之间的联系。Cong 等（2015）利用 GeoChip 5.0（覆盖了 393 个功能基因家族）分析了热带雨林土壤微生物功能基因的组成和多样性。

3. 高通量测序技术

高通量测序技术是 DNA 测序技术的重大进步，是第一代测序技术之后发展起来的一种新型测序方式。高通量测序技术与第一代测序技术采用的基于桑格（Sanger）方法的自动、半自动毛细管测序方法不同，它拥有了一项重大突破——基于焦磷酸测序的并行测序技术，克服了上一代测序技术的缺点，达到了低成本、高通量及快速的目的，能满足快速发展的现代分子生物学和基因组学的需求。

当前常用的微生物多样性分析方法有 Roche 公司的 454 焦磷酸测序和 Illumina 公司的 MiSeq/HiSeq 测序，这两种方法均可以同时分析多个环境样品并得到大量序列。Illumina 平台测序提高了通量，改进了序列长度且较为经济。该方法及其他测序方法（如单分子测序）广泛应用于研究中。

二代测序的测序广度和深度都远大于克隆文库，将测序范围扩大到数量不占优势的微生物群落中，这能从群落水平及更细的微生物分类水平上明确微生物群落的变化情况。Hermann-bank 等（2013）结合了高通量阵列与二代测序技术，发现肠道微生物组成和丰富度在不同肠道位置或腹泻情况下有所不同，尽管目前此方法应用较少，但该研究依然显示了高通量阵列与二代测序相结合有着巨大的潜力，能高效获得微生物系统的发育信息。

4. 实时定量 PCR

实时定量 PCR 将荧光基团添加在 PCR 反馈体系中，使整个 PCR 进程得到监控，又称实时荧光定量 PCR。实时荧光定量 PCR 作为一种核酸定量方法，其优点是灵敏度高、特异性好、自动化程度高、污染少等。随着技术的发展，研究人员可以定量 DNA 分子和 RNA 分子，此方法在微生物生态学中已被广泛应用。结合其他分子生物学手段，学者能够确定微生物群落构造组成及数量改变，明确微生物群落与环境因子之间的相互作用机理及其动态转变进程。

实时荧光定量 PCR 可以同时分析多个复杂样本，对微生物在时空序列中的动态转变进行监测。Tay 等（2001）利用此方法明确了两种甲苯降解菌在河流中的群落动态。Zeng 等（2011）通过实时荧光定量 PCR 和 DGGE 研究了细菌、古菌和氨氧化菌堆肥时 *amoA* 基因的拷贝数和多样性。

7.1.2　环境微生物的功能性质和基因表达分析

分析微生物成员的功能与研究多样性和群落组成同样重要。微生物的多样性与其功能的联系、微生物与生态系统中能量和养分流动的相互作用等值得被关注。常用的微生物功能分析方法有功能基因微阵列、稳定同位素探针标记与 DNA 或 RNA 分析相结合的方法、微生物宏基因组学和宏转录组学、单细胞水平研究方法。

1. 稳定同位素探针标记与 DNA 或 RNA 相结合

微生物生态学的重要研究内容是将水体、土壤、沉积物及其他生态系统中微生物的种类和功能联系起来，环境微生物的种类和功能通过多年积累已经得到了大量研究结果，而二者直接联系的研究尚有不足。可将二者联系起来的稳定同位素和放射性同位素成为微生物生态学研究的一大突破口。稳定同位素探针（SIP）采用稳定同位素（如 ^{13}C、^{15}N 和 ^{18}O 等）标记底物，利用这些底物的微生物标志物将会被标记，活跃的微生物及其相互作用会被识别出来。

SIP 实验是目前可以联系微生物种类和代谢功能的方法，但只能用于富集培养物或环境群落的密闭培养实验中。其中，DNA-SIP 和 RNA-SIP 操作简单且分辨率高，广泛应用于较复杂的环境样品分析中，并常结合其他 DNA 或 RNA 分析方法来分析环境样品中微生物群落组成，如实时荧光定量 PCR、DGGE（Lu and Jia，2013）、T-RFLP（Kim et al.，2013）、微阵列技术（Anuliina et al.，2014）和高通量测序技术（目标基因或宏组学）（Lu and Jia，2013；Kim et al.，2013；Dumont et al.，2013）等。识别活跃代谢植物残体和根系分泌物且产生甲烷的微生物种群，具有重要的环境意义。Lu 和 Conrad（2007）利用 $^{13}CO_2$ 对水稻进行脉冲标记，证实了根际土壤中古菌 Rice Cluste I 在植物分泌物或残体分解产甲烷的过程中起到了重要作用。Kim 等（2013）采用 ^{13}C-甲苯标记海洋沉积物中的微生物，发现与轻 DNA 组分（理论上为 ^{12}C-DNA）相比，重 DNA 组分（理论上为 ^{13}C-DNA）中酶切片段为 485bp 的峰占优势，此微生物系统发育上属于脱硫单胞菌属（*Desulfuromonas*）且有能力代谢甲苯。

2. 宏基因组学和宏转录组学

宏基因组学和宏转录组学包含了环境微生物的全部遗传信息，反映多种生物或整个群落的特征。宏组学包含了除各种微生物群落分类信息外的所有微生物基因信息，这对微生物群落的深化研究影响巨大。

宏基因组学不仅是最新的组学系统科学技术之一，而且可以说是全球应用和影响最广泛的技术之一。宏基因组学在环境科学、生态学和公共卫生方面都有着巨大的实用性。宏转录组学可以实时反映微生物群落的基因表达情况，可以明确当前样品中最活跃的生物，这是宏转录组学和宏基因组学最大的区别。我们星球几乎每个生态位都拥有一个极其多样化的生物群落，这些生物的生态位分布尚不明朗，详细描述这些生物群落的特征有助于理解生态学、生物学的复杂性。

在随机测序的短序列中怎样识别和定量基因功能，这些功能基因片段如何与其他分类信息参考的基因联系，这是宏基因组学面临的两个挑战。相比于其他微生物多样性分析的方法，宏组学与稳定同位素探针相结合可以使特定微生物的信息更全面。宏组学将随着测序技术的成熟在环境微生物的研究中发挥更大作用。

3. 单细胞水平研究方法识别目标微生物的种类和功能

稳定同位素探针与微生物的 DNA 或 RNA 相结合，依然难以明确微生物单细胞水平的代谢活性及不同种类微生物细胞代谢活性的差异。随着单细胞成像的成熟，结合稳定同位素探针和 FISH，可清晰展现微生物的数量、种类和功能及微生物间的相互作用。放射性自显影技术是最早测定微生物单细胞活性的方法之一，放射性底物的检测量最低可达 $10^{-15} \sim 10^{-10}$mg（Sorokin，1999），但此方法的标记元素具有放射性和合适的半衰期。拉曼（Raman）光谱技术和纳米二次离子质谱（nanometer secondary ion mass spectrometry，nanoSIMS）技术的发展，完善了单细胞成像的方法。

拉曼光谱技术和纳米二次离子质谱技术的分辨率高达微米甚至纳米级别，通过放射性或稳定性同位素底物标记分析微生物细胞的代谢活性，结合原位杂交（Raman-FISH、nanoSIMS-FISH）来确定目标微生物的系统发育信息（Musat et al.，2012）。虽然当前这些方法主要适用于相对简单的环境（如水体），在复杂环境（如土壤）中仍有不足，但这些方法对研究环境微生物种类和功能之间的联系十分重要，为微生物在单个生物水平上进行研究提供了契机。Raman-FISH 这种单细胞水平非破坏性的方法应用较少。目前，只有 ^{13}C 标记的研究结果表明地表水中铜绿假单胞菌（*Pseudomonas* spp.）可以显著吸收同化 $^{13}C10$-萘，且单个铜绿假单胞菌细胞之间 ^{13}C 的含量不同（Huang et al.，2009），说明此方法既可以检测微生物的种类和功能，还能识别微生物细胞代谢异质性。nanoSIMS-FISH 在微生物碳循环、氮循环和硫循环的研究中均有应用（Musat et al.，2012，2008；Huang et al.，2009），范围较广。Musat 等（2008）发现，仅占细胞总数 0.3% 的奥氏着色菌贡献了光合细菌 70% 的碳吸收总量和 40% 的氮吸收总量。Dekas 等（2009）采用 $^{15}N_2$ 标记与 nanoSIMS-FISH 分析相结合的方法，发现厌氧甲烷氧化古菌完成了生物固氮。该研究不仅揭示了全球碳循环、氮循环和硫循环之间的联系，还证明结合同位素标记技术与 nanoSIMS-FISH 对微生物细胞的代谢有着重要意义。

7.2　微生物组数据的扩增子和宏基因组分析

微生物组是指整个微生境，包括微生物、基因组和周围环境。随着高通量测序技术和数据分析方法的发展，近年来微生物组在人类、动物、植物和环境中扮演的角色越来越重要，这些研究成果彻底改变了研究者们对微生物组的理解。许多国家已经成功启动了国际微生物组研究计划，如人类肠道宏基因组（metagenomics of the human intestinal tract，MetaHIT）计划、整合人类微生物组计划（integrative human microbiome project，iHMP）和中国科学院微生物组计划。这些项目都取得了令人瞩目的成就，将微生物组研究推向了黄金时代。

扩增子和宏基因组学分析的框架是近十年建立的。微生物组分析方法及标准近年来有着迅猛的发展。有人提出在扩增子数据分析中用扩增子序列变异体（amplicon sequence variant，ASV）取代 OTU（Callahan et al.，2016）；下一代微生物组分析软件 QIIME 2 是一种可重复、交互式、高效、有社区支持的分析平台（Bolyen et al.，2019）。此外，还提出了许多新的方法用于物种分类、机器学习和多组学整合分析，如整合宏基因组、代谢组和表型分析的计算框架（Pedersen et al.，2018）。

7.2.1　微生物组分析的高通量测序方法

微生物组研究的第一步是了解高通量测序方法具体的优点和局限性。高通量测序方法主要用于三个层面的分析：微生物、DNA 和 mRNA，研究者应根据样本类型和研究目标选择适合的方法。

培养组学是一种在微生物层面培养和鉴定微生物的高通量方法。通常微生物的获取方法如下：①将样品破碎，根据经验在液体培养基中将其稀释，然后分散至 96 孔细胞培养板或培养皿中；②将培养板在室温下培养 20d；③对每个孔中的微生物进行扩增子测序，并选择纯度高、非冗余菌落孔中的样本作为候选样本；④纯化候选样本并进行 16S rDNA 全长 Sanger 测序；⑤保留纯化的分离株（Zhang et al.，2019）。培养组学是获得细菌种群最有效的方法，但昂贵且劳动强度大。这种方法已在人类、小鼠、海洋沉积物、拟南芥和水稻的微生物组研究中开展（Liu et al.，2020）。这些研究不仅进一步完善了宏基因组学分析的物种分类和功能基因数据库，而且为开展功能实验验证提供了细菌基础材料。

研究人员可以利用 DNA 易于提取、保存和测序的特点，开发高通量测序的方法，高通量测序方法在微生物研究中的优点与局限性见图 7.1。微生物组最常用的高通量测序方法是扩增子和宏基因组测序。扩增子测序几乎可以应用于所有类型的样品。扩增子测序中使用的主要标记基因包括用于原核生物的 16S rDNA、用于真核生物的 18S rDNA 和内源转录间隔区（internal transcribed spacer，ITS）。16S rDNA 扩增子测序是最常用的方法，但是目前可用引物列表较为混乱。选择引物的一个好方法是先评估其特异性和总体覆盖度，这个过程可以利用真实样品进行，也可以基于 SILVA 数据库和宿主因素（包括叶绿体、线粒体、核糖体和其他非特

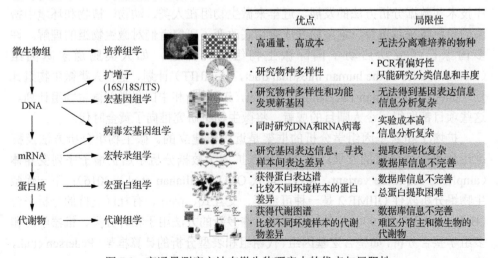

图 7.1　高通量测序方法在微生物研究中的优点与局限性

异性扩增的潜在来源）进行电子 PCR。替代方案是研究者参考与自己研究相似的已发表论文中使用的引物，这样可以节省优化方法的时间，也便于研究结果之间的比较（为整合分析做准备）。两步 PCR 法通常用于扩增子文库制备，扩增同时向每个样品添加标签（barcode）和接头序列（de Muinck et al., 2017）。样品测序通常在 Illumina MiSeq、HiSeq 2500 或 NovaSeq 6000 平台上进行，产出双端 250bp（PE250）的序列，每个样品含有 5 万～10 万条序列。扩增子测序可应用于低生物含量标本或被宿主 DNA 污染的样品。该技术只能达到"属"级分辨率（主要是由于测序片段较短，通常仅 300～500bp），可靠性受引物和 PCR 循环次数影响，这可能导致下游分析出现假阳性或假阴性。

宏基因组测序比扩增子测序提供了更多的信息，但是这种技术较昂贵。对于人类粪便等"纯"样本，每个样本可接受的测序数据量为 6～9GB 不等。文库构建和测序的相应价格在 100～300 美元（约为人民币 700～2000 元，测序量和耗材纯净级别对价格影响很大）。对于包含复杂微生物群（如土壤）或受宿主 DNA 污染的样品，每个样本所需的测序量为 30～300GB（Xu and Zhao, 2018）。总之，16S rDNA 扩增子测序可以用于研究细菌和/或古菌的组成，如果需要更高的物种分类学分辨率和功能信息，则可随机抽取部分样本进行宏基因组测序。当然，假设有足够的可用资金，宏基因组测序可直接用于样本量较小的研究。

宏转录组测序可以分析微生物组中的 mRNA，量化基因表达水平，并可提供微生物群落的功能信息（Salazar et al., 2019）。值得注意的是，为了获得微生物组的转录信息，需要有效去除宿主 RNA 和所有种类的 rRNA。

由于病毒的遗传物质是 DNA 或 RNA，从技术上讲，宏病毒组研究涉及宏基因组和宏转录组分析的结合。样品中病毒的生物量很低，富集病毒或去除宿主 DNA 是获得足够数量病毒 DNA 或 RNA 用于分析的必要步骤（Charalampous et al., 2019）。

测序方法的选择取决于科学问题和样本类型。整合使用不同的方法是很多学者推荐的，因为多组学方法可同时获得微生物组分类和功能的信息。实际上，由于时间和成本的限制，大多数研究人员只能选择一种或两种测序方法。尽管扩增子测序只能提供微生物群的物种分类学组成信息，但具有成本效益优势，可用于大规模研究。此外，扩增子测序产生的数据量相对较小，分析快速且容易进行。例如，使用普通的便携式计算机在一天之内就可以完成数百个扩增子样品的数据分析。因此，扩增子测序通常用于探索性研究。与扩增子测序不同，宏基因组测序不仅将分类学分辨率扩展到"种"或"株"的水平，而且提供了潜在的功能信息。宏基因组测序使得从短片段组装微生物基因组成为可能。对于低生物含量或被宿主基因组严重污染的样品，宏基因组测序并非目前的最佳选择。

7.2.2 扩增子测序和宏基因组测序流程

分析流程指的是特定程序或脚本，该程序或脚本以一定顺序整合了数个甚至数十个软件程序，用来完成复杂的分析任务。由于扩增子和宏基因组分析已广泛使用，本小节进一步讨论用于扩增子和宏基因组分析的当前最佳流程。

1. 扩增子测序

扩增子测序第一阶段是将原始序列转换为特征表。原始序列一般会从 Illumina 测序平台以双端 250bp（PE250）的形式生成。分析时，首先进行"拆分"（demultiplexing），就是将原始序列根据标签（barcode）分组。然后并去掉标签和引物，合并序列以获得扩增子序列。最后还要利用质量控制步骤将低质量的扩增子序列去除。所有这些步骤都可以使用 USEARCH 或 QIIME 完成，或者可选择测序服务公司提供的纯净扩增子数据用于下一步分析。

挑选代表性序列作为物种的代表，是扩增子分析的关键步骤，主要包括聚类生成 OTU 和去噪生成 ASV 两类方法。具有 97%相似性的序列被 UPARSE 算法聚类为 OTU，但"种"或"株"之间的细小不同可能无法被检测。DADA2 是一种去噪算法，能将 ASV 输出为更精确的具有代表性的序列（Callahan et al.，2016）。QIIME 2 流程中有一种去噪方法可选，即 DADA2 插件的 denoise-paired/single 和 Deblur 插件的 denoise-16S，USEARCH 中的-unoise3 也有高速去噪并挑选 ASV 的作用。特征表可以通过量化各样本中特征序列的频率获得，即 OTU 或 ASV 表。同时，可对特征序列在界、门、纲、目、科、属和种的层级上进行分类，这为微生物群的研究提供了降维视角。

通常，16S rDNA 扩增子测序只能用于获得有关物种分类组成的信息，之后开发了许多可用的软件包来预测潜在的功能信息。预测的原理是将 16S rDNA 序列或分类学信息，与数据库中的基因组或文献中的功能描述联系起来。PICRUSt 是一种基于 Greengenes 数据库 OTU 表的功能预测软件，可用于预测如京都基因和基因组数据库（Kyoto Encyclopedia of Genes and Genomes，KEGG）通路的宏基因组功能组成信息（Zheng et al.，2019）。新开发的 PICRUSt2 软件包（https://github.com/ picrust/picrust2）可以基于任意 OTU/ASV 表直接预测宏基因组功能。R 包 Tax4Fun 可以基于 SILVA 数据库预测微生物群的 KEGG 功能（Quast et al.，2013）。

原核生物分类功能注释（FAPROTAX）流程基于已发表微生物的代谢和生态功能执行功能注释，如硝酸盐呼吸、铁呼吸、植物病原体、动物寄生虫或共生体，从而用于环境、农业和动物微生物组的功能分类和研究。BugBase 是 Greengenes

的扩展数据库，用于预测表型，如需氧性、革兰氏染色和致病性，常用于医学研究（Mahnert et al.，2019）。

2. 宏基因组测序

相对于扩增子测序来说，宏基因组测序数据可以提供更高精度的物种组成信息，同时提供功能基因的信息，但数据量大、所用软件众多，而且通常只能在高性能 Linux 服务器上进行分析。宏基因组相关软件安装推荐使用可高效安装软件和流程，并自动化解决依赖关系的 Bioconda。宏基因组分析计算量大，多任务并行需要队列管理软件防止拥挤，如 GNU Parallel 软件。Illumina HiSeqX/NovaSeq 系统产出的原始数据一般是 PE150 数据，华大 BGI Seq500 产生的数据为 PE100 数据。宏基因组数据分析的第一个关键步骤是质量控制和去除宿主污染，这些步骤需要 KneadData 流程或与 Trimmomatic 和 Bowtie 2 结合使用。Trimmomatic 是一种灵活的质量控制软件包，适用于 Illumina 测序数据，可修剪低质量序列、文库引物和接头序列。使用 Bowtie 2 软件，与宿主基因匹配的序列将被滤除。KneadData 是一个集成的分析流程，包括 Trimmomatic、Bowtie 2 和相关脚本，可用于质量控制，滤除宿主来源的序列，并输出纯净序列。

宏基因组测序的主要步骤是使用基于序列和/或基于组装的方法，将纯净数据转化为物种、功能组成表。此方法直接比对纯净序列至预定义的参考数据库。MetaPhlAn2 是一种常用的生物物种分类学分析工具，可将宏基因序列与预定义的标记基因数据库比对，从而进行生物分类（Truong et al.，2015）。Kraken 2 基于精确 k-mer 匹配方法，将序列与 NCBI 中非冗余序列数据库进行匹配，利用最近公共祖先（lowest common ancestor, LCA）算法进行物种分类（Wood et al.，2019）。HUMAnN2 是一种广泛使用的功能定量分析软件，可以用于探索样本内和样本间的贡献多样性（物种对特定功能的贡献）。MEGAN 是一种跨平台的图形用户界面（graphical user interface, GUI）软件，可进行分类和功能分析。此外，一些研究为了使数据利用率和物种、功能注释的质量更高，提供了特定研究对象的宏基因组参考集，如人类肠道、小鼠肠道、鸡肠道、海洋、柑橘根际等（Liu et al.，2020）。

使用 MEGAHIT 或 metaSPAdes 等，可将长序列基于纯净序列组装起来，即重叠群（contigs）。MEGAHIT 用于快速装配大量、复杂的宏基因组数据集，内存占用小；metaSPAdes 通常可以生成更长的重叠群，但需要更多的计算资源，如组装拼接 MEGAHIT（多快好省）和评估 quast。metaGeneMark 或 Prokka 等软件可以识别重叠群中的基因，已经装配好的重叠群中的冗余基因需要用 CD-HIT 等工具去除。可以使用基于比对的工具 Bowtie 2 或非比对的方法 Salmon 来生成基因丰度表。宏基因组数据集中基因数量通常在百万级别，需要结合蛋白质数据库的层级功能注释实现降维,如 KEGG 中的 KEGG orthology(KO)、模块或通路表(Kanehisa et al.,2016)。

此外,宏基因组学数据可用于挖掘基因簇或组装微生物基因组草图。AntiSMASH 软件和数据库可以挖掘重叠群中潜在的生物合成基因簇,为挖掘新功能基因、酶、代谢通路、代谢物和抗生素等提供了非常重要的线索。将宏基因组数据中部分或完整细菌基因组恢复的方法称为分箱(binning)。可用的分箱工具有CONCOCT、MaxBin2 和 MetaBAT2。用多个软件优化分析结果和用重新组装的方法可以获得更好的"箱"。MetaWRAP 或 DAStool 集合了多个分箱工具,可使分箱结果更好,污染更少,基因组更完整,是较好的分箱流程。这些流程还提供了有用的脚本,用于对箱进行评估和可视化。

3. 数据中心上传和共享原始数据和元数据

扩增子测序和宏基因组测序产生大量原始数据。通常,原始数据必须在论文发表期间上传到数据中心,如 NCBI、EBI 或 DDBJ。近年来,我国也建立了几个数据中心以提供数据存储和共享服务,如中国科学院北京基因组研究所建立的组学原始数据归档库(genome sequence archive,GSA),具有很多优势。建议研究人员将原始数据上传到数据中心,这不仅可以提供数据备份,还可以满足论文发表要求,如 *Microbiome* 等期刊要求在投稿之前将原始数据存储在数据中心。

7.3　微生物组数据的统计分析和可视化

7.3.1　微生物组数据的统计分析

扩增子和宏基因组分析流程最重要的输出文件是物种和功能组成表。研究人员可以使用这些分析技术回答的科学问题包括:微生物群中存在哪些微生物?不同组在 α 多样性和 β 多样性上是否存在显著差异?哪些物种、基因或功能通路是各组的生物标记?为了回答这些问题,需要从整体和细节的角度熟悉统计分析和可视化方法。整体可视化可用于探索特征表中 α 多样性、β 多样性和物种分类学组成的差异。细节分析可能涉及生物标记识别、相关性分析、网络分析和机器学习等。

1. ASV 分析

(1)ASV 分类学分析:为了得到每个 ASV 对应的物种分类信息,采用 classify-sklearn(Naive Bayes)、classify-consensus-vsearch(Vsearch)、classify-consensus-blast(Blast)或 RDP classifier 贝叶斯算法,获得 ASV 在分类水平(域、界、门、纲、目、科、属、种)的注释信息。

（2）Pan/Core 物种分析：此分析用于描述物种总量和核心物种量随样本量变大时的变化，常用于评估环境中总物种丰富度（species richness）和核心物种数，以判断测序样本量是否充足。Pan 物种，又称泛物种，指样本中的物种总数。Core 物种，即核心物种，指样本中的共有物种数目。

（3）Rank_abundance 曲线：此曲线用来分析微生物的多样性。将单一样本中每一个物种（如 ASV）所含的序列数进行统计，并按相对丰度将物种（如 ASV）由大到小等级排序，曲线的横坐标是物种（如 ASV）等级，纵坐标是每个物种（如 ASV）的相对丰度（序列数百分含量）。Rank-abundance 曲线可描述物种丰富度和群落均匀度。线在横轴范围越宽，物种丰富度就越高；曲线越平缓，群落中物种分布就越均匀。

2. 群落多样性分析

1）α 多样性分析

（1）α 多样性指数：α 多样性指数主要用于研究某一生境内（或样本中）的群落多样性，可对一系列α 多样性指数进行评估后获得物种的丰富度、多样性等信息。

反映群落丰富度的指数有 Sobs 指数、Chao 1 指数、ACE 指数。

反映群落多样性的指数有香农（Shannon）指数、辛普森（Simpson）指数。

反映群落均匀度的指数有 Simpsoneven 指数、Shannoneven 指数。

反映群落覆盖度的指数有 Coverage。

反映群落谱系多样性的指数有 PD 指数。

微生物α 多样性常用指数算法如下。

Chao 1 指数是 Chao 最早提出的，Chao 1 指数常用来估计物种总数。本次分析计算公式如下：

$$S_{\text{Chao1}} = S_{\text{obs}} + \frac{n_1(n_1-1)}{2(n_2+1)}$$

式中，S_{Chao1} 为估计的物种数；S_{obs} 为实际观察到的物种数；n_1 为只含有一条序列的物种数；n_2 为只含有两条序列的物种数。

ACE 指数为用来估计群落中物种（如 ASV）数目的指数，其计算公式如下：

$$S_{\text{ACE}} = S_{\text{abund}} + \frac{S_{\text{rare}}}{C_{\text{ACE}}} + \frac{n_i}{C_{\text{ACE}}} R_{\text{ACE}}^2, \quad r_{\text{ACE}} < 0.08$$

$$S_{\text{ACE}} = S_{\text{abund}} + \frac{S_{\text{rare}}}{C_{\text{ACE}}} + \frac{n_i}{C_{\text{ACE}}} r_{\text{ACE}}^2, \quad r_{\text{ACE}} \geqslant 0.08$$

$$序列数：N_{\text{rare}} = \sum_{i=1}^{\text{abund}} in_i$$

$$样本覆盖度估计值：C_{\text{ACE}} = 1 - \frac{n_1}{N_{\text{rare}}}$$

$$差异解释度：R_{\text{ACE}}^2 = \max\left[\frac{S_{\text{rare}} \sum\limits_{i=1}^{\text{abund}} i(i-1)n_i}{C_{\text{ACE}} N_{\text{rare}}(N_{\text{rare}}-1)} - 1, 0\right]$$

$$变异系数：r_{\text{ACE}}^2 = \max\left\{r_{\text{ACE}}^2\left[1 + \frac{N_{\text{rare}}(1-C_{\text{ACE}}) \sum\limits_{i=1}^{\text{abund}} i(i-1)n_i}{N_{\text{rare}}(N_{\text{rare}}-C_{\text{ACE}})}\right], 0\right\}$$

式中，n_i 为含有 i 条序列的物种数；S_{rare} 为含有或少于"abund"条序列的物种数；S_{abund} 为多于"abund"条序列的物种数；abund 为"优势"物种的序列数阈值，默认为 10。

Shannon 指数为用来估算样本中微生物多样性指数之一，与群落多样性成正比：

$$H_{\text{Shannon}} = -\sum_{i=1}^{S_{\text{obs}}} \frac{n_i}{N} \ln \frac{n_i}{N}$$

式中，S_{obs} 为实际观察到的物种数；n_i 为第 i 个物种所含的序列数；N 为所有的序列数。

Simpson 指数是用来估算样本中微生物多样性的指数，与群落多样性成反比：

$$D_{\text{Simpson}} = \frac{\sum\limits_{i=1}^{S_{\text{obs}}} n_i(n_i-1)}{N(N-1)}$$

式中，S_{obs} 为实际观察到的物种数；n_i 为第 i 个物种所含的序列数；N 为所有的序列数。

Coverage 是指各样本文库的覆盖度，数值越大，样本中序列被测出的概率就越大。该指数可检测本次测序结果是否可靠。

$$C = 1 - \frac{n_1}{N}$$

式中，n_1 为只含有一条序列的物种（如 ASV）数（如"singletons"）；N 为抽样中出现的总序列数目。

（2）α多样性指数组间差异检验：物种的丰富度、多样性和覆盖度等信息可

通过 α 多样性指数分析得到，组间差异检验方法可以检测每两组及以上之间的 α 多样性指数值是否有差异。组间差异检验方法包括多组比较 one-way ANOVA、Kruskal-Wallis 秩和检验，两组比较 Student's t 检验、Welch t 检验和 Wilcoxon 秩和检验。

（3）稀释曲线分析：此曲线是根据各样本在不同测序深度时的微生物 α 多样性指数构建的，能比较所有样本中物种的丰富度、均一性或多样性，并反映样本测序数据量的合理性。以随机抽到的序列数与它们对应的物种数目或多样性指数，构建稀释曲线。若多样性指数为 Sobs 指数，曲线较平缓时，可反映出数据量比较合理，数据量增加只会产生少量新物种。若是其他多样性指数的曲线较平坦时，则可看出测序数据量很大，此时可以反映样本中大多的微生物多样性信息。

2）β 多样性分析

（1）样本层级聚类分析：可采用距离量化分析样本间物种丰度分布的不同，计算出两样本间距离并获得距离矩阵，这对 β 多样性分析十分重要。

常见样本距离分析算法有 Bray-Curtis、Jaccard、UniFrac 等。Bray-Curtis 与 Jaccard 距离算法的主要计算对象是基于独立的物种分类单元（如 ASV、属等）。采用非加权计算方法的 Jaccard 算法主要考虑物种的有无，采用加权计算方法的 Bray-Curtis 算法需同时考虑物种有无和物种丰度。

算法名称中含有"UniFrac"的算法需要各个物种分类单元的系统进化树，计算进化树各物种的系统发育可进化关系，进而计算样本间距离。unweighted UniFrac 算法可以检测样本间变化的存在，weighted UniFrac 算法在计算树枝长度时加权计算了序列的丰度信息，这能定量地检测样本间不同谱系上发生的变异。

另外，名称前带有"binary"的算法需先将 ASV 丰度表中的数值转换为二进制布尔类型。例如，先将"binary_euclidean"丰度表中大于零的数值变为 1，再进行"euclidean"距离分析。

对样本距离矩阵进行聚类分析，可明确样本间组成结构的相似及差异。聚类分析方法可选择常见的非加权组平均法（unweighted pair-group method with arithmetic means，UPGMA），它的使用前提是所有核苷酸或氨基酸在进化过程中有相同的变异速率。根据 β 多样性进行聚类分析并使用 UPGMA 算法构建树状结构，就能将微生物进化的差异程度清晰呈现出来。

（2）PCA：此分析可以简化分析数据，也称为主成分分析，简单且无参数限制是其最大的优点。数据中最"主要"的元素和结构可利用这种方法找出，并且能去除噪声，降维复杂数据，揭示隐藏在复杂数据后的简单结构。样本间的差异与距离可通过分析其群落组成得到，PCA 可利用方差分解阐明多组数据的不同，如 PCA 图中的距离会随样本组成的相似变近。

（3）ANOSIM 分析是一种非参数检验方法，可以检验组间差异是否显著大于组内差异，继而判断分组是否有意义。先采用距离算法（默认为 Bray-Curtis）计算样品间的距离，并对所有距离排序，按如下公式计算 R 值，置换样品后计算 R^* 值，P 值就是 R^* 大于 R 的概率。

$$R = \frac{r_b - r_w}{\frac{1}{4}\left[n(n-1)\right]}$$

式中，r_b 为组间距离排名的平均值；r_w 为组内距离排名的平均值；n 为样品总数。

（4）PCoA：PCoA（principal co-ordinates analysis）即主坐标分析，也是一种非约束性的数据降维分析方法。先将特征值和特征向量排序，然后将排位靠前的特征值表现在坐标系里，只是改变了坐标系统而未改变样本点的位置。类似于PCA，可研究样本群落组成的相似性或差异性。PCA 可利用欧氏距离直接作图，PCoA 以所选距离矩阵为基础作图。通过降维可找出影响样本群落组成差异的潜在主成分是 PCoA 与 PCA 的相似之处。

（5）NMDS 分析：NMDS 分析（non-metric multidimensional scaling analysis）即非度量多维尺度分析，将研究对象简化到低维空间进行定位、分析和归类，并保留对象间的原始关系。此方法适用于仅明确研究对象之间等级关系数据的情形。先将对象间的相似性或相异性数据当作点间距离的单调函数，再对替换后的原始数据进行度量型多维尺度分析。此方法的特点是将样本中的信息以点的形式体现在多维空间上，利用点与点间的距离反映不同样本间的差异程度，以此获得空间定位点图。

（6）PERMANOVA 分析：PERMANOVA 分析又称为 Adonis 分析，可以对总方差采用半度量或度量距离矩阵进行分解，以研究不同分组因素对样品差异的解释度，并分析置换检验对划分的统计学意义的显著性。

（7）样本菌群分型分析：此分析利用统计聚类来研究不同样本优势菌群结构的分型情况。通过分析，可以聚类优势菌群结构相似的样本。大多用于特定的环境样本，如肠型、阴道分型、口腔分型等。计算 JS（Jensen-Shannon）散度和点划分算法进行聚类，通过 Calinski-Harabasz 指数计算最佳聚类 K 值，然后采用 PCA（$K \geq 3$）或 PCoA（$K \geq 2$）进行可视化。

3. 群落组成分析

（1）物种维恩图分析：可统计多个样本中共有和独有的物种数目，对样本的物种（如 ASV）组成相似性及重叠情况表达较为直观。

（2）群落直方图和饼图：根据群落直方图可以得知不同分组（或样本）在各分类水平上的群落结构组成情况，可明确哪一分类水平上含有何种微生物及样本中各微生物的相对丰度。不同分类学水平上的各样本物种相对丰度可通过群落饼图呈现不同的物种群落组成。

（3）群落热图：是以矩阵或表格中的数据呈现群落物种组成信息的图，其聚类具有相似性的样本或物种，并在群落热图呈现结果。

（4）群落 Circos 图：这种描述样本与物种之间对应关系的图可以反映每个样本的优势物种比例和各优势物种在不同样本的分布。

4. 物种差异分析

通过统计学方法进行物种差异分析，并利用差异检验方法，以群落丰度数据为基础，假设检验不同组（或样本）微生物群落之间的物种，评估物种丰度差异的显著性，以获得组间显著性差异物种。

1）多组比较分析

（1）one-way ANOVA：可检验多组样本的均值是否相同。通过此分析，可以对 3 组及以上样本组中有显著性差异的物种进行 post-hoc 检验，找出多组中存在差异的样本组。one-way ANOVA 是简单的单因素实验，目的是对该因素各处理的相对效果作出正确判断。

（2）Kruskal-Wallis H test：简称克氏秩和检验，它是一种将两个独立样本的 Wilcoxon 秩和检验推广到多组独立样本非参数检验的方法。

（3）多重检验校正：即对 P 值进行多重检验校正的方法，包括 FDR、BH、Bonferroni、none。

（4）post-hoc 检验：是指进一步对多组的组别进行两两比较，检测多组中存在差异的样本组的检验，检验的方法包括 scheffe、welchuncorrected、tukeyramer、gameshowell，显著性水平分别为 0.90、0.95、0.98、0.99、0.999。

（5）Scheffe：可用来检查组均值所有可能的线性组合（最常用，不需要样本数目相同）。应用指征是各组样本数相等或不等均可以，但不等的情况较多；如果比较的次数明显大于均数的个数，Scheffe 法的检验功效最优。

（6）Tukeykramer（也称为"Tukey"或"Tukey-Kramer"）：使用范围统计量进行组间所有成对比较（最常用，需要样本数目相同），其试验误差率为所有成对比较的误差率集合。该方法提出了专门用于两两比较的检验（有时也称最大显著差检验）。当各组样本含量相等时，此检验控制最大试验误差率（maximum experiment error rate，MEER）。Tukey-Kramer 法控制 MEER 没有一般的证明，用蒙特卡罗法研究发现此法非常好。

（7）Welch uncorrected：多用于两组比较的样本的总体方差不相等的情况。

（8）Gameshowell：成对比较检验。当方差和样本容量不相等时，适合使用此检验。当方差不相等且样本容量较小时，Tukey 法更合适。

2）两组比较分析

（1）Student's t 检验（方差相等）：可在两组数目方差相等时来检验均值是否相同。此分析可以矫正 P 值并观察物种在两组样本组中的分布有无显著性差异。

（2）Welch t 检验（方差不等）：可在两组数目方差不等时检验样本的均值是否相同。此分析可以矫正 P 值并观察物种在两组样本组中的分布有无显著性差异。

（3）Wilcoxon 秩和检验（Wilcoxon rank sum test）：也称为曼-惠特尼 U 检验，是两组独立样本非参数检验的方法。该分析可以对两组样品的物种进行显著性差异分析并校正 P 值。

（4）Wilcoxon 符号秩检验（Wilcoxon signed-rank test）：主要用于两组配对样本的非参数检验，推断两组相关样本来自的两个总体中位数是否相等。原假设为两组配对样本差值的中位值为 0，通过对等级差值的绝对值从小到大编秩，根据差值标上正负符号，分别求正负秩次之和，进行假设检验，从而判断两组总体的分布有无差异。该分析可以对两组样品的物种进行显著性差异分析并校正 P 值。

（5）多重检验校正：即对 P 值进行多重检验校正的方法，包括 FDR、BH、Bonferroni、none。none 即不校正，默认为 FDR。

（6）单双尾检验：用于指定所求置信区间的类型，可选择双尾检验、左尾检验和右尾检验。

（7）CI 计算方法：即计算置信区间的方法，包括 Welch's inverted，Student's inverted 和辅助程序（bootstrap），Welch t 检验对应 Welch's inverted，Student's t 检验对应 Student's inverted，Wilcoxon 秩检验和 Wilcoxon 符号秩检验对应 bootstrap。置信度可选择 0.90、0.95、0.98、0.99、0.999 。

3）LEfSe 分析

线性判别分析（linear discriminant analysis，LDA）及影响因子可用于发现两组及以上样本中最能解释组间差异的物种特征，以及其特征是否影响组间差异。LEfSe（LDA effect size）适用于描述物种分类学谱系等多层次的生物学标识和特征。包括三大步骤：首先采用非参数 Kruskal-Wallis（K-W）秩和检验获得显著差异物种；其次使用 Wilcoxon 秩和检验检验差异物种在不同分组中的差异一致性；最后以 LDA 估计这些差异物种对组间区别的影响情况。

多组比较策略如下。

（1）one-against-all：指只要物种在任意两组中存在差异，就被认为是差异物种。

（2）all-against-all：指只有物种在多组中都存在差异，才能被认为是差异物种。

LEfSe 用线性判别分析（LDA）找出对样本划分产生显著性差异影响的物种或群落。

5. 相关性分析

1）VIF 分析

一些与样本菌群组成相关的环境因子之间的共线性会影响后续的关联分析，因此要对用于关联分析的环境因子进行筛选。自变量间的多重共线性关系会随方差膨大因子（variance inflation factor，VIF）增大而增强。当 VIF 大于 10 时，环境因子默认为无用，要对环境因子进行多次筛选过滤，直至所有环境因子对应的 VIF 小于 10。

VIF 分析过程离不开 RDA/CCA，RDA/CCA 模型选择原则同 RDA/CCA 分析。

2）RDA/CCA 分析

RDA 是环境因子约束化的 PCA，可以在同一个二维排序图上直观反映样本和环境因子的关系。CCA 又称为多元直接梯度分析，是基于对应分析发展而来的一种排序方法。RDA/CCA 多用于分析物种或功能与环境因子之间关联，检测环境因子、样本、菌群三者间的关系或者两两之间的关系。

（1）RDA 或 CCA 模型的选择原则：先做 DCA 分析，看分析结果中 lengths of gradient 第一轴的大小，如果大于等于 3.5，CCA 效果较好，反之则选择 RDA。

（2）采用 bioenv 函数判断环境因子与样本群落分布差异的最大 Pearson 相关系数，以此获得环境因子子集。

（3）利用 CCA 或者 RDA，分析样本物种分布表与环境因子或环境因子子集。

（4）通过 permutest 分析，判断 CCA 或者 RDA 的显著性。

3）相关性 Heatmap 图

相关性 Heatmap 图用于分析微生物分类与环境变量之间的相关关系，利用相关系数如 Pearson、Spearman 等评估微生物分类与环境变量之间的相关性。基本输出是一个相关性矩阵，表示群落中每个微生物分类与环境因子变量之间的相关性。

4）排序回归分析

排序回归分析是利用回归分析来确定一个或多个自变量和因变量之间关系的一种统计分析方法。环境因子排序回归分析，以环境因子大小为 x 轴，根据排序分析如 PCA 等结果的第一排序轴上的分值或 α 多样性指数大小为 y 轴，进行线性回归，作散点图，标注 R^2，可用于评价二者间的关系。其中，R^2 为决定系数，表示变异回归直线解释的比例。为了使分析效果较好，样品个数应越多越好，建议 10 个样品以上。

5）相关性网络图

相关性网络图是由相关性网络分析通过计算物种-物种或物种-环境因子之间的相关性构建的，物种-物种或物种-环境因子之间在相关系数符合某一阈值时有一条连线，通过图论知识分析构建网络图。通过计算网络的节点度分布、网络的直径和平均最短路径、节点连通性、紧密系数及介数中心性等，来获得物种-物种或物种-环境因子的相关信息，对数据进行全面高效的分析。

主要拓扑性质：①连通度（degree）；②紧密中心性（closeness centrality）；③介数中心性（betweeness centrality）；④度中心性（degree centrality）；⑤度分布（degree distribution）；⑥传递性（transitivity）；⑦网络直径（diameter）。

单因素相关性网络图：是根据物种-物种之间的相关性，构建出的物种相关性网络图。

双因素相关性网络图：是根据物种-环境因子之间的相关性，构建出的物种相关性网络图。

6）Mantel test

Mantel test 是检验两个矩阵相关关系的非参数统计方法，适用于生态学上检验群落距离矩阵和环境变量距离矩阵之间的相关性。Mantel test 在控制矩阵 C 的效应下，来检验 A 矩阵的残留变异是否和 B 矩阵相关，输入两个数值型矩阵，第三个控制矩阵可通过选择因子来确定。

7）VPA 方差分解分析

VPA 可定量评估两组或多组（2~4 组）环境因子变量对响应变量（如微生物群落差异）的单独解释度和共同解释度，常配合 RDA/CCA 使用。

6. 模型预测分析

（1）随机森林（random forest）分析：随机森林属于机器学习算法，分类结果在不同的决策树根据检测样本各个维度上的属性进行判定，最终综合所有判定结果后给出分类，可以快速挑选出对样本分类最关键的物种类别。

（2）ROC 曲线：它是反映敏感性和特异性综合指标的受试者工作特征曲线。ROC 曲线通过多个不同的临界值得到一系列敏感性和特异性，将曲线横坐标设置为特异性，纵坐标设置为敏感性，诊断准确性与曲线下面积成正比。

7. 进化分析

在分子进化研究中可以通过某一分类水平上序列间碱基的差异构建进化树。

（1）系统发生进化树：通过选择某一分类学水平上分类信息对应的序列，根据最大似然（maximum likelihood，ML）法、邻接法（neighbor-joining method，NJ 法）、最大简约（maximum parsimony，MP）法等构建进化树，最终的结果也可以通过进化树与序列相对丰度组合图的形式呈现。

（2）个性化系统发生进化树：可上传外源参考物种序列信息，与测序结果中未知分类学信息的 ASV（如注释结果为 norank 或 unclassified 等）一并进行系统发生进化分析，对这些未知分类学信息的 ASV 进行更加确切的物种注释；根据最大似然法、邻接法或最大简约法等构建进化树。

8. 功能预测分析

1）PICRUSt2 功能预测

PICRUSt2 是一款仅基于标记基因（16S/18S/ITS）序列预测功能丰度的软件，这里的"功能"通常是指基因家族（gene family），如 KEGG orthology（KO）、EC、COG 等。

PICRUSt2 首先把比对后的 ASV 置入相应的参考树中，再推断每个 ASV 基因家族的拷贝数和每个 ASV 的基因含量，确定每个样本基因家族的丰度；最后对比基因家族信息与对应的功能数据库，获得每个样本对应的功能信息和丰度信息。

PICRUSt2 优化了基因组预测并提升了其准确性，其关键的改进如下：

（1）将待预测的序列置于软件已有的系统发育树中，而非直接对 ASV 序列进行分类学注释；

（2）参考基因组数据库相比 PICRUSt1 扩大了 10 倍以上；

（3）依赖于 MinPath，预测过程对路径丰度的推断更加严谨；

（4）可预测真菌 18S 或 ITS 的扩增子测序数据的功能；

（5）允许输出 MetaCyc 本体预测，将其与普通宏基因组学的结果比较。

其中，16S 数据提供 KEGG、COG 和 MetaCyc 的功能预测结果，18S 和 ITS 数据提供 KEGG 和 MetaCyc 的功能预测结果。

eggNOG 是国际认可的同源聚类基因群的专业注释数据库。该数据库（v4.0）包含 170 万个直系同源类群，覆盖了 3686 个物种，给定了 107 个不同的分类级别的同源群。

KEGG 是系统分析基因功能、系基因组信息和功能信息的大型知识库，包括各种代谢通路、合成通路、膜转运、信号传递、细胞周期及疾病相关通路等。其中，KEGG Module 数据库用于基因组注释和生物学解释；KO 借助在基因组中连接分子网络的信息，提供了跨物种注释流程。

2）Tax4Fun 功能预测

Tax4Fun 是一款针对 16S rRNA 数据进行功能预测的软件包。首先将基于 SILVA 数据库的 16S 分类谱系转化为 KEGG 中原核生物的分类谱系，再用 16S 拷贝数标准化原核生物的丰度，最后利用均一化丰度数据预测原核生物微生物群落的 KEGG 功能。根据 KEGG 的信息，可以获得 KO、pathway 信息并计算各功能类别的丰度。

3）FUNGuild 功能预测

FUNGuild 是一款通过微生态 guild 对真菌群落进行分类分析的工具，guild 中涉及的一类物种能通过相似的途径利用同类环境资源。

FUNGuild 将真菌分为三大类：以损害宿主细胞获取营养的病理营养型，以宿主细胞交换资源获取营养的共生营养型，以降解死亡宿主细胞获取营养的腐生营养型。

这三大类又被细分为 12 个 guild：动物病原菌、丛枝菌根真菌、外生菌根真菌、杜鹃花类菌根真菌、叶内生真菌、地衣寄生真菌、地衣共生真菌、菌寄生真菌、植物病原菌、未定义根内生真菌、未定义腐生真菌和木质腐生真菌；还有形态特殊的三类真菌：酵母、兼性酵母和原植体。通过生物信息学方法联系真菌物种分类与功能 guild 分类，就能对真菌进行功能分类。

4）BugBase 功能预测

BugBase 是一种微生物组分析工具，可以确定微生物组样本中存在的高水平表型，能够进行表型预测。BugBase 首先通过预测的 16S 拷贝数对 OTU 进行归一化，然后使用提供的预先计算文件预测微生物表型。表型类型包括革兰氏阳性（gram positive）、革兰氏阴性（gram negative）、生物膜形成（biofilm forming）、致病性（pathogenic）、移动元件（mobile element containing）、氧需求（oxygen utilizing，包括好氧、厌氧和兼性厌氧）及氧化胁迫耐受（oxidative stress tolerant）七大类。

5）FAPROTAX 功能预测

FAPROTAX 是一个人工构建的数据库，以相关文献的数据资料为基础，将原核生物分类群（如属或种）映射到代谢或其他生态相关功能（如硝化、反硝化）。例如，如果一个细菌属内的所有培养物种（或更准确地说，物种的所有类型菌株）都被确定为反硝化细菌，FAPROTAX 假设该属内的所有未培养微生物都是反硝化细菌。FAPROTAX 的功能集中在海洋和湖泊生物地球化学，特别是硫、氮、氢和碳的循环，其他功能（如植物致病性）也包括在内。FAPROTAX 涵盖的功能组完整列表及使用的所有文献都可以在数据库中找到，收集了 4600 多个原核微生物的 80 多个功能分组 7600 多条功能注释信息，并且还在不断更新。通过 Python 脚本，把样本的 ASV 表转换成样本的功能表、过程报告、每个功能分组的 ASV、每个功能分组重叠的表、分析过程用到的注释信息、输入样本 ASV 表的子表（仅列出与特定功能相关的 ASV）。

7.3.2　微生物组数据统计及可视化实例

用于特征表统计分析和可视化的工具包括 Excel、Graph 和 Sigma plot，它们是商业软件工具，而且较难快速重现结果。建议使用 R Markdown 或 Python

Notebooks 之类的工具来记录所有分析代码和参数，并将其存储在 Git Hub 之类的版本控制管理系统中。这些工具是免费、开源、跨平台的，并且易于使用。建议研究人员在 R Markdown 文件中记录微生物组的所有统计分析和可视化方法。R Markdown 文档可以包含代码、表格、图片，支持输出为 PDF/网页/WORD 格式报告，方便阅读。这种工作模式将大大提高微生物组分析的效率，并使分析过程透明且易于理解。接下来本小节列举两个应用 R 语言进行微生物组数据可视化的例子。

1. R 语言进行 PCA

（1）数据标准化：以 R 语言自带的 iris 范例数据集为例，探索主成分分析的具体过程（图 7.2）。

```
> data<-iris
> head(data)
  Sepal.Length Sepal.Width Petal.Length Petal.Width Species
1          5.1         3.5          1.4         0.2  setosa
2          4.9         3.0          1.4         0.2  setosa
3          4.7         3.2          1.3         0.2  setosa
4          4.6         3.1          1.5         0.2  setosa
5          5.0         3.6          1.4         0.2  setosa
6          5.4         3.9          1.7         0.4  setosa
> #对原数据进行z-score归一化:
> dt<-as.matrix(scale(data[,1:4]))
> head(dt)
     Sepal.Length Sepal.Width Petal.Length Petal.Width
[1,]   -0.8976739  1.01560199    -1.335752   -1.311052
[2,]   -1.1392005 -0.13153881    -1.335752   -1.311052
[3,]   -1.3807271  0.32731751    -1.392399   -1.311052
[4,]   -1.5014904  0.09788935    -1.279104   -1.311052
[5,]   -1.0184372  1.24503015    -1.335752   -1.311052
[6,]   -0.5353840  1.93331463    -1.165809   -1.048667
```

图 7.2　数据标准化示例

```
#将 R 自带的范例数据集 iris 储存为变量 data；
data < -iris
head(data)
#对原数据进行 z-score 归一化；
dt < -as.matrix(scale(data[,1:4]))
head(dt)
```

（2）计算相关系数（协方差）矩阵：需要计算变量两两之间协方差，对主成分进行分析，相应变量的方差即协方差矩阵对角线上的数值。根据相关系数的计算公式可知，相关系数其实等于协方差（图 7.3）。

```
> rm1<-cor(dt)
> rm1
             Sepal.Length Sepal.Width Petal.Length Petal.Width
Sepal.Length    1.0000000  -0.1175698    0.8717538   0.8179411
Sepal.Width    -0.1175698   1.0000000   -0.4284401  -0.3661259
Petal.Length    0.8717538  -0.4284401    1.0000000   0.9628654
Petal.Width     0.8179411  -0.3661259    0.9628654   1.0000000
> #1.3求相关系数矩阵的解特征值和相应的特征向量;
> rs1<-eigen(rm1)
> rs1
eigen() decomposition
$values
[1] 2.91849782 0.91403047 0.14675688 0.02071484

$vectors
            [,1]         [,2]        [,3]        [,4]
[1,]   0.5210659  -0.37741762   0.7195664   0.2612863
[2,]  -0.2693474  -0.92329566  -0.2443818  -0.1235096
[3,]   0.5804131  -0.02449161  -0.1421264  -0.8014492
[4,]   0.5648565  -0.06694199  -0.6342727   0.5235971
```

图 7.3　计算相关系数（协方差）矩阵示例

#计算相关系数矩阵;

rm1 < -cor(dt)

rm1

（3）求解特征值和相应的特征向量（图 7.4、图 7.5）:

rs1 < -eigen(rm1)

rs1

#提取结果中的特征值,即各主成分的方差;

val <- rs1$values

#换算成标准差(Standard deviation);

(Standard_deviation <- sqrt(val))

#计算方差贡献率和累积贡献率;

(Proportion_of_Variance <- val/sum(val))

(Cumulative_Proportion <- cumsum(Proportion_of_Variance))

```
> val <- rs1$values
> #换算成标准差(Standard deviation);
> (Standard_deviation <- sqrt(val))
[1] 1.7083611 0.9560494 0.3830886 0.1439265
> #计算方差贡献率和累积贡献率;
> (Proportion_of_Variance <- val/sum(val))
[1] 0.729624454 0.228507618 0.036689219 0.005178709
> (Cumulative_Proportion <- cumsum(Proportion_of_Variance))
[1] 0.7296245 0.9581321 0.9948213 1.0000000
```

图 7.4　提取特征值示例

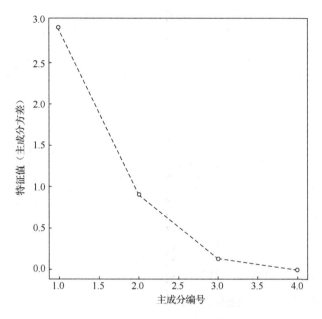

图 7.5　特征值（主成分方差）示例

```
#碎石图绘制;
Par(mar=c(6,6,2,2))
Plot(rs1$values,type="b",
cex=2,
cex.lab=2,
cex.axis=2,
lty=2,
lwd=2,
xlab = "主成分编号",
ylab="特征值(主成分方差)")
```

（4）计算主成分得分，提取结果中的特征向量（也称为 Loadings，载荷矩阵）（图 7.6）：

```
(U<-as.matrix(rs1$vectors))
#进行矩阵乘法,获得 PC score;
PC <-dt %*% U
colnames(PC) <- c("PC1","PC2","PC3","PC4")
head(PC)
```

```
> (U<-as.matrix(rs1$vectors))
            [,1]         [,2]        [,3]        [,4]
[1,]  0.5210659 -0.37741762  0.7195664  0.2612863
[2,] -0.2693474 -0.92329566 -0.2443818 -0.1235096
[3,]  0.5804131 -0.02449161 -0.1421264 -0.8014492
[4,]  0.5648565 -0.06694199 -0.6342727  0.5235971
> #进行矩阵乘法，获得PC score:
> PC <-dt %*% U
> colnames(PC) <- c("PC1","PC2","PC3","PC4")
> head(PC)
           PC1        PC2         PC3          PC4
[1,] -2.257141 -0.4784238  0.12727962  0.024087508
[2,] -2.074013  0.6718827  0.23382552  0.102662845
[3,] -2.356335  0.3407664 -0.04405390  0.028282305
[4,] -2.291707  0.5953999 -0.09098530 -0.065735340
[5,] -2.381863 -0.6446757 -0.01568565 -0.035802870
[6,] -2.068701 -1.4842053 -0.02687825  0.006586116
```

图 7.6　载荷矩阵计算示例

（5）绘制主成分散点图（图 7.7）：

```
#将 iris 数据集的第 5 列数据合并进来；
df < -data.frame(PC,iris$Species)
head(df)
#载入 ggplot2 包；
library(ggplot2)
#提取主成分的方差贡献率，生成坐标轴标题；
Xlab < -paste0("PC1(",round(Proportion_of_Variance[1]*100,2),
"%)")
    Ylab < -paste0("PC2(",round(Proportion_of_Variance[2]*100,
2(,"%(")
    #绘制散点图并添加置信椭圆；
p1 < -ggplot(data = df,aes(x=PC1,y=PC2,color=iris.Species))+
stat_ellipse(aes(fill=iris.Species),
type ="norm",geom ="polygon",alpha=0.2,color=NA)+
geom_point()+labs(x=xlab,y=ylab,color="")+
Guides(fill=F)
```

（6）绘制 3D 主成分散点图（图 7.8）：

```
#载入 scatterplot3d 包；
library(scatterplot3d)
color = c(rep("purple",50),rep("orange",50),rep("blue",50))
scatterplot3d(df2[,1:3],color=color,
pch = 16,angle=30,
```

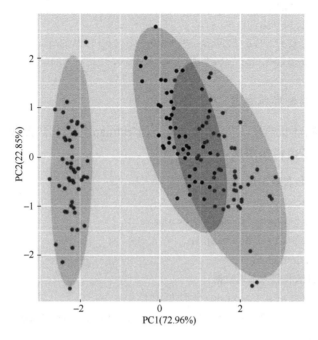

图 7.7　主成分散点图示例

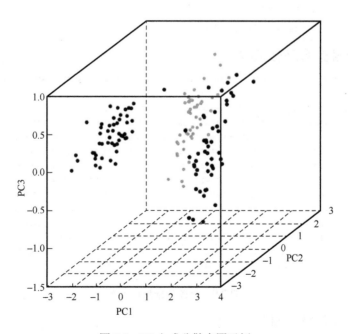

图 7.8　3D 主成分散点图示例

```
box=T,type="p",
lty.hide=2,lty.grid = 2)
legend("topleft",c("Setosa","Versicolor","Virginica"),
fill=c("purple","orange","blue"),box.col = NA)
```

2. R 语言绘制环状热图

R 语言绘制环状热图，主要用 Complex Heatmap 包绘制热图和 circlize 包中的 circos.heatmap 函数将热图从"直"拉"弯"。

```
#所需包的安装和载入：
install.packages("circlize")
install.packages("Complex Heatmap")
library("Complex Heatmap")
library("circlize")
#设置工作目录和载入本地数据：
setwd("C:/Users/Desktop/环形热图")
data<-read.csv("circle heatmap eg.csv",header=T,row.names=1)
head(data)
#转化为矩阵并对其进行归一化：
madt < -as.matrix(data)
madt2 < -t(scale(t(madt)))
```

热图数据整理示例见图 7.9。

▲	X3107	X888	X375	X624	X1938	X1866	X1290	X2523	X1182	X1858	X2224	X261
gene1	93.7129	97.2793	105.6338	96.0681	95.1989	72.1765	70.7125	78.2386	71.6590	77.1367	80.9307	81.1135
gene2	37.3750	39.0635	39.4590	40.9336	36.4584	27.5755	29.0785	25.1764	26.2936	27.8820	24.0155	35.9067
gene3	181.6320	183.6634	193.7214	200.3361	203.9049	138.1786	132.0015	123.1640	129.5811	139.0059	116.1223	180.6286
gene4	127.6173	117.8934	110.9012	107.5575	122.1804	93.0600	91.4324	93.7551	96.5520	90.5300	96.1875	106.2833
gene5	40.5244	43.3400	39.3872	44.3019	40.2707	28.2804	31.5025	30.0749	32.5767	29.5296	29.3145	43.3356
gene6	112.3004	106.9457	97.2669	96.4695	114.9746	76.3394	73.1743	73.5980	77.4230	76.0861	78.1830	110.6875
gene7	42.9032	40.7106	41.0518	41.9619	37.1643	32.4355	34.2403	30.6578	31.7806	32.4787	35.0725	33.8049
gene8	132.6179	141.6917	137.2787	148.2839	142.7082	104.4444	115.0465	119.1802	111.9754	107.5559	119.0284	140.0567
gene9	53.6086	54.6814	60.4733	52.6880	55.5331	43.5013	42.7309	44.7372	45.4766	43.7514	40.0690	52.4980
gene10	1520.4839	1576.3112	1367.1191	1258.9926	1598.2487	2005.8819	1943.4213	2164.2620	2279.0508	1973.9344	2153.7735	1762.1140
gene11	52.2669	53.9714	48.8125	55.4833	54.4767	36.4142	37.7515	42.3856	44.4968	39.4582	45.6277	64.2507
gene12	161.9298	142.6764	166.8805	145.2826	153.5688	130.2777	116.3759	120.6677	108.9379	1167.706	107.557	107.5449
gene13	72.3012	81.5164	67.7067	69.5018	76.7937	54.7781	49.2531	53.3681	54.5444	55.6474	47.6620	74.4351

图 7.9 热图数据整理示例

```
#默认参数绘制普通热图
heatmap(madt2)
```

普通热图示例见图 7.10。

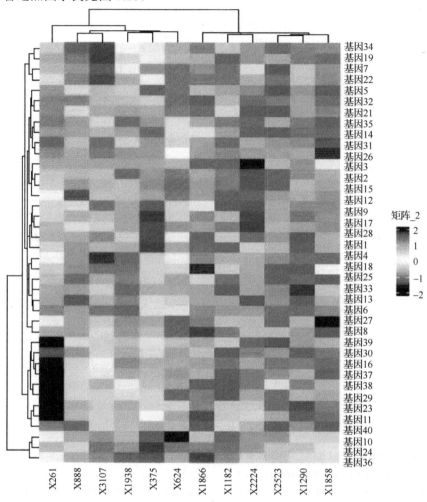

图 7.10 普通热图示例

#计算数据大小范围

range(madt2)

#重新定义热图颜色梯度：

Mycol = colorRamp2(c(-1.7, 0.3, 2.3),c("blue", "white", "red"))

#绘制基础环形热图：

circos.heatmap(madt2, col = mycol)

circos.clear()#绘制完成后需要使用此函数完全清除布局

基础环形热图示例见图 7.11。

图 7.11　基础环形热图示例

#在 `circos.heatmap()` 中添加参数进行环形热图的调整和美化：

```
circos.par(gap.after=c(50))
circos.heatmap(madt2, col = mycol, dend.side = "inside",
rownames.side ="outside",
rownames.col = "black",
rownames.cex = 0.9,
rownames.font = 1,
Cluster = TRUE)
circos.clear()
```

`#circos.par()` 调整圆环首尾间的距离，数值越大，距离越宽

`#dend.side`：控制行聚类树的方向，`inside` 为显示在圆环内圈，`outside` 为显示在圆环外圈

`#rownames.side`：控制矩阵行名的方向，与 `dend.side` 相同；但注意二者不能在同一侧，必须一内一外

`#cluster=TRUE` 为对行聚类，`cluster = FALSE` 则不显示聚类

调整和美化的环形热图示例见图 7.12。

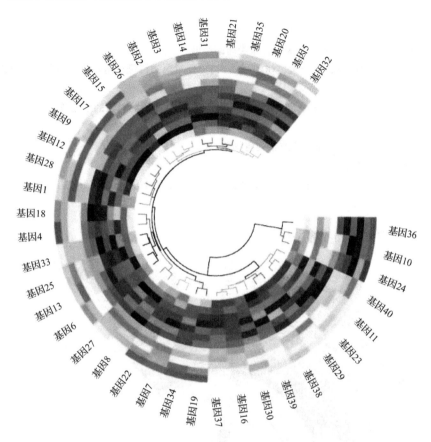

图 7.12　调整和美化的环形热图示例

```
#聚类树的调整和美化(需要用到其他两个包):
install.packages("dendextend") #改颜色
install.packages("dendsort") #聚类树回调
library(dendextend)
library(dendsort)
circos.par(gap.after = c(50))
circos.heatmap(madt2, col = mycol, dend.side = "inside",
rownames.side = "outside", track.height = 0.38,
    rownames.col = "black",
    rownames.cex = 0.9,
    rownames.font = 1,
    Cluster = TRUE,
    dend.track.height = 0.18,
```

```
dend.callback = function(dend, m, si){color_branches(dend, k = 15,
col = 1:15)})
```

#track.height:轨道的高度,数值越大圆环越粗

#dend.track.height:调整行聚类树的高度

#dend.callback:用于聚类树的回调,当需要对聚类树进行重新排序,或者添加颜色时使用

#包含的三个参数:dend:当前扇区的树状图;m:当前扇区对应的子矩阵;si:当前扇区的名称

#color_branches():修改聚类树颜色

#添加图例标签等

```
lg=Legend(title="Exp",col_fun=mycol,direction = c("vertical"))
grid.draw(lg)
```

聚类树热图示例见图 7.13。

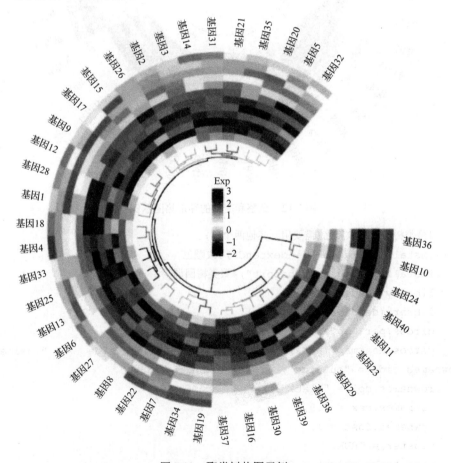

图 7.13　聚类树热图示例

```
#添加列名：
circos.track(track.index=get.current.track.index(),panel.fun=fun
ction(x,y){
if(CELL_META$sector.numeric.index = 1){
cn=colnames(madt2)
n=length(cn)
circos.text(rep(CELL_META$cell.xlim[2],n)+convert_x(0.8,"mm"),#x
坐标
7.8+(1:n)*1.1,#y坐标
cn,cex=0.8,adj=c(0,1),facing="inside")
}
},bg.border=NA)
circos.clear()
#更换热图配色,并重新绘图:
#这里代码和上文相同,仅改变了颜色和circos.par(圆环首位的距离)
mycol2=colorRamp2(c(-1.7,0.3,2.3),c("#57ab81","white","#ff9600"))
circos.par(gap.after=c(22))
circos.heatmap(madt2,col=mycol2,dend.side="inside",rownames.side
="outside",track.height = 0.38,
rownames.col = "black",
rownames.cex = 0.9,
rownames.font = 1,
Cluster = TRUE,
dend.track.height = 0.18,
dend.callback = function(dend,m,si){color_branches(dend,k=15,
col=1:15)})
lg=Legend(title="Exp",col_fun=mycol2,direction = c("vertical"))
grid.draw(lg)
circos.track(track.index=get.current.track.index(),panel.fun=fun
ction(x,y){
if(CELL_META$sector.numeric.index==1){
cn = colnames(madt2)
n = length(cn)
circos.text(rep(CELL_META$cell.xlim[2],n)+convert_x(0.8,"mm"),#x
坐标
7.8+(1:n)*1.1,#y坐标
cn,cex = 0.8,adj = c(0,1),facing = "inside")}},bg.border=NA)
circos.clear()
```

更换配色的聚类树热图示例见图 7.14。

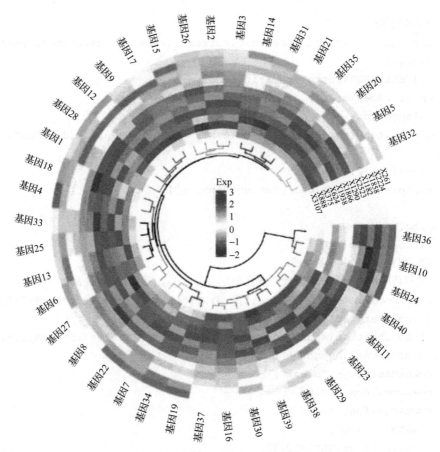

图 7.14　更换配色的聚类树热图示例

3. R 语言绘制 network 图

1）生成物种相关性矩阵

生成物种相关性矩阵需要在 R 语言环境下运行，依赖 psych 包，输入文件为典型的 OTU 表或属水平丰度矩阵（图 7.15）。

	G1	G2	G3	G4	G5	G6
CK1	0.045947	0.025964	0.027169	0.01299	0.019254	0.01659
CK2	0.065866	0.02559	0.030881	0.01148	0.018759	0.011688
CK3	0.054542	0.0222	0.025189	0.015911	0.033754	0.016773
CK4	0.051432	0.027693	0.025287	0.016153	0.025915	0.01646
CK5	0.04741	0.020305	0.027059	0.015622	0.025714	0.016362
FH1	0.027189	0.025766	0.034504	0.016502	0.032756	0.01627
FH2	0.026895	0.030841	0.028187	0.015489	0.030513	0.014369
FH3	0.024253	0.03923	0.02844	0.019479	0.032284	0.010947
FH4	0.030291	0.049172	0.026165	0.019679	0.028559	0.013278
FH5	0.039276	0.012334	0.035253	0.020159	0.034064	0.011541

图 7.15　network 分析数据整理示例

输入文件 **FH_CK.txt** 文件格式，CK 为空白对照的 5 个重复；FH 为处理组的 5 个重复；G1-G148 为丰度大于 0.2%的属。

```
# 安装需要的包
install.packages("psych")
# 加载包
library(psych)
# 读取 otu-sample 矩阵,行为 sample,列为 otu
otu=read.table("FH_CK.txt",head = T,row.names = 1)
# 计算 OTU 间两两相关系数矩阵
# 数据量小时可以用 psych 包 corr.test,数据量大时,可应用 WGCNA 中
corAndPvalue,但 p 值需矫正
occor = corr.test(otu,use = "pairwise",method = "spearman",adjust
= "fdr",alpha = 0.05)
occor.r = occor$r # 取相关性矩阵 R 值
occor.p = occor$p # 取相关性矩阵 p 值
# 确定物种间存在相互作用关系的阈值,将相关性 R 矩阵内不符合的数据转换为 0
occor.r[occor.p>0.05|abs(occor.r)<0.6] = 0
# 将 occor.r 保存为 csv 文件
write.csv(occor.r,file = "FH_CK_0.05_occor.csv")
```

2）Gephi 生成点、边文件

打开 Gephi 0.9.2，点击"文件"—"打开"，选择"FH_CK_0.05_occor.csv"文件打开。图的类型选择"无向的"，点击确定后，出现如图 7.16 所示界面。

图 7.16　Gephi 软件界面示例

点击"数据资料",出现节点和边的信息,点击数据表格左上角"节点",然后点击"输出表格",输出点文件。点击"边",再点击"输出表格",输出边文件。

3)点、边文件注释

打开点文件,可添加物种分类信息等(图7.17)。

	A	B	C	D	E
	Id	Label	timeset	Phylum	
	G99	G99		Proteobacteria	
	G98	G98		Bacteroidetes	
	G97	G97		Actinobacteria	
	G96	G96		Proteobacteria	
	G95	G95		Actinobacteria	
	G94	G94		Proteobacteria	
	G93	G93		Chloroflexi	
	G92	G92		Firmicutes	
	G91	G91		Chloroflexi	
	G90	G90		Proteobacteria	
	G9	G9		Actinobacteria	
	G89	G89		Planctomycetes	
	G88	G88		Proteobacteria	
	G87	G87		Bacteroidetes	
	G86	G86		Planctomycetes	
	G85	G85		Actinobacteria	
	G84	G84		Bacteroidetes	
	G83	G83		Proteobacteria	
	G82	G82		Proteobacteria	

图 7.17　点文件输出示例

打开边文件,可添加正负属性等(图7.18)。

	A	B	C	D	E	F	G	H	I
1	Source	Target	Type	Id	Label	timeset	Weight	PN	NO
2	G99	G3	Undirecte	749			0.69697	P	0.69697
3	G99	G10	Undirecte	750			0.721212	P	0.721212
4	G99	G18	Undirecte	751			-0.68485	N	0.684848
5	G99	G35	Undirecte	752			0.684848	P	0.684848
6	G99	G98	Undirecte	753			-0.81818	N	0.818182
7	G99	G99	Undirecte	754			1	P	1
8	G98	G13	Undirecte	746			-0.70909	N	0.709091
9	G98	G70	Undirecte	747			-0.66061	N	0.660606
10	G98	G98	Undirecte	748			1	P	1
11	G97	G4	Undirecte	735			-0.74546	N	0.745455
12	G97	G6	Undirecte	736			0.793939	P	0.793939
13	G97	G15	Undirecte	737			-0.66061	N	0.660606
14	G97	G27	Undirecte	738			0.69697	P	0.69697
15	G97	G32	Undirecte	739			-0.68485	N	0.684848
16	G97	G39	Undirecte	740			0.866667	P	0.866667

图 7.18　边文件输出示例

4）网络点、边美化

打开 Gephi 文件，点击"文件"—"导入电子表格"，导入节点和边文件，图的类型选择"无向的"（图 7.19）。在"概览"界面的"布局"中，选择"Fruchterman Reingold"，点击"运行"，待图形稳定后，点击"停止"。在"外观"中，点击"节点"、"颜色"、"Partition"，选择"Phylum"，点击应用，即以颜色区别不同节点的门分类。在"外观"中，点击"节点"、"大小"、"Ranking"，选择"度"，点击应用，即以不同度区别不同节点的大小。如果看不到大小变化，调整最大尺寸，如 4 变为 30。在"外观"中，点击"边"、"颜色"、"Partition"，选择"pn"，点击应用，即以颜色区分边的正负。可在"预览设置"中选择"显示标签"和"刷新"，就可以完成网络图的绘制。

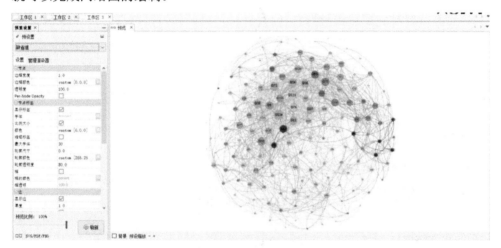

图 7.19　Gephi 软件输出界面示例

4. R 语言绘制结构方程模型图

构造数据并实现分段模型构建，结构方程示例见图 7.20。

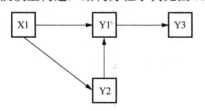

图 7.20　结构方程示例图

```
library(piecewiseSEM) #没有此包,则自行安装
set.seed(119)
dat <- data.frame(x1 = runif(50),
```

```
                    y1 = runif(50),
                    y2 = runif(50),
                    y3 = runif(50))#构造数据
    model <- psem(lm(y1 ~ x1 + y2, dat),
                  lm(y2 ~ x1, dat),
                  lm(y3 ~ y1, dat))#指定模型关系
    summary(model, .progressBar = F)#提取结果
    plot(model)#出图
```

可以看出，分段结构方程是采用了每一段进行线性回归，然后整体评估模型，这体现了分段结构方程的含义，结果如图 7.21 和图 7.22 所示。

```
> summary(model, .progressBar = F)

Structural Equation Model of model

Call:
  y1 ~ x1 + y2
  y2 ~ x1
  y3 ~ y1

     AIC       BIC
  28.468    47.588

---
Tests of directed separation:

  Independ.Claim Test.Type DF Crit.Value P.Value
  y3 ~ x1 + ...      coef   47   1.9981    0.0515
  y3 ~ y2 + ...      coef   46  -1.0898    0.2815

Global goodness-of-fit:

  Fisher's C = 8.468 with P-value = 0.076 and on 4 degrees of freedom

---
Coefficients:

  Response Predictor Estimate Std.Error DF Crit.Value P.Value Std.Estimate
      y1        x1    -0.1743   0.1774  47   -0.9824   0.3309    -0.1431
      y1        y2     0.0093   0.1413  47    0.0660   0.9476     0.0096
      y2        x1    -0.1729   0.1795  48   -0.9632   0.3403    -0.1377
      y3        y1     0.1134   0.1223  48    0.9272   0.3585     0.1326

  Signif. codes:  0 '***' 0.001 '**' 0.01 '*' 0.05

---
Individual R-squared:

  Response method R.squared
      y1     none     0.02
      y2     none     0.02
      y3     none     0.02
```

图 7.21 结构方程输出结果示例

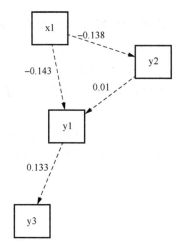

图 7.22　结构方程出图示例

如果 x1 和 y2 都会对 y3 产生影响，那么再构建两个不同的模型（图 7.23）：

```
model1 <- psem(lm(y1 ~ x1+y2,dat),
          lm(y2~x1,dat),
          lm(y3 ~ x1 + y1,dat))
plot(model1)
summary(model1, .progressBar = F)
model2 <- psem(lm(y1 ~ x1,dat),
          lm(y2~x1,dat),
          lm(y3 ~ x1 + y1+y2,dat))
plot(model2)
anova(model,model1,model2) #比较三个模型的差异
```

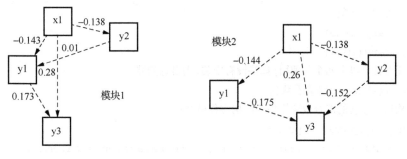

图 7.23　两个不同模型结构方程输出结果示例

　　Model2 似乎要比最初的模型"更好"，AIC 值和 BIC 值更小，且通过了差异性检验。AIC 值并没有下降多少，虽然其模型的拟合程度会更高，但是这又有什么实际指导意义呢？比如组建一个回归方程，当用拟合曲线将所有点包括后，其拟合程度可能都会达到 1，但这样的模型只是加强了建模的复杂程度而已，并没有多少实际预测价值。

　　此外，由于分段结构方程模型是分小段进行回归模型构建，因此更复杂的广义线性模型以及线性混合模型分段构建评估。当数据中有服从泊松分布的数据时：

```
#泊松分布
set.seed(123)
set.seed(123)
data.frame(x1 = runif(50),
           y1 = rpois(50, 10),
           y2 = rpois(50,50),
           y3 = runif(50))
glmsem <- psem(
  glm(y1 ~ x1,"poisson",glmdat),
  glm(y2 ~ x1,"poisson",glmdat),
  lm(y3 ~ y1 + y2,glmdat))
summary(glmsem,conserve = TRUE)
```

以该包内置数据 shipley 为例，分别构造一个线性混合效应模型：

```
#线性混合模型
library(nlme)
library(lme4)
#需要结合以上两个包使用,如果没有安装,则自行安装
data(shipley)#查看数据
#构造无嵌套的混合效应模型的结构方程模型:
shipley.psem <- psem(
 lme(DD ~ lat, random = ~ 1 | site,na.action = na.omit,
  data = shipley),
 lme(Date ~ DD, random = ~ 1 | site,na.action = na.omit,
 data = shipley),
 lme(Growth ~ Date, random = ~ 1 | site ,na.action = na.omit,
 data = shipley),
   glmer(Live ~ Growth + (1 | site),
```

```
        family = binomial(link = "logit"),data = shipley)
    )
summary(shipley.psem,.progressBar = F)#查看结果,会出红字提醒
```

结构方程输出路径系数示例见图 7.24。

```
> summary(shipley.psem, .progressBar = F)
boundary (singular) fit: see ?isSingular

Structural Equation Model of shipley.psem

Call:
  DD ~ lat
  Date ~ DD
  Growth ~ Date
  Live ~ Growth

     AIC      BIC
  45.972   124.964

---
Tests of directed separation:

      Independ.Claim Test.Type    DF Crit.Value P.Value
      Date ~ lat + ...    coef    18     0.2361  0.8160
    Growth ~ lat + ...    coef    18    -0.1328  0.8958
      Live ~ lat + ...    coef  1431     0.8580  0.3909
    Growth ~ DD + ...     coef  1409     2.1484  0.0318 *
      Live ~ DD + ...     coef  1431     1.0036  0.3156
      Live ~ Date + ...   coef  1431    -1.5613  0.1184

Global goodness-of-fit:

  Fisher's C = 15.972 with P-value = 0.193 and on 12 degrees of freedom

---
Coefficients:

  Response Predictor Estimate Std.Error   DF Crit.Value P.Value Std.Estimate
      DD       lat   -0.8460    0.1175    18   -7.2028       0    -0.6964 ***
    Date        DD   -0.4674    0.0195  1410  -23.9652       0    -0.5899 ***
  Growth      Date    0.1357    0.0263  1410    5.1589       0     0.1726 ***
    Live    Growth    0.3278    0.0413  1431    7.9318       0          - ***

  Signif. codes:  0 '***' 0.001 '**' 0.01 '*' 0.05

---
Individual R-squared:

  Response method Marginal Conditional
      DD     none     0.50        0.68
    Date     none     0.37        0.70
  Growth     none     0.03        0.35
    Live    delta     0.11        0.11
```

图 7.24　结构方程输出路径系数示例

图 7.24 中方框标出部分为建模结果的系数和 P 值，但 R 软件中不支持没有数值的变量绘图，因此可以在 Adobe Illustrator 中绘制出图，填上路径系数和 P 值即可。

5. R 语言进行随机森林分析

R 语言中实现随机森林分析的包有两种：randomForest 包和 party 包。randomForest 包是根据传统决策树生成随机森林，party 包中的 cforest 函数则是基于条件推断树生成随机森林。

以 R 自带的数据集 iris 为例，构建随机森林并寻找影响不同种 iris 的重要变量：

```
library(randomForest)
data(iris)
set.seed(71)
iris.rf <- randomForest(Species ~ .,data=iris,importance = TRUE,
                  na.action = na.roughfix,proximity = TRUE)
                  #na.action = na.roughfix 的意思是将缺失值替换为对
应列的中位数
round(importance(iris.rf),2)#保留两位小数查看变量重要性
```

结果如图 7.25 所示。

```
>
> round(importance(iris.rf), 2)#保留两位小数查看变量重要性
              setosa versicolor virginica MeanDecreaseAccuracy MeanDecreaseGini
Sepal.Length    7.28       8.76      9.03                11.93            11.06
Sepal.Width     4.97       2.57      4.76                 6.02             2.60
Petal.Length   21.37      33.65     27.19                33.61            42.40
Petal.Width    22.73      30.39     32.20                32.87            43.16
> |
```

图 7.25　结构方程 "Mean Decrease Accuracy" 和 "Mean Decrease Gini" 示例

图 7.25 中前三列为对应的 iris 物种，主要关注后面的 "Mean Decrease Accuracy" 和 "Mean Decrease Gini"。两个变量的值越大，均说明其对应的变量越重要。

```
ImpPlot(iris.rf, main = "variable importance")
```

图 7.26 直观展示了对于两个物种重要的变量，最重要的是 Petal Length（花瓣长度），其次是 Petal Width（花瓣宽度），也就是说，在区分 iris 品种时，可能需要重点关注这两个指标。

使用 vegan 包的内置数据 varespec，将其改造为熟悉的 OTU 数据，然后寻找改变后数据的重要 "OTU"：

```
library(vegan)
data(varespec)#加载数据
otu <-varespec #定义数据
```

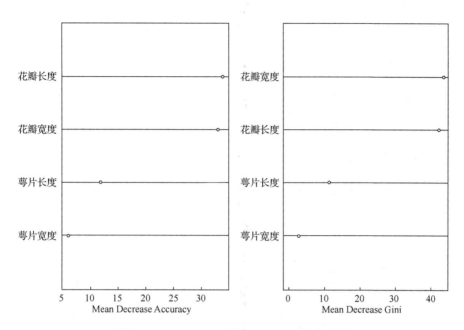

图 7.26　Petal Length 和 Petal Width 输出示例

```
colnames(otu)<-paste("OTU",1:44,sep="_")#列名-细菌
group <- c(rep("site1",8),rep("site2",8),rep("site3",8))#添加分组
otu_rf <- cbind(otu,group)#组合成新数据
#接下来模仿随机森林的正常算法,先分成训练样本数据和预测样本数据
#将总数据集分为训练样本(占70%)和预测样本(占 0%)
set.seed(123)
train_data <- sample(24,24*0.7)#有 24 个样
train_data1 <- otu_rf[train_data,]
test_data <- otu_rf[-train_data,]
```

接下来进行随机森林计算:

```
#随机森林计算
set.seed(123)
spe_rf <- randomForest(group ~ .,data = train_data1,importance =
TRUE)
    imp <- data.frame(round(importance(spe_rf),2))#查看结果
    imp <- imp[order(imp$MeanDecreaseAccuracy,decreasing = TRUE),]#让
结果排个序
```

排序后结果如图 7.27 所示。

```
> imp <- imp[order(imp$MeanDecreaseAccuracy, decreasing = TRUE), ]
> imp
        site1 site2 site3 MeanDecreaseAccuracy MeanDecreaseGini
OTU_22  2.18 -0.70  4.59                 4.38            0.66
OTU_2  -1.64  4.07  2.37                 2.88            0.55
OTU_39 -0.90  0.92  4.08                 2.75            0.45
OTU_24  0.11  1.86  3.09                 2.36            0.50
OTU_29  0.38  1.66  2.27                 2.09            0.33
OTU_36 -1.58  1.85  2.82                 1.95            0.35
OTU_14  1.42  1.48  1.00                 1.78            0.16
OTU_12 -0.71 -1.90  3.87                 1.44            0.48
OTU_40  1.00  1.00  0.00                 1.40            0.04
OTU_19 -0.74  0.64  2.76                 1.23            0.49
OTU_28 -0.01  0.35  2.47                 1.10            0.38
OTU_26  1.63 -1.02  0.88                 0.77            0.44
OTU_6  -1.22 -2.12  3.48                 0.67            0.34
OTU_15  1.14 -0.81  1.79                 0.54            0.43
OTU_30  0.98  0.13 -2.04                 0.50            0.36
OTU_13 -0.85  0.67  0.83                 0.42            0.17
OTU_23  0.95  1.66 -1.95                 0.42            0.34
OTU_9   0.20  0.82  0.00                 0.39            0.11
OTU_5  -0.94  1.64 -0.08                 0.23            0.29
OTU_11 -1.58  0.58  1.34                 0.14            0.10
OTU_16  0.21 -0.48  1.00                 0.14            0.21
OTU_44  0.00  0.00  0.00                 0.00            0.04
OTU_37 -0.85 -0.51 -0.45                -0.31            0.11
OTU_18  1.34 -1.39 -1.00                -0.36            0.04
OTU_1   0.10 -1.62  1.79                -0.54            0.17
OTU_43 -1.27  0.00 -0.58                -0.57            0.15
OTU_31 -1.47  1.98 -0.81                -0.81            0.30
OTU_7  -0.28  0.00 -0.85                -0.85            0.04
OTU_8  -1.00  0.00  0.00                -1.00            0.02
OTU_33 -1.00  0.00  0.00                -1.00            0.02
OTU_38 -1.00  0.00  0.00                -1.00            0.04
OTU_4  -0.62 -0.91 -1.64                -1.08            0.23
```

图 7.27　随机森林计算输出示例

可以看到，图 7.27 中有负值，样本量并不大，造成了较多的负值，在实际预测自己的数据中，排序后的 OTU 重要性值为负的可以舍去。有关解释是负值代表了这个过程中随机性要比确定性更重要，因此将负值舍去，只保留前 10 个 "Mean Decrease Accuracy" 最高的 OTU，然后出图：

```
imp_data <-as.data.frame(imp[1:10,])
library(ggplot2)
p<-ggplot(imp_data,aes(x = MeanDecreaseAccuracy,y = reorder
(rownames(imp_data), MeanDecreaseAccuracy))) +
    geom_bar(stat = "identity",width = 0.7,position ="dodge",fill =
"#31a1b5") +
    labs(x="Mean Decrease Accuracy ", y="",size=10)+
    theme(panel.grid.major=element_blank(),panel.grid.minor=
element_blank())+
    theme(axis.text.x = element_text(color ="black",size = 10))+
    theme(axis.text.y = element_text(color ="black",size = 10))
```

实际上，图 7.27 并没有展示出本次随机森林计算结果是否准确，随机森林计算准确性验证示例见图 7.28。

```
> spe_rf

Call:
 randomForest(formula = group ~ ., data = train_data1, importance = TRUE)
                Type of random forest: classification
                      Number of trees: 500
No. of variables tried at each split: 6

        OOB estimate of  error rate: 81.25%
Confusion matrix:
      site1 site2 site3 class.error
site1    1    5     0   0.8333333
site2    5    1     0   0. 333333
site3    2    1     1   0.7500000
```

图 7.28 随机森林计算准确性验证示例

可以看出，OOB 值是非常大的，代表了有 81.25%的数据在数据分析时没有被采样，说明这次的分类器模型将两组数据分开的训练数据并不好（实际操作中会比示例低，这里只作为演示）。那么，如果不将数据分为两组呢？结果会如何？单组随机森林计算准确性验证示例如下：

```
#数据从上面的 otu_rf <- cbind(otu,group) 后开始
otu_rf
#随机森林计算
set.seed(123)
spe_rf <- randomForest(group ~ .,data = otu_rf,importance = TRUE)
spe_rf
```

结果如图 7.29 所示。

```
> spe_rf

Call:
 randomForest(formula = group ~ ., data = otu_rf, importance = TRUE)
                Type of random forest: classification
                      Number of trees: 500
No. of variables tried at each split: 6

        OOB estimate of  error rate: 50%
Confusion matrix.
      site1 site2 site3 class.error
site1    3    3     2      0.625
site2    4    4     0      0.500
site3    1    2     5      0.375
```

图 7.29 单组随机森林计算准确性验证示例

可以看到，如果不分组，那么随机森林计算出来的 OOB 值降低了约 30%，这个差异说明了什么呢？iris 的数据变量达 150 个，而 varespec 的变量只有 44 个（如花瓣长度的值有 150 个，对应改动后 varespec 的 OTU 数只有 44 个）。因此，对于随机森林方法的应用，推荐的做法是数据越多越好。

思　考　题

1. PCR 扩增实验中经常会出现无扩增产物，非特异性扩增或拖尾现象，如何解决上述问题？

2. 简述荧光原位杂交实验的实验流程。

3. 简述扩增子测序技术的优缺点。

4. 微生物数据分方法中的 PCA 和 RDA 存在哪些异同？

5. 随机森林算法在微生物学应用中的优缺点有哪些？

参 考 文 献

ANULIINA P, TUULA L, TERO T, et al., 2014. Peatland succession induces a shift in the community composition of sphagnum-associated active methanotrophs[J]. FEMS Microbiology Ecology, 5(5): 596-611.

ARONSON E L, DUBINSKY E A, HELLIKER B R, 2013. Effects of nitrogen addition on soil microbial diversity and methane cycling capacity depend on drainage conditions in a pine forest soil[J]. Soil Biology and Biochemistry, 62: 119-128.

BARNARD R, LEADLEY P W, HUNGATE B A, 2005. Global change, nitrification, and denitrification: A review[J]. Global Biogeochemical Cycles, 19(1): GB1007.

BOLYEN E, RIDEOUT J R, DILLON M R, et al., 2019. Reproducible, interactive, scalable and extensible microbiome data science using QIIME 2[J]. Nature Biotechnology, 37: 852-857.

CALLAHAN B J, MCMURDIE P J, ROSEN M J, et al., 2016. DADA2: High-resolution sample inference from Illumina amplicon data[J]. Nature Methods, 13: 581-583.

CHARALAMPOUS T, KAY G L, RICHARDSON H, et al., 2019. Nanopore metagenomics enables rapid clinical diagnosis of bacterial lower respiratory infection[J]. Nature Biotechnology, 37: 783-792.

CONG J, LIU X, LU H, 2015. Available nitrogen is the key factor influencing soil microbial functional gene diversity in tropical rainforest[J]. BMC Microbiology, 15: 167.

DE MUINCK E J, TROSVIK P, GILFILLAN G D, et al., 2017. A novel ultra high-throughput 16S rRNA gene amplicon sequencing library preparation method for the Illumina HiSeq platform[J]. Microbiome, 5: 68.

DEKAS A E, PORETSKY R S, ORPHAN V J, 2009. Deep-sea archaea fix and share nitrogen in methane-consuming microbial consortia[J]. Science, 326(5951): 422-426.

DUMONT M G, POMMERENKE B, CASPER P, 2013. Using stable isotope probing to obtain a targeted metatranscriptome of aerobic methanotrophs in lake sediment[J]. Environmental Microbiology Reports, 5(5): 757-764.

HERMANN-BANK M, SKOVGAARD K, STOCKMARR A, et al., 2013. The gut microbiotassay: A high-throughput qpcr approach combinable with next generation sequencing to study gut microbial diversity[J]. BMC Genomics, 14: 788-801.

HUANG W E, FERGUSON A, SINGER A C, et al., 2009. Resolving genetic functions within microbial populations: *In situ* analyses using RRNA and MRNA stable isotope probing coupled with single-cell raman-fluorescence *in situ* hybridization[J]. Applied and Environmental Microbiology, 75(1): 234-241.

KANEHISA M, SATO Y, MORISHIMA K, 2016. BlastKOALA and GhostKOALA: KEGG tools for functional characterization of genome and metagenome sequences[J]. Journal of Molecular Biology, 428: 726-731.

KIM S J, PARK S J, CHA I T, et al., 2013. Metabolic versatility of toluene-degrading, iron-reducing bacteria in tidal flat sediment, characterized by stable isotope probing-based metagenomic analysis[J]. Environmental Microbiology, 16(1): 189-204.

KIRK J L, BEAUDETTE L A, HART M, et al., 2004. Methods of studying soil microbial diversity[J]. Journal of Microbiological Methods, 58(2): 169-188.

LIU Y X, QIN Y, CHEN T, et al., 2020. A practical guide to amplicon and metagenomic analysis of microbiome data[J]. Protein & Cell, 12: 315-330.

LU L, JIA Z, 2013. Urease gene-containing archaea dominate autotrophic ammonia oxidation in two acid soils[J]. Environmental Microbiology, 15(6): 1795-1809.

LU Y H, CONRAD R, 2007. *In situ* stable isotope probing of methanogenic archaea in the rice rhizosphere[J]. Science, 309(5737): 1088-1090.

MACKELPRANG R, WALDROP M P, DEANGELIS K M, 2011. Metagenomic analysis of a permafrost microbial community reveals a rapid response to thaw[J]. Nature, 480(7377): 368-371.

MAHNERT A, MOISSL-EICHINGER C, ZOJER M, et al., 2019. Man-made microbial resistances in built environments[J]. Nature Communications, 10: 968.

MUSAT N, FOSTER R, VAGNER T, et al., 2012. Detecting metabolic activities in single cells, with emphasis on nanosims[J]. FEMS Microbiology Reviews, 36(2): 486-511.

MUSAT N, HALM H, WINTERHOLLER B, et al., 2008. A single-cell view on the ecophysiology of anaerobic phototrophic bacteria[J]. Proceedings of the National Academy of Sciences of the United States of America, 105(46): 17861-17866.

PEDERSEN H K, FORSLUND S K, GUDMUNDSDOTTIR V, et al., 2018. A computational framework to integrate highthroughput '-omics' datasets for the identification of potentialmechanistic links[J]. Nature Protocols, 13: 2781-2800.

QUAST C, PRUESSE E, YILMAZ P, et al., 2013. The SILVA ribosomal RNA gene database project: Improved data processing and web-based tools[J]. Nucleic Acids Research, 41: 590-596.

SALAZAR G, PAOLI L, ALBERTI A, et al., 2019. Gene expression changes and community turnover differentially shape the global ocean metatranscriptome[J]. Cell, 179: 1068-1083.

SOROKIN Y I, 1999. Radioisotopic Methods in Hydrobiology[M]. Berlin: Springer-Verlag.

TAY S, HEMOND F, KRUMHOLZ L, et al., 2001. Population dynamics of two toluene degrading bacterial species in a contaminated stream[J]. Microbial Ecology, 41(2): 124-131.

TRUONG D T, FRANZOSA E A, TICKLE T L, et al., 2015. MetaPhlAn2 for enhanced metagenomic taxonomic profiling[J]. Nature Methods, 12: 902-903.

UHLIK O, LEEWIS M C, STREJCEK M, et al., 2013. Stable isotope probing in the metagenomics era: A bridge towards improved bioremediation[J]. Biotechnology Advances, 31(2): 154-165.

WOOD D E, LU J, LANGMEAD B, 2019. Improved metagenomic analysis with Kraken 2[J]. Genome biology, 20: 257.

XU Y, ZHAO F, 2018. Single-cell metagenomics: Challenges and applications[J]. Protein & Cell, 9: 501-510.

ZENG G, ZHANG J, CHEN Y, et al., 2011. Relative contributions of archaea and bacteria to microbial ammonia oxidation differ under different conditions during agricultural waste composting[J]. Bioresource Technology, 102(19): 9026-9032.

ZHANG J, LIU Y X, ZHANG N, et al., 2019. NRT1. 1B is associated with root microbiota composition and nitrogen use in field-grown rice[J]. Nature Biotechnology, 37: 676-684.

ZHENG M, ZHOU N, LIU S, et al., 2019. N$_2$O and NO emission from a biological aerated filter treating coking wastewater: Main source and microbial community[J]. Journal of Cleaner Production, 213: 365-374.